INTRODUCTION TO ENGINEERING MATHEMATICS

기초공업수학

김형교 · 나경욱 지음

KYOWOOSA 教友社

머리말

수년간 공학도들에게 미적분학을 비롯하여 공업수학 및 선형대수학, 수치해석 등을 가르치면서 초보 공학도를 위한 교재의 필요성을 절실히 느껴왔다. 이러한 이유로, 이 책은 공업수학을 처음 배우기 시작하는 학생들과 공업수학에 대한 기초가 필요하다고 느끼는 실무 종사자들, 또한 미적분학과 공업수학을 1년 안에 가르쳐야하는 강사들을 위해 준비했다. 특히 이 교재는 전기, 전자 및 정보통신 관련학과의 공업수학을 배우기 원하는 학생들에게 적합한 교재이다. 물론 고교 과정에서 미분과 적분을 배우지 않았던 학생들이라도 쉽게 공부할 수 있도록 구성하였다.

본래 수학은 이론 전개에 있어 엄밀성을 요구하지만 공학에 있어 수학은 목적이 아닌 도구로써 주로 이용되므로, 이 책에서는 꼭 필요하지 않은 수식이나 공식의 유도과정과 이 책의 범위를 벗어나는 부분은 과감히 생략하여 자칫 너무 지루해지거나 난해하지 않도록 하였다.

또한 수강 대상 학생들이 아직 전공을 배우기 시작하지 않았다는 점을 감안하여 공학적인 예제들을 자세히 다루는 것도 피하였다. 저자들의 오랜 강단 경험으로 미루어 볼 때, 과도한 공학적인 예제는 오히려 학생들에게 전공뿐만 아니라 공업수학 자체도 어렵다고 느끼게 되는 역효과를 주는 결과를 초래하게 되므로 구체적인 응용 예제보다는 개괄적인 응용 예제를 설명하기 위해 노력하였다.

무엇보다도 수학 관련 과목에 있어 강사의 일방적인 강의는 그다지 효율적이지 못하다는 점을 고려하여 이 책에서는 간단한 설명과 예제에 이어 익힘 문제를 다수 수록함으로써 수업시간에 학생들이 이를 직접 풀고, 강사가 해답을 바로 제시하도록 하여 학생들이 적극적으로 수업에 참여할 수 있도록 하였다.

본래 공업수학에는 선형대수학과 수치해석 등의 내용이 포함되어야 하지만 이들 과목들은 주로 별도의 과목으로 개설되므로 여기서는 다루지 않았다.

이 책에서는 기본적인 공학 함수들, 벡터와 복소수, 수열과 급수, 극한, 미분과 적분, 미분방정식의 기초, 라플라스 변환 그리고 푸리에 급수와 변환 등 공업수학 분야 중에서도 기초적이고 필수적인 부분만을 다루었고 나머지는 다른 고급 공업수학 서적들에게 미루도록 하겠다.

2013년 3월

차 례

1장 공학함수 / 1

2장 삼각함수와 좌표계 / 41

3장 벡터해석 / 69

4장 복소수의 이해 / 89

5장 함수의 극한과 연속 / 112

6장 수열과 급수 / 129

7장 미분 / 144

8장 적분 / 199

9장 미분방정식의 기초 / 245

10장 라플라스 변환 / 283

11장 푸리에 급수와 푸리에 변환 / 301

12장 푸리에 변화 / 319

Chapter 01 공학함수

함수는 많은 공학적인 문제에서 양의 변화 방식을 설명하는데 사용되기 때문에, 공업수학에서 함수의 개념은 매우 중요하다. 예를 들어 전기회로의 저항에 걸리는 전압은 흐르는 전류와 관계를 가지며 우리가 스피커로부터 듣는 소리의 세기는 스피커의 진동 폭과 관계를 가진다. 제1장에서는 함수의 정의와 기본적인 공학함수들을 소개하고자 한다.

1.1 함수의 정의

1. 수체계

앞으로 배우게 되는 미분적분학은 특별한 언급이 없는 한, 실수 위에서 주로 다루어진다. 다음은 우리가 다루는 수체계들이다.

■ **수체계**

$N=\{1, 2, 3, 4, \cdots\}$: **자연수**들의 집합(natural numbers)

$Z=\cdots, -2, -1, 0, 1, 2, \cdots$: **정수**들의 집합(integers)

$Q=\left\{\frac{p}{q} \,\middle|\, p, q\text{는 정수}, q\neq 0\right\}$: **유리수**들의 집합(rational numbers)

$I=\left\{r \,\middle|\, r\neq\frac{p}{q}, p, q\text{는 정수}, q\neq 0\right\}$:

무리수들의 집합(irrational numbers)

$R=Q\bigcup I$: **실수**들의 집합(real numbers)

실수는 수직선 위의 점들과 일대일 대응되는 집합으로써 앞으로는 수직선으로 표현하게 될 것이다.

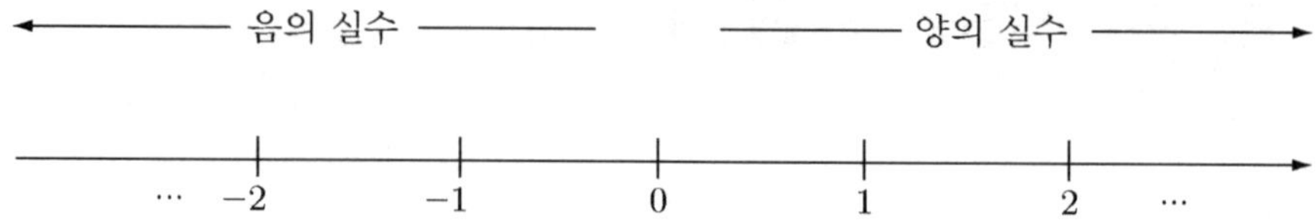

이제 수직선의 부분집합 중 구간을 표현하는 네 가지 기호에 대하여 알아보자.

1. **개구간**(a, b)은 $a < x < b$를 만족하는 실수 x들의 모임이다. 다음과 같이 수직선에 나타낼 수 있다.

2. **반개폐구간**$[a, b)$은 $a \le x < b$를 만족하는 실수 x들의 모임이다. 다음과 같이 수직선에 나타낼 수 있다.

3. **반개폐구간**$(a, b]$은 $a < x \le b$를 만족하는 실수 x들의 모임이다. 다음과 같이 수직선에 나타낼 수 있다.

4. **폐구간**$[a, b]$은 $a \le x \le b$를 만족하는 실수 x들의 모임이다. 다음과 같이 수직선에 나타낼 수 있다.

2. 함수

하나의 입력값에 유일한 출력값을 갖는 규칙을 **함수(function)**라 한다. 이때, 입력값은 독립변수, 출력값은 종속변수라고도 부른다.

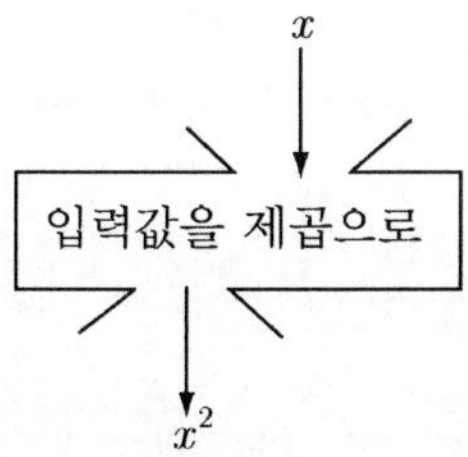

예를 들어, x를 입력하면 출력값 x^2이 나오는 경우를 생자. 3을 입력하면 9라는 유일한 값이 나옴을 알 수 있다. 이때, 이러한 규칙을 f라고 쓰면 다음과 같이 표현할 수 있다.

$$f: x \rightarrow x^2 \quad \text{또는} \quad f(x) = x^2$$

다음은 함수에서 자주 쓰이는 용어들이다.

■ **함수 용어들**

함수 f에 대하여,

f의 **정의역(domain)**: f의 입력값들의 모임

f의 **치역(range)**: f의 출력값들의 모임

f의 **그래프(graph)**: 순서쌍(f의 입력값, f의 출력값)들의 모임

그래프를 그리기 위하여 필요한 용어들을 살펴보자.

■ **절편**

x **절편**: x축과 만나는 점, 즉, $y=0$일 때의 x값

y **절편**: y축과 만나는 점, 즉, $x=0$일 때의 y값

예제 1.1

함수 $f(x)=x+1$에 대하여 다음을 구하여라.

1) 입력값들 $0, -1, 3$의 출력값들

2) f의 정의역, 치역, 그래프

풀이 1) $f(0)=0+1=1$, $f(-1)=-1+1=0$, $f(3)=3+1=4$

2) f의 정의역은 실수가 되고 치역 또한 실수가 된다.

f의 그래프는 순서쌍 (입력값, 출력값) = $(x, x+1)$들의 모임으로 다음과 같이 그려진다.($y=0$을 대입하면 x 절편 -1을 얻고, $x=0$을 대입하면 y 절편 1을 얻는다.)

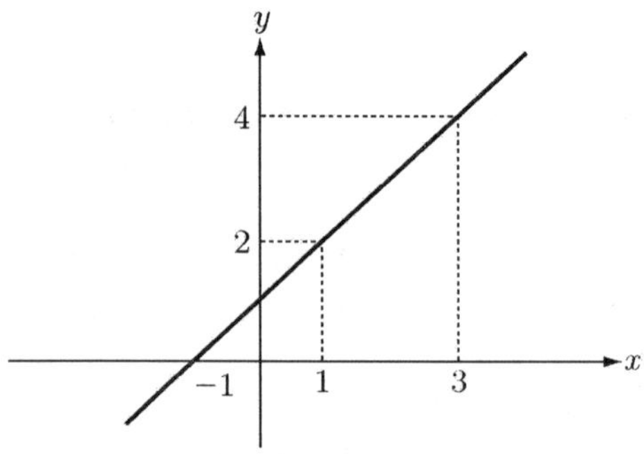

[그림 1.1] $f(x) = x + 1$ **의 그래프**

예제 1.1과 같은 형태의 함수를 1차(선형, linear) 함수라 한다. 다음은 1차 함수의 정의이다.

> ■ **1차 함수**
>
> $y = ax + b\,(a \neq 0)$를 **1차 함수**라 하고, 그 그래프는 기울기가 a, y 절편이 b 인 직선이 된다.

a 와 b 에 따라서 직선의 그래프는 다음과 같이 그려진다.

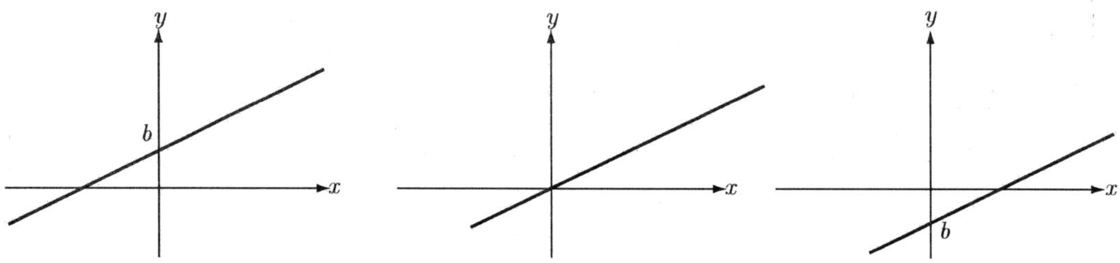

[그림 1.2] $a > 0$ **인 경우** $y = ax + b$ **의 그래프**

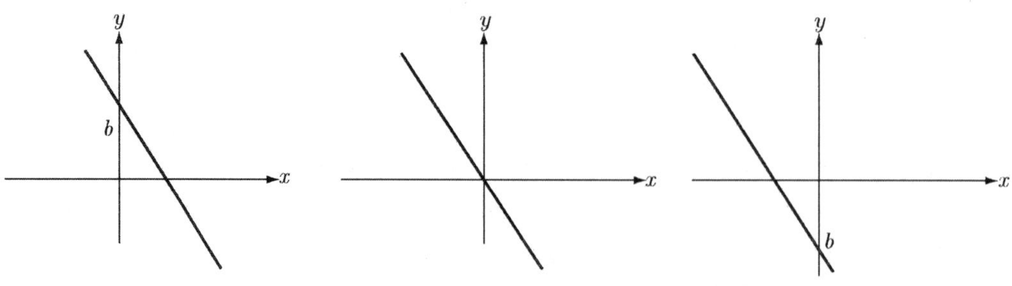

[그림 1.3] $a < 0$ **인 경우** $y = ax + b$ **의 그래프**

예제 1.2

함수 $f(x)=x^2$ 에 대하여 다음을 구하여라.

1) 0, 2, -3 의 출력값들　　　　2) f 의 정의역, 치역, 그래프

풀이 1) $f(0)=0^2=0$, $f(2)=2^2=4$, $f(-3)=(-3)^2=9$

2) f 의 정의역은 실수가 되고 치역은 0 보다 크거나 같은 실수가 된다.

f 의 그래프는 순서쌍 (입력값, 출력값)=$(x,\ x^2)$ 들의 모임으로 다음과 같이 그려진다.

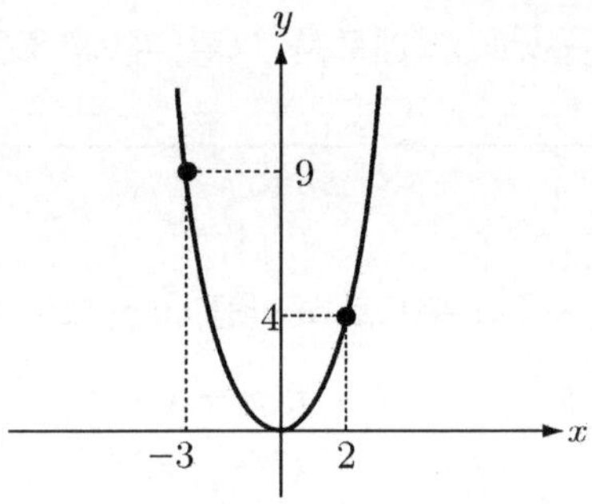

[그림 1.4] $f(x)=x^2$ **의 그래프**

예제 1.2와 같은 형태의 함수를 2차 함수라 한다. 다음은 2차 함수의 정의이다.

■ **2차 함수**

$y=ax^2+b\,(a\neq 0)$를 **2차 함수**라 하고, 그 그래프는 y 절편이 b 인 포물선이 된다.

a 와 b 에 따라서 포물선의 그래프는 다음과 같이 그려진다.

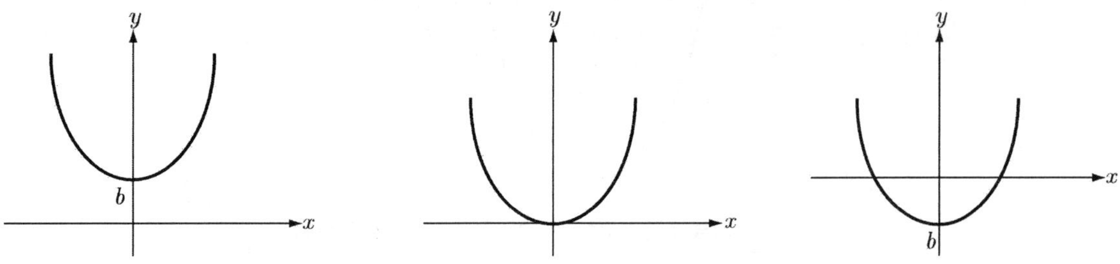

[그림 1.5] $a>0$ **인 경우** $y=ax^2+b$ **의 그래프**

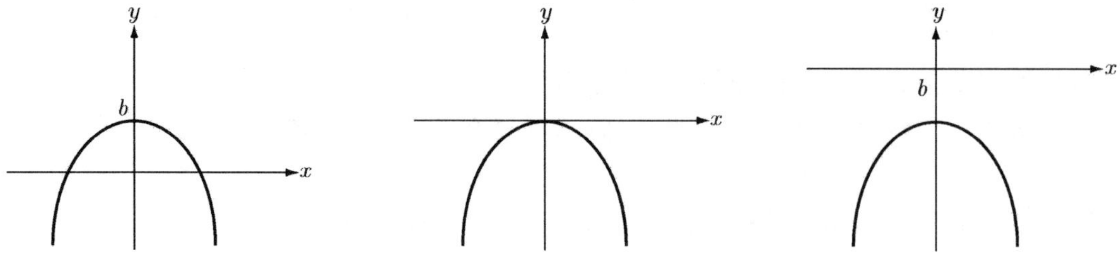

[그림 1.6] $a < 0$ **인 경우** $y = ax^2 + b$ **의 그래프**

다음은 그래프의 평행이동으로, 그래프를 그릴 때에 유용하게 쓰인다.

■ **평행이동**

함수 $y = f(x)$ 의 그래프를 x 축으로 a 만큼, y 축으로 b 만큼 평행이동하면

$$y - b = f(x - a)$$

가 된다.

예제 1.3

함수 $f(x) = (x+2)^2 - 1$ 의 그래프를 그려라.

풀이 예제 1.2에서 주어진 $y = x^2$ 의 그래프를 x 축으로 -2 만큼, y 축으로 -1 만큼 평행이동한 그래프이므로 다음과 같이 그려진다.

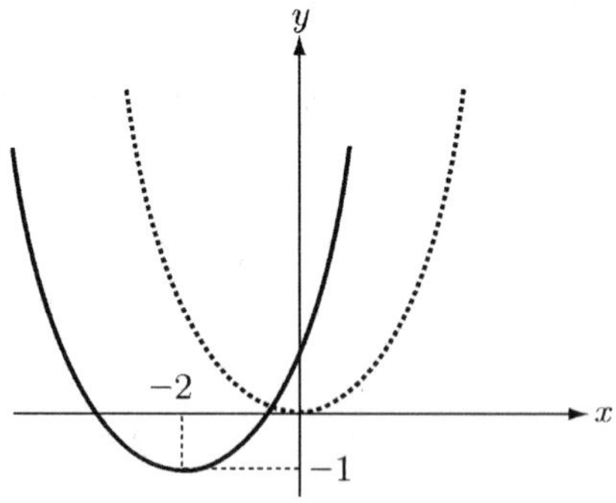

[그림 1.7] $f(x) = (x+2)^2 - 1$ **의 그래프**

익힘문제 1.1

주어진 함수에 대하여 정의역, 치역, 그래프를 구하여라.

1) $y=-x^2+x$　　2) $y=x^2+2x-1$

3) $y=2x^2+2x-1$　　4) $y=-x^2+2x+3$

예제 1.4

함수 $y=\sqrt{x}$ 의 정의역, 치역, 그래프를 구하여라.

풀이 먼저 주어진 함수의 그래프를 그려보면 다음과 같다. (자세한 정의는 1.2절 지수함수에서 다룬다.)

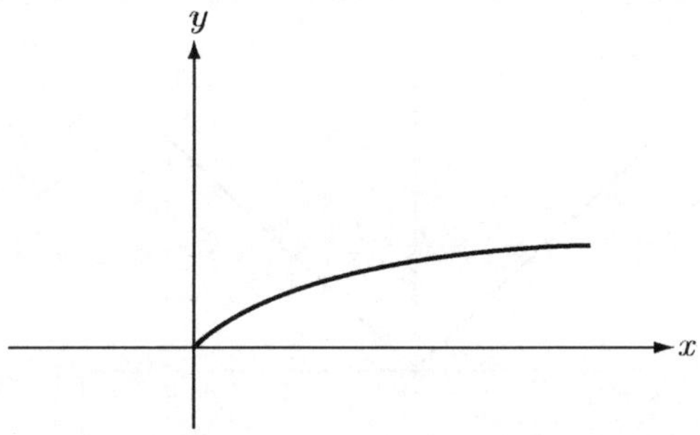

[그림 1.8] $y=\sqrt{x}$ **의 그래프**

따라서 정의역은 0 보다 크거나 같은 실수(0 또는 양의 실수)이고 치역 또한 0 보다 크거나 같은 실수가 된다.

익힘문제 1.2

주어진 함수에 대하여 정의역, 치역, 그래프를 구하여라.

1) $y=\sqrt{x+2}$　　2) $y=\sqrt{2x}-1$

3) $y=-2\sqrt{x}$　　4) $y=\sqrt{-x}$

다음은 **절댓값 함수**(absolute value function)로, 자주 사용되는 함수이다.

■ **절댓값 함수**

함수 $y = |x|$ 는 수직선에서 원점으로부터 x 까지의 거리를 나타내는 함수이다.즉,

$$|x| = \begin{cases} x, & x \ge 0 \\ -x, & x < 0 \end{cases}$$

을 나타낸다.

예제 1.5

함수 $f(x) = |x|$의 그래프를 그려라.

풀이 그래프는 다음과 같다.

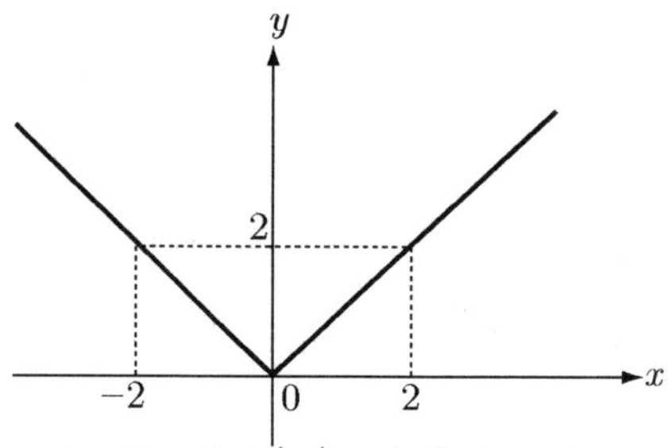

[그림 1.9] $f(x) = |x|$ **의 그래프**

■

보기

함수 $y = f(x)$ 의 정의역이 구간 $[-1, 1]$ 일 때, 다음 물음에 답하여라.

1) 함수 $f(2x)$ 의 정의역을 말하여라.

2) 함수 $f\left(\dfrac{x}{2}\right)$ 의 정의역을 말하여라.

풀이 1) 함수 f 의 정의역은 구간 $[-1,1]$ 이므로 $2x \in [-1, 1]$ 을 만족해야 한다. 즉,

$$-1 \le 2x \le 1 \Rightarrow -\frac{1}{2} \le x \le \frac{1}{2}$$

따라서 함수 $f(2x)$ 의 정의역은 구간 $\left[-\dfrac{1}{2}, \dfrac{1}{2}\right]$ 가 됨을 알 수 있다.

2) 1)과 마찬가지로 생각하면, 함수 $f\left(\dfrac{x}{2}\right)$ 의 정의역은 $[-2, 2]$ 가 됨을 알 수 있다.

■

위의 보기로부터 정의역을 축소, 확대하는 함수를 다음과 같이 정의할 수 있다.

■ **축소 · 확대 함수**

함수 $y=f(x)$의 정의역을 구간 I라 하자. 실수 $a>1$에 대하여,

1. $f(ax)$의 정의역은 $\frac{1}{a}I$가 되고, 이 함수를 $f(x)$의 **축소함수**라 한다.
2. $f\left(\frac{x}{a}\right)$의 정의역은 aI가 되고, 이 함수를 $f(x)$의 **확대함수**라 한다.

다음은 공학에서 자주 쓰이는 기본 함수이다.

■ **단위계단 함수**

다음과 같이 정의 되는 함수 $y=u(x)$를 **단위계단 함수**(unit step function)라고 한다.

$$u(x)=\begin{cases}1, & x\geq 0\\ 0, & x<0\end{cases}$$

예제 1.6

단위계단 함수의 그래프를 그려라.

풀이 그래프는 다음과 같다.

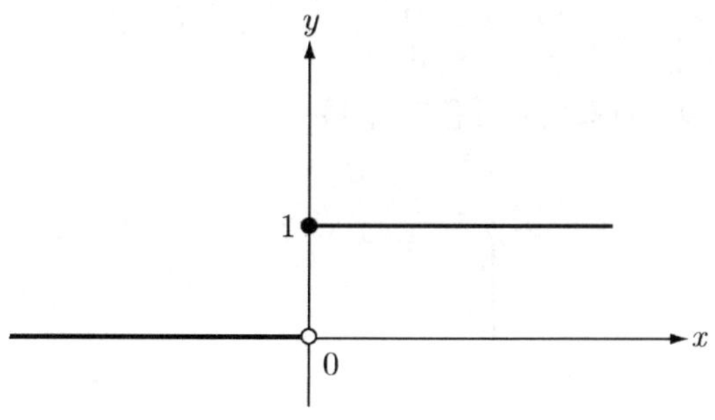

[그림 1.10] $y=u(x)$ **의 그래프**

■

단위계단 함수를 x 축으로 d 만큼 평행 이동한 함수는 다음과 같이 정의된다.

$$u(x-d)=\begin{cases}1, & x \ge d \\ 0, & x < d\end{cases}$$

예제 1.7

단위계단 함수 $y=u(x-d)$ $(d>0)$ 의 그래프를 그려라.

풀이 그래프는 다음과 같다.

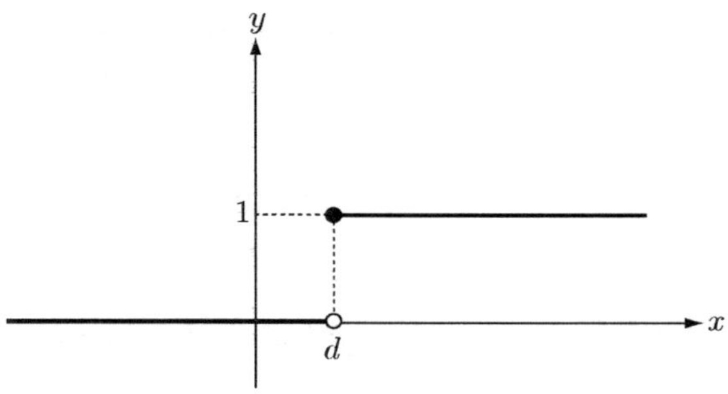

[그림 1.11] $y=u(x-d)$ **의 그래프**

예제 1.8

함수 $y=-u(x)$ 의 그래프를 그려라.

풀이 단위계단 함수 $y=u(x)$ 의 정의에 의하여

$$-u(x)=\begin{cases}-1, & x \ge 0 \\ 0, & x < 0\end{cases}$$

이 된다. 따라서 그 그래프는 다음과 같다.

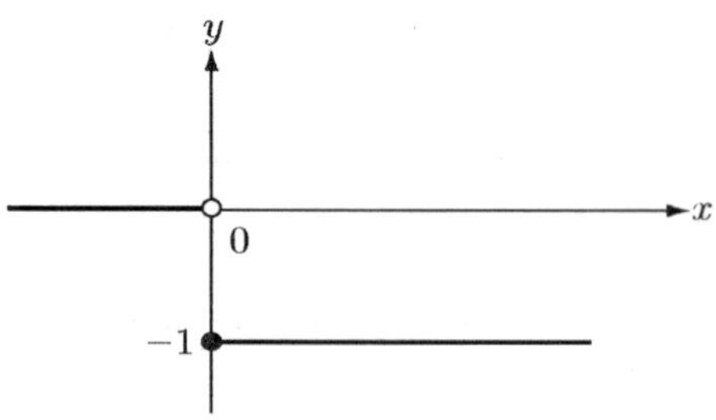

[그림 1.12] $y=-u(x)$ **의 그래프**

익힘문제 1.3

주어진 함수에 대하여 정의역, 치역, 그래프를 구하여라.

1) $y = u(-x)$ 2) $y = 2u(x-1)$

3) $y = -u(x+1)$ 4) $y = u(-x-1)$

일반적으로 다음 그래프는 단위계단 함수로 표현이 가능하다.

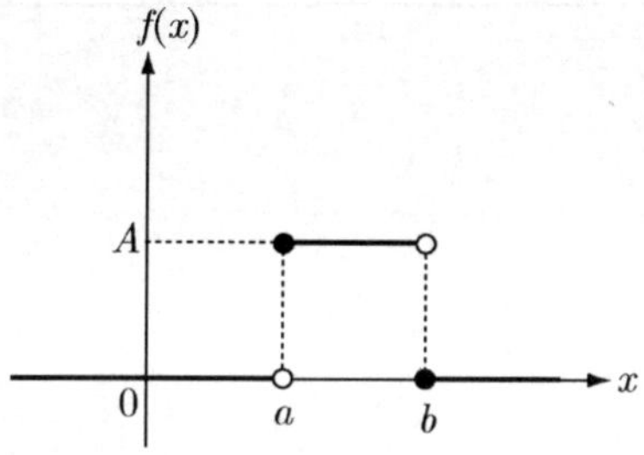

$$\Leftrightarrow \quad f(x) = A\{u(x-a) - u(x-b)\}$$

보기

주어진 그래프를 함수로 나타내보자.

1)

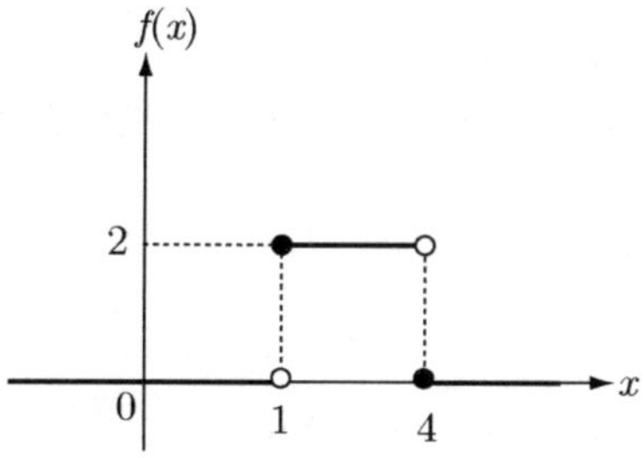

$$f(x) = 2\{u(x-1) - u(x-4)\}$$

2)

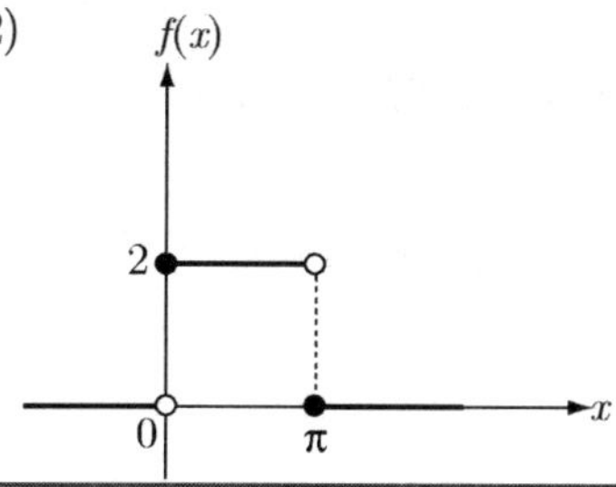

$$f(x) = 2\{u(x) - u(x-\pi)\}$$

일정한 간격으로 반복되는 함수를 **주기 함수**(periodic function)라 하고, 그 일정한 간격을 **주기**(period)라고 한다. 주기 함수의 정의는 다음과 같다.

■ **주기 함수**

함수 $f(x)$가 모든 x에 대하여 다음을 만족할 때, **주기 함수**라고 한다.

$$f(x) = f(x+T)$$

이 때, 양의 상수 T를 함수 f의 **주기**라고 한다.

예제 1.9

다음 함수의 주기를 구하여라.

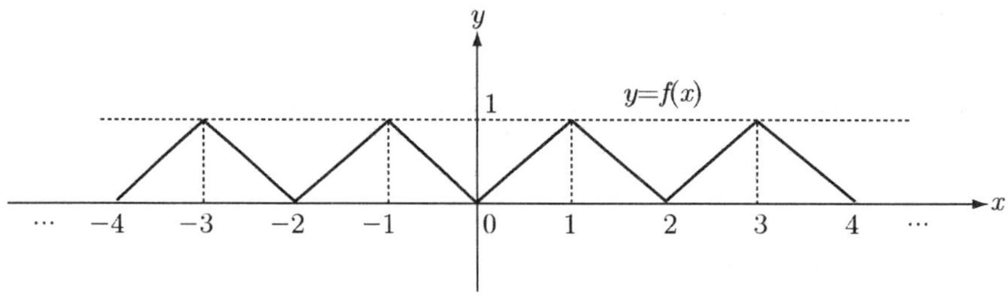

풀이 위의 그래프에서 볼 수 있듯이 2 씩 일정한 간격으로 그래프가 그려지므로 주기는 2임을 알 수 있다.

예제 1.10

예제 1.9에서 주어진 그래프의 식을 구하고 정의역과 치역을 말하여라.

풀이 $f(x)= |x|$, $-1 \leq x < 1$ 이고 $f(x)= f(x+2)$ 인 함수이다. 그래프에서 볼 수 있듯이 정의역은 실수이고 치역은 0 이상인 실수이다.

익힘문제 1.4

주어진 그래프의 식을 구하고 정의역과 치역을 말하여라.

1)

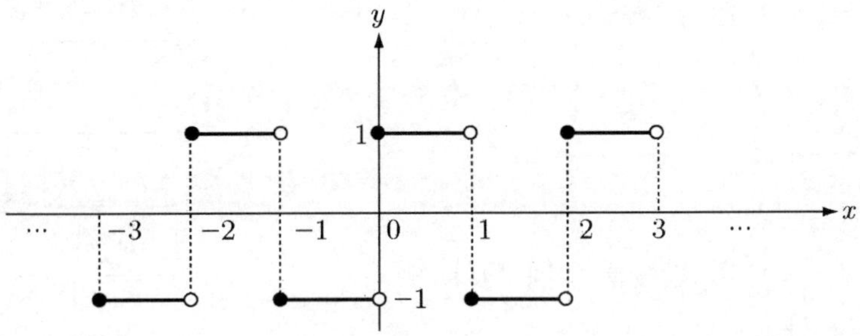

2)

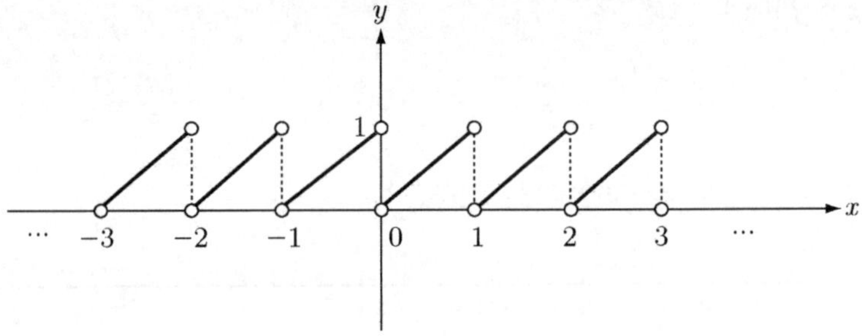

3. 함수의 연산

같은 정의역을 가지는 두 함수 f, g 의 연산은 다음과 같이 정의된다.

■ **함수의 연산**

1. $(f \pm g)(x) = f(x) \pm g(x)$ (복호동순)
2. $(kf)(x) = kf(x)$ (단, k는 임의의 상수)
3. $(fg)(x) = f(x)g(x)$
4. $\left(\dfrac{f}{g}\right)(x) = \dfrac{f(x)}{g(x)}$ (단, $g(x) \neq 0$)

특히 주의해야 할 것은 위의 연산 4번에서 분수형태로 주어진 함수의 경우 특별한 언급이 없어도 분모가 0 이 되지 않는 입력값들을 정의역으로 택한다는 것이다.

하나의 입력값에 대하여 출력값을 얻고, 그 출력값을 입력값으로 다시 출력값을 얻는

규칙에 대하여 생각해보자.

예를 들어, 오른쪽의 그림을 함수로 표현하면

$$f(x) = x^2, \quad g(x) = 2x$$

라 하면,

$$x \xrightarrow{\ f\ } x^2 \xrightarrow{\ g\ } 2x$$

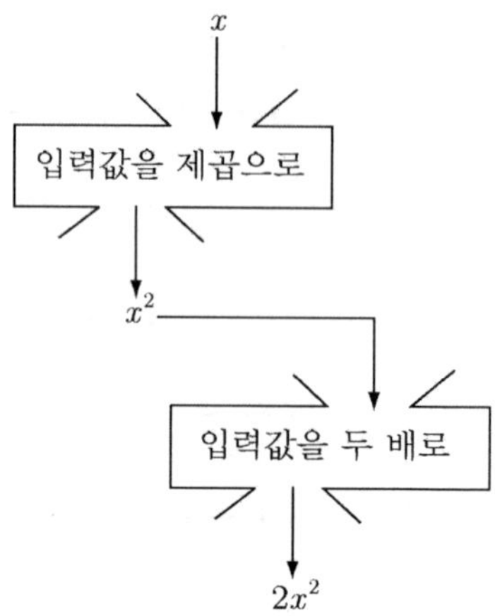

이므로 결론적으로 $x \to 2x^2$의 관계를 얻게 된다. 이런 규칙을 합성함수라 하고

$$(g \circ f)(x) = 2x^2$$

이라고 표기한다.

다음은 **합성함수(composition function)**의 정의이다.

> ■ **합성함수**
>
> 두 함수 f, g에 대하여, g가 f의 출력값들을 정의역으로 가질 때
>
> $$(g \circ f)(x) = g(f(x))$$
>
> 라고 정의한다.

예제 1.11

$f(x) = |x|$이고 $g(x) = x - 1$일 때, 다음을 구하여라.

1) $g \circ f$ 2) $f \circ g$

풀이 1) $(g \circ f)(x) = g(f(x))$이므로, $(g \circ f)(x) = g(f(x)) = g(|x|) = |x| - 1$ 이 된다.

2) $(f \circ g)(x) = f(g(x))$이므로, $(f \circ g)(x) = f(g(x)) = f(x-1) = |x-1|$ 이 된다.

■

일반적으로 $g \circ f \neq f \circ g$ 임을 유의하자.

익힘문제 1.5

주어진 함수들에 대하여, $(g \circ f)(x)$ 와 $(f \circ g)(x)$ 를 구하여라.

1) $f(x) = x^2 + 1$, $g(x) = x - 1$

2) $f(x) = x^2$, $g(x) = \sqrt{x}$

4. 여러 가지 함수

함수에는 여러 가지가 있으나 여기서는 기본적으로 언급되는 함수들만을 소개하려고 한다.

■ 여러 가지 함수들

1. 출력값이 항상 일정한 함수를 **상수함수(constant function)**라 한다. 즉,

$$f(x) = C \text{ (단, } C\text{는 상수)}$$

2. 입력값과 출력값이 같은 함수를 **항등함수(identity function)**라 한다. 즉,

$$I(x) = x$$

3. 다음 형태의 함수를 n 차 **다항함수(polynomial)**라 한다.

$$p(x) = a_0 + a_1 x + a_2 x^2 + \cdots + a_n x^n \quad (\text{단, } a_n \neq 0)$$

4. 분수함수의 형태를 **유리함수(rational function)**라 한다. 즉,

$$r(x) = \frac{p(x)}{q(x)} \quad (\text{단, } p(x), q(x)\text{는 다항함수, } q(x) \neq 0)$$

앞에서도 언급했듯이 유리함수의 경우 분모가 0 이 되지 않는 입력값들만을 정의역으로 갖는다는 사실을 잊지 말자.

예제 1.12

다음 함수들의 정의역을 말하여라.

1) $f(x) = \dfrac{x^2 - 4}{x - 2}$ 2) $f(x) = \dfrac{1}{x^2 - x - 6}$

풀이 1) $f(x)=\dfrac{x^2-4}{x-2}=\dfrac{(x-2)(x+2)}{x-2}$ 이므로, $x\neq 2$ 인 실수를 정의역으로 갖는다.

2) $f(x)=\dfrac{1}{x^2-x-6}=\dfrac{1}{(x+2)(x-3)}$ 이므로, $x\neq -2,\ x\neq 3$ 인 실수를 정의역으로 갖는다.

■

보기

함수 $f(x)=\dfrac{x^2-4}{x-2}$ 와 함수 $g(x)=x+2$ 의 정의역에 대하여 말하여라.

풀이 예제 1.12에 의하여 $f(x)$ 의 정의역은 $x\neq 2$ 인 실수이고 $g(x)$ 는 모든 실수를 정의역으로 갖는다.

■

예제 1.13

함수 $y=\dfrac{1}{x}$ 의 그래프를 그리고 정의역과 치역을 말하여라.

풀이 주어진 함수는 유리함수이므로 분모가 0 이 되지 않을 때 잘 정의된다. 따라서 정의역은 0 이 아닌 실수이다. 또한 그래프는 다음과 같이 그려진다.

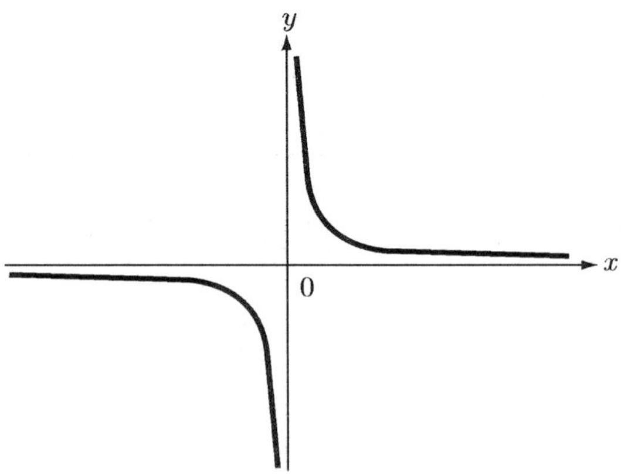

[그림 1.12] 함수 $y=\dfrac{1}{x}$ 의 그래프

■

익힘문제 1.6

함수 $y=\dfrac{1}{x-1}+2$ 의 그래프를 그리고 정의역과 치역을 말하여라.

입력값과 출력값이 바뀌는 함수를 고려할 때, 다음의 정의가 필요하다.

■ 일대일 함수

서로 다른 입력값들에 대하여 서로 다른 출력값들을 가지는 함수를 **일대일(one to one)함수**라고 한다.

예제 1.14

다음 함수들 중 일대일 함수를 찾아라.

1) $f(x)=x+1$　　2) $f(x)=x^2$　　3) $f(x)=|x|$

풀이 예제 1.1, 1.2와 1.5에 의하여 1)의 함수가 일대일 함수임을 알 수 있다. 2)의 함수의 경우 $f(-x)=x^2=f(x)$ 이므로 서로 다른 입력값들에 대해 서로 다른 출력값을 갖지 않는다. 마찬가지로 3)의 함수의 경우도 $|-x|=x=|x|$ 를 가지므로 일대일 함수가 아니다.

이제 입력값과 출력값이 바뀌는 함수를 정의해 보자.

■ 역함수

함수 $y=f(x)$ 가 일대일 함수일 때, f 의 입력값과 출력값의 역할을 바꾼 함수를 f 의 **역함수(inverse function)**라 하고 f^{-1} 로 표기한다. 즉,

$$y=f^{-1}(x) \Leftrightarrow x=f(y)$$

를 만족한다.

역함수 f^{-1} 는 f 의 입력값과 출력값의 역할을 바꾼 함수이므로 f 와 f^{-1} 의 그래프는 $y=x$ 에 대하여 대칭이 된다.

예제 1.15

다음 함수들의 역함수를 구하여라.

1) $f(x)=x+1$ 2) $f(x)=x^2\ (x \geq 0)$

풀이 1) 역함수는 입력값과 출력값을 바꾸는 함수이므로 먼저 x 와 y 를 서로 바꾸면, $x=y+1$ 이고 이를 y 에 대하여 정리하면, $y=f^{-1}(x)=x-1$ 를 얻을 수 있다.

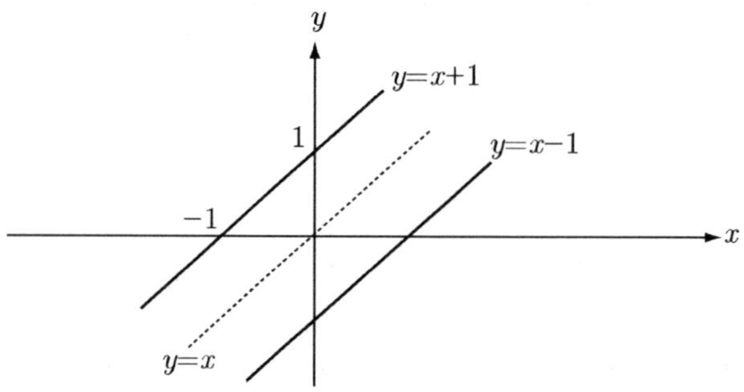

2) 1)과 마찬가지 방법을 적용하면, $x=y^2$ 이고 $y=f^{-1}(x)=\sqrt{x}$ 을 얻는다.

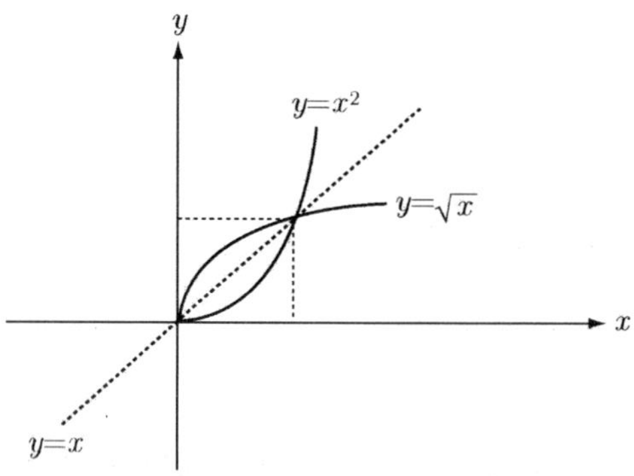

역함수를 합성함수의 용어로 설명하면 다음과 같다.

$$x \xrightarrow{f} f(x) \xrightarrow{f^{-1}} x=f^{-1}(f(x))$$

이고

$$x \xrightarrow{\quad f^{-1} \quad} f^{-1}(x) \xrightarrow{\quad f \quad} x = f(f^{-1}(x))$$

이므로 다음을 얻는다.

■ **역함수의 성질**

함수 $y = f(x)$ 가 일대일 함수일 때,

$$(f \circ f^{-1})(x) = f(f^{-1}(x)) = x$$

$$(f^{-1} \circ f)(x) = f^{-1}(f(x)) = x$$

를 만족한다.

다음은 합성함수의 역함수이다.

■ **합성함수의 역함수**

함수 $y = (g \circ f)(x)$ 가 일대일 함수일 때, $(g \circ f)$ 의 역함수는 다음과 같다.

$$(g \circ f)^{-1} = f^{-1} \circ g^{-1}$$

다음 함수들은 2장에서 다루는 삼각함수의 중요한 성질 중의 하나이다.

■ **기함수, 우함수**

1. $f(-x) = -f(x)$ 를 만족하는 함수 $y = f(x)$ 를 **기함수(odd function)**라 한다.
2. $g(-x) = g(x)$ 를 만족하는 함수 $y = g(x)$ 를 **우함수(even function)**라 한다.

기함수는 정의에 의하여 그래프가 원점에 대해 대칭인 그래프를 갖고, 우함수는 y 축에 대해 대칭인 그래프를 갖는다.

예제 1.16

다음 함수들이 기함수인지 우함수인지 말하여라.

1) $f(x) = x^2$ 2) $g(x) = x^3$

풀이 1) $f(-x) = (-x)^2 = x^2 = f(x)$ 이므로 정의에 의하여 우함수가 된다. 또한 예제 1.2에 의하여 f 의 그래프가 y 축 대칭임을 알 수 있다.

2) $g(-x) = (-x)^3 = -x^3 = -g(x)$ 이므로 정의에 의하여 기함수가 된다. 그래프를 그려보면 오른쪽 그래프와 같다. 기함수이므로 원점 대칭인 그래프이다.

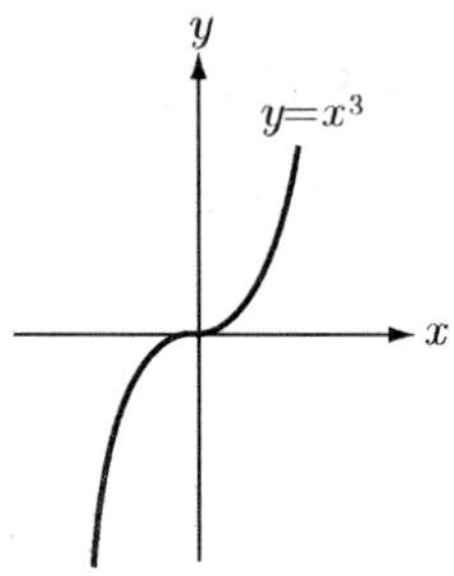

예제 1.17

두 우함수의 곱은 우함수가 됨을 증명하여라.

풀이 $f(x)$ 와 $g(x)$ 를 모두 우함수라 하고 $h(x) = f(x)g(x)$ 라 놓으면, 우함수의 성질에 의하여,

$$h(-x) = f(-x)g(-x) = f(x)g(x) = h(x)$$

이므로 두 우함수의 곱은 우함수가 됨을 알 수 있다.

익힘문제 1.7

다음을 증명하여라.

1) 우함수와 기함수의 곱은 기함수이다.

2) 두 기함수의 곱은 우함수이다.

연습문제 1.1 Exercises

1. 다음 함수들의 그래프를 그리고 정의역과 치역을 말하여라.

1) $y = -2x-1$

2) $y = \dfrac{1}{x^2}$

3) $y = \sqrt{-x-1}$

4) $y = \dfrac{|x|}{x}$

5) $y = \dfrac{x+1}{x-1}$

6) $y = 1-\sqrt{x}$

7) $y = 1-x^2$

8) $y = \sqrt{|x|}$

9) $y = \sqrt{x^2}$

2. $y = [x]$는 최대정수함수로 $[x] =$ (x를 넘지 않는 최대 정수)를 나타낸다. 다음 물음에 답하여라.

1) $[2.4]$, $[0.2]$, $[-0.2]$, $[-2.7]$을 구하여라.

2) $y = [x]$의 그래프를 그리고 정의역과 치역을 말하여라.

3. 다음 주어진 두 함수들에 대하여 $f+g$와 fg의 정의역과 치역을 말하여라.

1) $f(x) = \sqrt{x+1}$, $g(x) = x^2$

2) $f(x) = \sqrt{x+1}$, $g(x) = \dfrac{1}{x}$

4. 다음과 같이 함수 $y = f(x)$가 주어졌을 때

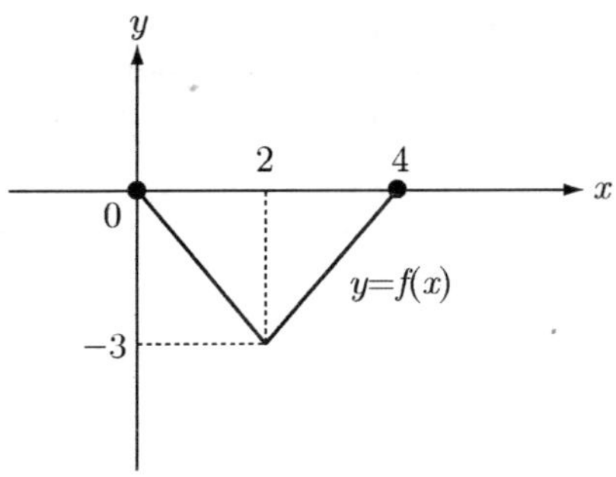

1) $f(-x)$의 그래프를 그려라.

2) $-f(x)$ 의 그래프를 그려라.

3) $f(-x+2)$ 의 그래프를 그려라.

4) $1-f(-x+2)$ 의 그래프를 그려라.

5. $f(x)=\dfrac{1}{x-1}$ 이고 $g(x)=1-x^2$ 일 때, $(g \circ f)(x)$ 와 $(f \circ g)(x)$ 를 구하여라.

6. $f(x)=x^3+2$, $g(x)=3x^2-2$ 일 때, $(g \circ (f \circ g)^{-1} \circ f)(2)$ 를 구하여라.

7. 다음 함수의 그래프를 그리고 정의역과 치역을 말하여라.

1) $f(x)=-x\,(0 \le x < 2)$, $f(x)=f(x+2)$

2) $y=\begin{cases} x+1, & x \ge 0 \\ x^2, & x < 0 \end{cases}$

3) $y=\begin{cases} x-1, & x \ge 2 \\ 1, & x < 2 \end{cases}$

4) $y=u(2x-1)$ (단, $y=u(x)$ 는 단위계단 함수)

5) $y=u(-2x+2)$ (단, $y=u(x)$ 는 단위계단 함수)

6) $f(x)=\begin{cases} -x^2, & -1 \le x < 0 \\ x^2, & 0 \le x \le 1 \end{cases}$, $f(x)=f(x+2)$

7) $f(x)=\begin{cases} -1, & -2 \le x < 0 \\ 1, & 0 \le x \le 2 \end{cases}$, $f(x)=f(x+4)$

8. 다음 주어진 그래프를 식으로 표현하여라.

1)

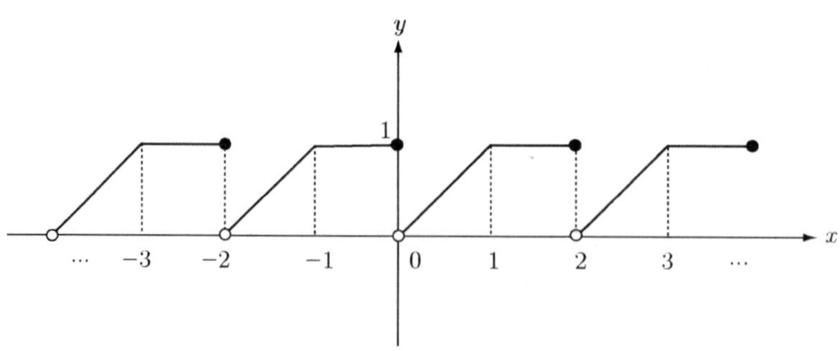

2)

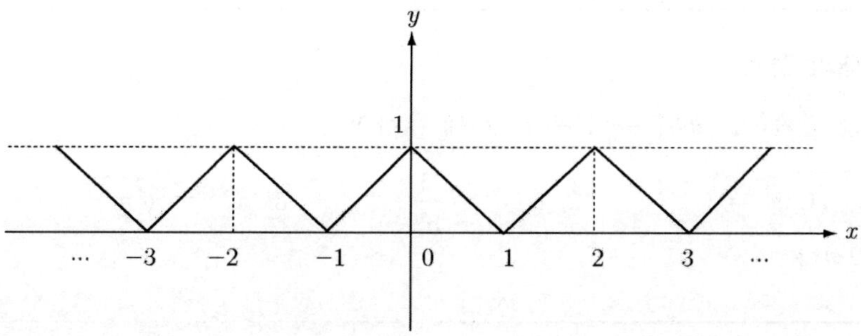

3)

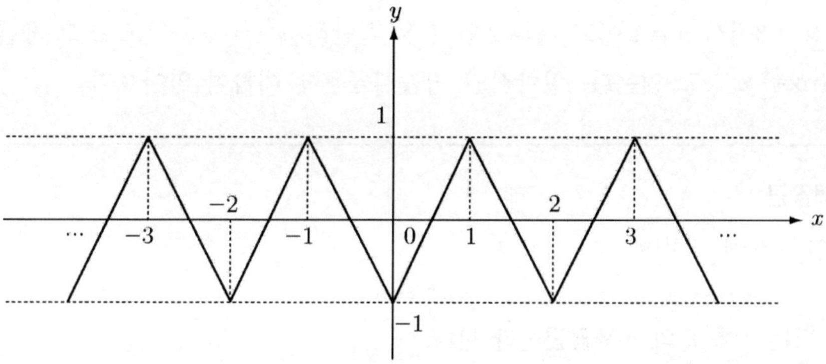

1.2 지수 함수

1. 지수법칙

지수형태의 연산에 대하여 알아보자. 우선 지수형태에 대하여 알아보자.

> **■ 지수와 밑**
>
> $a > 0$ 를 만족하는 a 와 유리수 m 에 대하여 a^m 을 **지수형태**라 부르고, a 를 밑, m 을 지수라고 한다.

다음은 지수형태의 정의이다.

■ **지수형태의 정의**

$a > 0$ 를 만족하는 a 와 유리수 m, n 에 대하여

1. $a^0 = 1$ 2. $a^{-m} = \frac{1}{a^m}$ 3. $a^{\frac{m}{n}} = \sqrt[n]{a^m}$

로 정의한다.

위의 정의 3에서 $n = 1$ 이고 $m = 2$ 인 경우 간단히 $a^{\frac{1}{2}} = \sqrt{a}$ 라고 쓰고 제곱근 a 또는 루트(root) a 라고 읽는다. 일반적인 거듭제곱근에 대하여 알아보자.

■ **n 제곱근**

자연수 n 에 대하여

$$x^n = a$$

가 되는 x 를 a 의 **n 제곱근**이라 한다.

n 홀수인 경우 a 의 n 제곱근이 되는 실수를 $\sqrt[n]{a}$ 로 표시하고, n 이 짝수인 경우 a (이때, a 는 양수)의 n 제곱근이 되는 양수를 $\sqrt[n]{a}$ 로, 음수를 $-\sqrt[n]{a}$ 로 표시한다.

보기

1) $x^4 = 81$ 의 사 제곱근은 $x = \pm\sqrt[4]{81} = \pm 3$ 이다.
2) $x^3 = -27$ 의 삼 제곱근은 $x = \sqrt[3]{-27} = -3$ 이다.

예제 1.17

다음을 간단히 하여라.

1) $2 \cdot 2 \cdot 2 \cdot 2 \cdot 2$ 2) 1^0

3) 3^{-2} 4) $27^{-\frac{1}{3}}$

풀이 1) $2 \cdot 2 \cdot 2 \cdot 2 \cdot 2 = 2^5$ 2) $1^0 = 1$ 3) $3^{-2} = \frac{1}{3^2} = \frac{1}{9}$

4) $x = 27^{\frac{1}{3}}$ 라 놓으면 $x^3 = 27$ 을 만족하는 x 는 3 이다.

따라서 $27^{-\frac{1}{3}} = \dfrac{1}{\sqrt[3]{27}} = \dfrac{1}{3}$ 을 얻는다.

■

익힘문제 1.8

다음을 간단히 하여라.

1) 3^0

2) 2^{-3}

3) $16^{-\frac{1}{4}}$

4) $\dfrac{-8}{\sqrt[5]{-32}}$

다음은 지수의 성질이다.

■ **지수의 성질**

$a, b > 0$ 를 만족하는 a, b 와 유리수 m, n 에 대하여

1. $a^m a^n = a^{m+n}$
2. $(a^m)^n = a^{mn}$
3. $(ab)^m = a^m b^m$
4. $\left(\dfrac{a}{b}\right)^m = \dfrac{a^m}{b^m}$

이 성립한다.

위의 성질 1번에서 n 대신 $-n$ 을 대입하면, $a^m a^{-n} = a^m \dfrac{1}{a^n} = \dfrac{a^m}{a^n}$ 이므로

$$\frac{a^m}{a^n} = a^{m-n}$$

이 성립한다.

예제 1.18

다음을 간단히 하여라.

1) $2^2 8^2$　　2) $3^2 27^{\frac{1}{3}}$　　3) $-8^{\frac{1}{3}} 4^{-\frac{1}{2}}$　　4) $\dfrac{6^4}{24^2}$

풀이 1) $2^2 8^2 = 2^2 (2^3)^2 = 2^2 2^{3\times 2} = 2^2 2^6 = 2^{2+6} = 2^8$

2) $3^2 27^{\frac{1}{3}} = 3^2 3 = 3^{2+1} = 3^3$

3) $-8^{\frac{1}{3}} 4^{-\frac{1}{2}} = -\dfrac{2}{2} = -1$

4) $\dfrac{6^4}{24^2} = \dfrac{(2\cdot 3)^4}{(8\cdot 3)^2} = \dfrac{2^2 3^4}{(2^3 3)^2} = \dfrac{2^2 3^4}{2^6 3^2} = 2^{2-6} 3^{4-2} = 2^4 3^2 = \dfrac{3^2}{2^2}$

■

익힘문제 1.9

다음을 간단히 하여라.

1) $2^3 16^2$　　2) $3^2 32^{\frac{1}{5}}$　　3) $-6^{\frac{1}{2}} 24^{-\frac{1}{2}}$　　4) $\dfrac{8^4}{12^2}$

5) $2^2 6^2 9^{\frac{1}{2}}$　　6) $3^{-\frac{1}{2}} 27^{\frac{1}{2}}$　　7) $-6^3 4^{\frac{1}{2}}$　　8) $\dfrac{8^3 9^{-\frac{1}{2}}}{12^2}$

2. 지수함수

이제 지수가 실수인 함수에 대하여 생각해보자.

■ **지수함수**

$a > 0$, $a \neq 1$인 a에 대하여, $y = a^x$를 **지수함수(exponential function)**라 한다.

$x = 0$인 경우 $a^0 = 1$이므로 지수함수는 a에 상관없이 항상 점$(0, 1)$을 지난다. 밑 a가 $a > 1$인 경우 지수 x가 커지면 함숫값이 계속 증가하므로 오른 쪽 위로 증가하는

형태의 그래프를 가지고 밑 a가 $0<a<1$ 인 경우 지수 x가 커지면 함숫값이 계속 감소하므로 왼쪽 위로 증가하는 형태의 그래프를 갖는다. ([그림 1.13] 참조)

그래프에서 알 수 있듯이 지수함수 $y=a^x$ 의

정의역 = 모든 실수

치역= 양의 실수

이다.

예제 1.19

$y=2^x$ 과 $y=2^{-x}$ 의 그래프를 그려라.

풀이 $y=2^x$ 은 $a=2>1$ 이므로 오른 쪽 위로 증가하는 그래프를 갖는다.

$y=2^{-x}=(2^{-1})^x=\left(\frac{1}{2}\right)^x$ 이고 $a=\frac{1}{2}<1$ 이므로 왼쪽 위로 증가하는 그래프를 갖는다. (그림 1.13 참조)

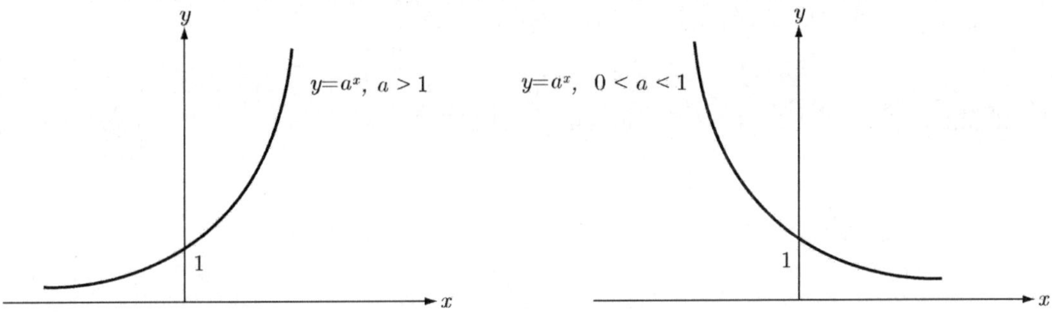

[그림 1.13] $y=a^x$ 의 그래프

실수 x_1, x_2에 대하여, 지수함수는 다음과 같은 성질을 만족한다.

■ 지수함수의 성질

1. $a^{x_1}a^{x_2}=a^{x_1+x_2}$
2. $(a^{x_1})^{x_2}=a^{x_1x_2}$
3. $\dfrac{a^{x_1}}{a^{x_2}}=a^{x_1-x_2}$

연습문제 1.2 Exercises

1. 다음을 간단히 하여라.

1) $9^2 27^{\frac{1}{2}}$　　2) $18^{\frac{1}{2}} 24^{-\frac{1}{3}}$

3) $2^{\sqrt{5}} 5^{\sqrt{5}}$　　4) $-32^{\frac{1}{3}} 8^{\frac{1}{2}}$

5) $\dfrac{12^4}{24^2}$　　6) $\left(\dfrac{2}{\sqrt{2}}\right)^4$

7) $\sqrt{2\sqrt[4]{4\sqrt[3]{8}}}$　　8) $\sqrt{8\sqrt[3]{9\sqrt[3]{27}}}$

9) $\sqrt{-8\sqrt[3]{-4\sqrt[4]{16}}}$　　10) $\dfrac{\sqrt[4]{3}\sqrt{9}\sqrt[4]{81}}{\sqrt{-3\sqrt[3]{-27}}}$

2. 다음을 간단히 하여라.

1) $\sqrt[3]{-8}+\sqrt[3]{2}\sqrt[3]{4}+\sqrt{\sqrt[3]{64}}$　　2) $\sqrt{\sqrt[3]{729}}-\dfrac{\sqrt[3]{\sqrt{72}}}{\sqrt[3]{\sqrt{9}}}$

3) $32^{-\frac{3}{5}}+16^{-0.25}$　　4) $16^{-\frac{3}{4}}+81^{-0.25}$

3. $\sqrt{(1-a)^2}+\sqrt{(1+a)^2}$ 의 값을 구하여라. (단, $-1<a<1$)

4. $a>1$ 이고 $\sqrt{a^5}=\sqrt{a\sqrt[3]{a^k}}$ 일 때, 상수 k의 값을 구하여라.

5. $4^x=3$ 일 때, $\dfrac{2^x+2^{-x}}{4^x+4^{-x}}$ 의 값을 구하여라.

6. 다음 함수의 그래프를 그리고 정의역과 치역을 구하여라.

1) $y=2^{x-1}+2$　　2) $y=3^{-x-2}-\dfrac{1}{2}$

1.3 로그함수

1. 로그함수의 정의

로그함수는 지수함수의 역함수로써 정의된다. 1.1절에서 언급한 것과 같이 역함수는 입력값과 출력값의 역할을 바꿔주는 함수이다. 따라서 지수함수의 역함수로써의 로그함수의 정의는 자연스럽다.

■ **로그함수**

$a > 0$, $a \neq 1$ 과 $x > 0$ 에 대하여,

$$y = \log_a x \quad \Longleftrightarrow \quad a^y = x$$

를 만족하는 함수를 **로그함수(logarithm functions)**라 한다.

정의에서 알 수 있듯이 a는 지수함수의 밑이므로 $a > 0$, $a \neq 1$ 를 만족해야 하고, 지수함수의 정의역은 모든 실수, 치역은 양의 실수이므로 로그함수 $y = \log_a x$ 의

정의역 = 양의 실수
치역 = 모든 실수

가 된다. 다음은 정의로부터 나오는 자연스러운 로그함수의 성질이다.

■ **로그함수의 성질**

$a > 0$, $a \neq 1$에 대하여

1. $\log_a 1 = 0$
2. $\log_a a = 1$
3. $a^{\log_a x} = x \,(x > 0\,)$, $\log_a a^x = x$ (x는 모든 실수)

를 만족한다.

이를 보이기 위해 $x = \log_a 1$ 이라 놓으면 $a^x = 1$ 을 만족하는 x를 구하는 문제이므로 지수형태의 정의에 의하여 $x = 0$ 이 됨을 알 수 있다. 마찬가지 방법으로 $y = \log_a a$ 라 놓으면 $a^y = a$ 를 만족하는 y는 $y = 1$ 이 된다. 3의 성질은 지수함수와 로그함수가 서로

역함수 관계라는 사실로부터 자명하게 얻을 수 있다. ($f(x)=a^x$, $f^{-1}(x)=\log_a x$ 라 놓고 역함수의 합성관계를 써보아라.)

다음은 계산할 때 자주 등장하는 로그함수의 법칙이다.

■ **로그법칙**

1. $\log_a x+\log_a y=\log_a xy$
2. $\log_a x-\log_a y=\log_a \frac{x}{y}$
3. $\log_a x^r = r\log_a x$
4. $\log_a x=\frac{\log_c x}{\log_c a}$ (밑변환 공식)
5. $\log_{a^s} x=\frac{1}{s}\log_a x$

예제 1.20

다음을 증명하여라.

1) $\log_a x+\log_a y=\log_a xy$ 2) $\log_a x^r = r\log_a x$

3) $\log_a x=\frac{\log_c x}{\log_c a}$

풀이 1) $X=\log_a x$, $Y=\log_a y$ 라 놓으면, 정의에 의하여 $x=a^X$, $y=a^Y$ 을 얻는다. 지수의 성질을 이용하면 $xy=a^X a^Y=a^{X+Y}$ 이고 다시 로그의 정의에 의하여 $X+Y=\log_a xy$ 를 얻을 수 있다.

2) $X=\log_a x$ 라 놓으면, 정의에 의하여 $x=a^X$ 이고 $x^r=(a^X)^r=a^{rX}$ 을 얻는다. 로그의 정의를 이용하면 $rX=\log_a x^r$ 이므로 r 을 나눠주면 원하는 답을 얻는다.

3) $X=\log_c x$, $A=\log_c a$ 라 놓으면, 정의에 의하여 $x=c^X$, $a=c^A$ 을 얻는다. 이로부터 $c=x^{\frac{1}{X}}$ 이고 $c=a^{\frac{1}{A}}$ 이므로 $x^{\frac{1}{X}}=a^{\frac{1}{A}}$. 따라서 $x=a^{\frac{X}{A}}$ 이므로 로그의 정의에 의하여 $\frac{X}{A}=\log_a x$ 를 얻을 수 있다.

익힘문제 1.10

다음을 증명하여라.

1) $\log_a x - \log_a y = \log_a \dfrac{x}{y}$

2) $\log_{a^s} x = \dfrac{1}{s} \log_a x$

예제 1.21

다음을 간단히 하여라.

1) $\log_3 9$

2) $\log_9 81 - 3\log_3 \dfrac{1}{3}$

3) $\log_3 2 \cdot \log_4 3\sqrt{3}$

4) $\log_9 63 - 3\log_{27} \sqrt{105}$

풀이

1) $\log_3 9 = \log_3 3^2 = 2\log_3 3 = 2$

2) $\log_9 81 - 3\log_3 \dfrac{1}{3} = \log_9 9^2 - 3\log_3 3^{-1} = 2 - 3 \cdot (-1) = 5$

3)
$$\begin{aligned}\log_3 2 \cdot \log_4 3\sqrt{3} &= \log_3 2 \cdot \frac{\log_3 3\sqrt{3}}{\log_3 4} \\ &= \log_3 2 \cdot \frac{\log_3 3^{\frac{3}{2}}}{\log_3 2^2} \\ &= \log_3 2 \cdot \frac{\frac{3}{2}\log_3 3}{2\log_3 2} = \frac{3}{4}\end{aligned}$$

4)
$$\begin{aligned}\log_9 54 - 3\log_{27} \sqrt{18} &= \log_{3^2} 2 \cdot 3^3 - 3\log_{3^3} (3^2 \cdot 2)^{\frac{1}{2}} \\ &= \frac{1}{2}(\log_3 2 + 3\log_3 3) - \frac{3}{3} \cdot \frac{1}{2}(2\log_3 3 + \log_3 2)\end{aligned}$$

익힘문제 1.11

다음을 간단히 하여라.

1) $\log_3 24 - \log_9 12$

2) $\log_{81} 18 - 3\log_3 \dfrac{2}{3}$

3) $\log_3 6 \cdot \log_4 3\sqrt[3]{3}$

4) $\log_{27} 63 - 4\log_3 \sqrt{27}$

2. 로그함수의 그래프

로그함수 $y = \log_a x$ 는 지수함수 $y = a^x$ 와 역함수 관계임을 이용하면 지수함수의 그래프와 로그함수의 그래프는 $y = x$ 에 대하여 대칭임을 알 수 있다. 따라서 로그함수 그래프는 다음과 같다.

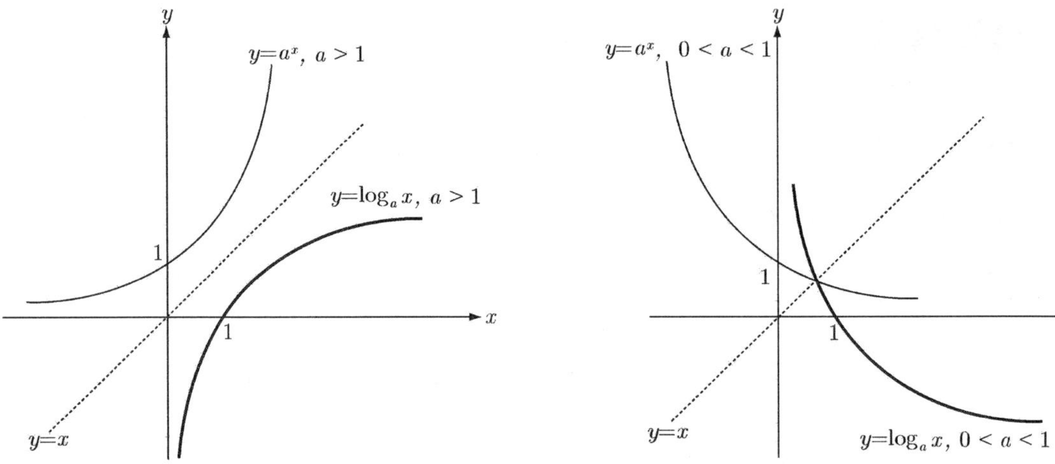

[그림 1.14] $y = \log_a x$ **의 그래프**

[그림 1.14]에서 알 수 있듯이 로그함수 $y = \log_a x$ 는 항상 점$(1, 0)$ 을 지나고 $a > 1$ 인 경우에는 오른쪽 위로 증가하는 함수이고, $0 < a < 1$ 인 경우는 오른쪽 아래로 감소하는 함수이다.

이제 $y = \log_a x$ 에서 밑이 10 인 로그함수에 대하여 고려해보자.

> ■ **상용로그함수**
>
> $a = 10$ 인 경우, $\log x = \log_{10} x$ 를 **상용로그함수(common logarithm function)**이라 한다.

보기

시스템에서 두 신호의 크기(전력)를 비교할 때 상용로그를 이용한 식을 이용한다.
어떤 시스템에서 기준신호의 전력을 P_1, 비교대상 신호의 전력을 P_2라 하면 이 시스템의 **증폭도**(전력이득: power gain)는

$$G = 10\log\frac{P_2}{P_1}$$

로 정의하며 단위는 dB(데시벨)이 된다.
dB는 소리의 세기, 안테나의 이득, 증폭기의 증폭도 등을 나타내는 데 사용된다.
어떤 시스템에서 입출력 신호에 대하여 G를 계산 했을 때 $G > 0$이면 전력의 증폭을, $G < 0$이면 전력의 감쇠를, 그리고 $G = 0$이면 전력의 변동이 없음을 나타낸다.

3. 자연로그함수

다음은 밑 a가 특별한 조건을 만족하는 로그함수에 대하여 생각해보자.

■ **오일러 상수**

$\lim_{h \to 0}\frac{e^h - 1}{h} = 1$을 만족하는 수 e를 **오일러 상수(Euler's constant)**라고 한다.

(오일러 상수 e의 정의는 5장과 7장에서 다시 언급할 것이다.)

e는 무리수로써 $e \fallingdotseq 2.7182$의 근삿값을 가진다. 이 오일러 수를 밑으로 하는 로그함수를 자연로그함수라 부르고 다음과 같이 표기한다.

■ **자연로그함수**

$\ln x = \log_e x$를 **자연로그함수(natural logarithm function)**라고 한다.

자연로그함수는 다음과 같은 성질을 갖는다.

■ **자연로그함수의 성질**

1. $\ln 1 = 0$, $\ln e = 1$
2. $\ln x + \ln y = \ln xy$
3. $\ln x - \ln y = \ln \dfrac{x}{y}$
4. $\ln x^r = r \ln x$
5. $\log_a x = \dfrac{\ln x}{\ln a}$ (밑변환공식)

예제 1.22

자연로그함수 $y = \ln x$ 의 그래프를 그려라.

풀이 오일러 수 $e \fallingdotseq 2.71 > 1$ 이므로 오른쪽 위로 증가하는 함수이다. 즉,

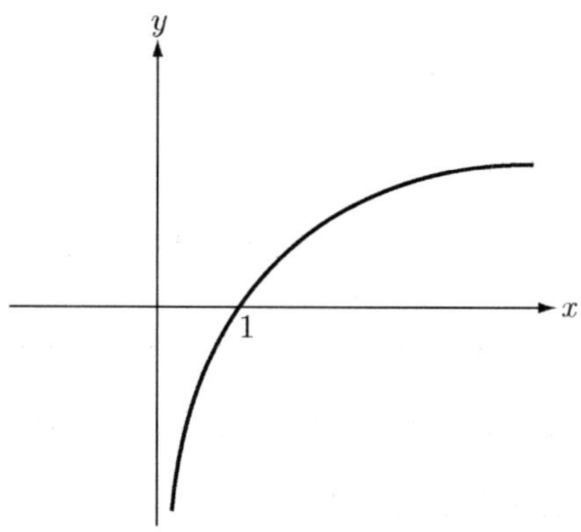

[그림 1.15] $y = \ln x$ **의 그래프**

■

연습문제 1.3 Exercises

1. 다음을 간단히 하여라.

1) $\log_2 \frac{4}{3} + 2\log_2 \sqrt{12}$

2) $\log_4 \frac{4}{3} + 2\log_2 \sqrt{12}$

3) $\log_3 \sqrt{2} + \log_3 \frac{1}{3} - \frac{3}{2}\log_3 \sqrt[3]{6}$

4) $\log_3 \sqrt[3]{2} + \log_3 \frac{2}{3} - \frac{3}{2}\log_3 \sqrt[3]{6}$

5) $\frac{1}{2}\log_3 15 + \log_9 63 - 3\log_{27} \sqrt{105}$

6) $\log_2 2\sqrt{2} + \log_{\frac{1}{3}} 3 - \frac{3}{2}\log_3 3\sqrt{12}$

2. 등식 $\log_2(\log_3 x) = \log_3(\log_2 y) = 1$이 성립하는 x와 y를 구하여라.

3. $x = \log_2 3$ 일 때, $\frac{2^x + 2^{-x}}{8^x + 8^{-x}}$ 의 값을 구하여라.

4. $2^x = 3^y = 6$ 일 때, $\frac{1}{x} + \frac{1}{y}$ 을 구하여라.

5. $(\log_2 3) \times (\log_4 x) = \log_4 3$ 일 때, x 의 값을 구하여라.

6. $1 < x < 27$일 때, $\log_{\frac{1}{3}} x$의 범위는 $a < \log_{\frac{1}{3}} x < b$이다. $b - a$의 값을 구하여라.

7. $f(x) = e^x$, $g(x) = \ln x$ 일 때, $(g \circ f)(3)$ 을 구하여라.

1.4 쌍곡선 함수

1. 쌍곡선 함수

임의의 함수 $y=f(x)$는 다음과 같이 다시 표현할 수 있다.

$$f(x)=\frac{f(x)-f(-x)}{2}+\frac{f(x)+f(-x)}{2}$$

우변을 $g(x)=\dfrac{f(x)-f(-x)}{2}$ 와 $h(x)=\dfrac{f(x)+f(-x)}{2}$ 라 놓으면

$$g(-x)=\frac{f(-x)-f(x)}{2}=-g(x)\ ,\ h(-x)=\frac{f(-x)+f(x)}{2}=h(x)$$

이므로 함수 $g(x)$는 기함수, $h(x)$는 우함수임을 쉽게 알 수 있다. 즉, 모든 함수는 기함수와 우함수의 합으로 표현이 가능하다.

특히, 지수함수 $y=e^x$를 기함수와 우함수의 합으로 표현해보면 다음과 같다.

$$e^x=\frac{e^x-e^{-x}}{2}+\frac{e^x+e^{-x}}{2}$$

우변의 기함수와 우함수를 각각 다음과 같이 정의하자.

■ **sinh x와 cosh x의 정의**

$$\sinh x=\frac{e^x-e^{-x}}{2}$$

$$\cosh x=\frac{e^x+e^{-x}}{2}$$

sinh는 쌍곡선 싸인(hyperbolic sine), cosh는 쌍곡선 코싸인(hyperbolic cosine)이라고 읽는다. 이 함수들이 **쌍곡선 함수(hyperbolic function)**라 불리는 이유는 다음의 성질 때문이다. 이는 간단한 계산에 의하여 얻어진다.

$$\cosh^2 x-\sinh^2 x=1$$

위의 성질로부터 점$(\cosh x, \sinh x)$는 쌍곡선 위의 점임을 알 수 있다. 지수 함수

$y=e^x$ 와 $y=e^{-x}$ 의 그래프를 이용하면 다음의 그래프를 얻을 수 있다.

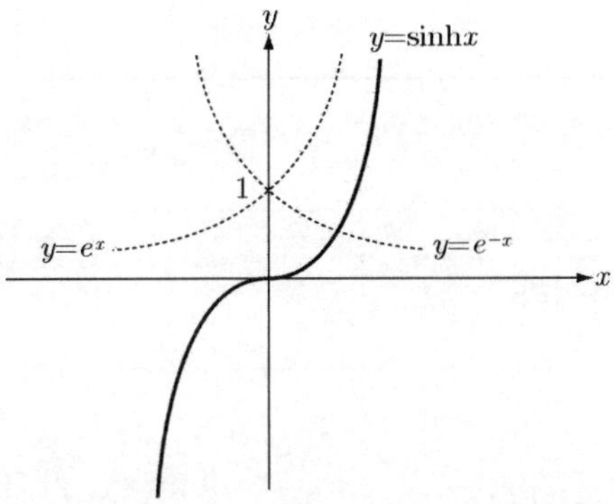

[그림 1.16] $y=\sinh x$ **의 그래프**

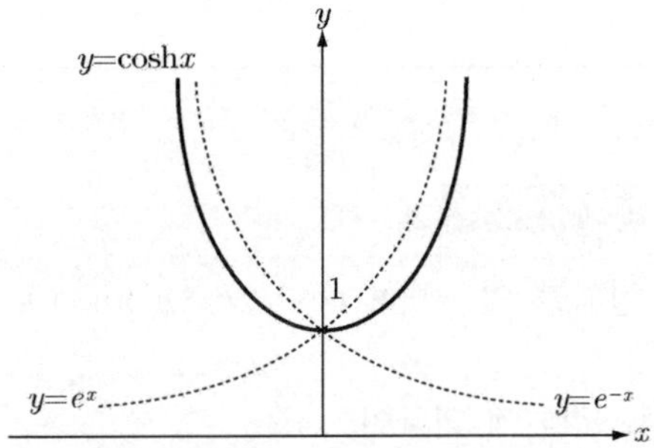

[그림 1.17] $y=\cosh x$ **의 그래프**

나머지 쌍곡선 함수는 다음과 같이 정의된다.

■ **나머지 쌍곡선 함수의 정의**

$$\tanh x = \frac{\sinh x}{\cosh x} = \frac{e^x - e^{-x}}{e^x + e^{-x}} \qquad \operatorname{sech} x = \frac{1}{\cosh x} = \frac{2}{e^x + e^{-x}}$$

$$\coth x = \frac{1}{\tanh x} = \frac{e^x + e^{-x}}{e^x - e^{-x}} \qquad \operatorname{cosech} x = \frac{1}{\sinh x} = \frac{2}{e^x - e^{-x}}$$

tanh 는 쌍곡선 탄젠트(hyperbolic secant), coth 는 쌍곡선 코탄젠트(hyperbolic cotangent), sech 는 쌍곡선 세컨트(hyperbolic secant) 그리고 csch 는 쌍곡선 코세컨트(hyperbolic cosecant)라고 읽는다.

다음은 정의로부터 쉽게 얻어지는 쌍곡선 함수의 성질들이다.

■ **쌍곡선 함수의 성질**

1. $1-\tanh^2 x = \operatorname{sech}^2 x$, $\coth^2 x - 1 = \operatorname{cosech}^2 x$
2. $\sinh(x \pm y) = \sinh x \cosh y \pm \cosh x \sinh y$

   $\cosh(x \pm y) = \cosh x \cosh y \pm \sinh x \sinh y$

3. $\sinh 2x = 2\sinh x \cosh x$, $\cosh 2x = \cosh^2 x + \sinh^2 x$

4. $\cosh^2 x = \dfrac{\cosh 2x + 1}{2}$, $\sinh^2 x = \dfrac{\cosh 2x - 1}{2}$

예제 1.23

정의를 이용하여 $\cosh^2 x - \sinh^2 x = 1$ 을 증명하여라.

풀이 정의에 의하여,

$$\cosh^2 x - \sinh^2 x = \frac{(e^x + e^{-x})^2 - (e^x - e^{-x})^2}{4}$$
$$= \frac{e^{2x} + 2 + e^{-2x} - (e^{2x} - 2 + e^{-2x})}{4} = 1$$

을 얻는다.

■

익힘문제 1.12

정의를 이용하여 다음 성질들을 증명하여라.

1) $1 - \tanh^2 x = \operatorname{sech}^2 x$

2) $\sinh 2x = 2\sinh x \cosh x$

3) $\cosh^2 x = \dfrac{\cosh 2x + 1}{2}$

예제 1.24

쌍곡선 함수를 이용하여 지수함수 e^{-x} 을 나타내어라.

풀이 정의에 의하여,

$$\cosh x - \sinh x = \frac{e^x + e^{-x}}{2} - \frac{e^x - e^{-x}}{2} = e^{-x}$$

이므로 $e^{-x} = \cosh x - \sinh x$ 을 얻는다.

■

쌍곡선 함수의 정의와 예제 1.24에 의하여 지수함수는 쌍곡선 함수들로 표현할 수 있다.

$$e^{x} = \cosh x + \sinh x$$
$$e^{-x} = \cosh x - \sinh x$$

2. 역 쌍곡선 함수

역 쌍곡선 함수는 함수의 값으로부터 각 θ를 찾기 위한 것으로 다음과 같이 나타내고 읽을 때 inverse 혹은 arc를 붙인다.

■ 역 쌍곡선 함수

$$\sinh\theta = x \Rightarrow \theta = \sinh^{-1}x$$
$$\cosh\theta = x \Rightarrow \theta = \cosh^{-1}x$$
$$\tanh\theta = x \Rightarrow \theta = \tanh^{-1}x$$

쌍곡선 함수는 다대일(many-to-one)함수이므로 역 쌍곡선 함수가 정의되기 위해서는 일대일 대응이 되도록 정의구역을 제한해야 한다.

예제 1.25

다음 값을 구하여라.

1) $\cosh^{-1}1$　　2) $\sinh^{-1}0$

3) $\mathrm{sech}^{-1}1$　　4) $\tanh^{-1}0$

풀이

1) $\cosh^{-1}1 = \theta \Rightarrow 1 = \cosh\theta \quad \therefore \theta = 0$

2) $\sinh^{-1}0 = \theta \Rightarrow 0 = \sinh\theta \quad \therefore \theta = 0$

3) $\mathrm{sech}^{-1}1 = \theta \Rightarrow 1 = \mathrm{sech}\,\theta \Rightarrow 1 = \cosh\theta \quad \therefore \theta = 0$

4) $\tanh^{-1}0 = \theta \Rightarrow 0 = \tanh\theta \quad \therefore \theta = 0$

■

익힘문제 1.12

다음 값을 구하여라.

1) $\cosh^{-1}\left(\dfrac{e+e^{-1}}{2}\right)$　　2) $\sinh^{-1}\left(\dfrac{e^{-1}-e}{2}\right)$

3) $\operatorname{sech}^{-1}\left(\dfrac{2}{e-e^{-1}}\right)$　　4) $\tanh^{-1}\left(\dfrac{e-e^{-1}}{e+e^{-1}}\right)$

연습문제 1.4 Exercises

1. 다음을 증명하여라.

1) $\coth^2 x - 1 = \operatorname{cosech}^2 x$

2) $\cosh 2x = \cosh^2 x + \sinh^2 x$

3) $\sinh^2 x = \dfrac{\cosh 2x - 1}{2}$

2. 다음을 $\sinh x$ 와 $\cosh x$ 로 나타내어라.

1) $e^x + 3e^{-x}$　　2) $-2e^{2x} + 3e^{-2x}$

3) $e^{3x} - \dfrac{1}{2}e^{-3x}$

3. 다음 함수의 그래프를 그리고 정의역과 치역을 말하여라.

1) $y = \tanh x$　　2) $y = \operatorname{sech} x$

3) $y = \tanh^{-1} x$　　4) $y = \operatorname{sech}^{-1} x$

Chapter 02 삼각함수와 좌표계

삼각함수는 공학 분야, 특히 전기 전자 통신 공학 분야에서 아주 중요하다. 예를 들면, 교류 전압 전류는 삼각함수로 표시할 수 있으며 더 나아가 모든 주기함수는 삼각함수의 합으로 나타낼 수 있기 때문이다. 제2장에서는 삼각함수의 정의와 기본 공식들, 그리고 삼각파형의 모델링을 다룬다. 또한 평면이나 공간상에서 어떤 점을 기준으로 대상의 상대적 위치를 명확하게 기술하기 위해 사용되는 좌표계에 대하여 소개하고자 한다.

2.1 각도의 단위

각도(angle)는 평면상의 한 점에서 뻗어나간 두 반직선이 벌어진 정도를 뜻한다. 각도의 부호가 **양**이면 기준선으로부터 **시계 반대방향**으로 측정한 것이고 부호가 음이면 **시계 방향**으로 측정한 것이다.

각도는 60분법 또는 호도법으로 나타낼 수 있으며 60분법의 단위는 **도(degree)**이고 호도법의 단위는 **라디안(radian)**이다.

■ **각도의 단위**

도 : 기호는 $°$이며 $1°$는 한 회전을 360등분한 것이다.

라디안 : 단위 기호는 $radian$ 또는 rad이지만 보통 생략 하며 원호의 길이가 반지름의 길이와 같은 부채꼴의 각도를 $1\,rad$라고 한다.

[그림 2.1]과 같이 반지름이 r인 원에서 길이가 r인 호에 대한 중심각의 크기를 $\theta°$라

고 하면 이것은 1 라디안이 되며, 호의 길이는 중심각에 비례하므로

$$\frac{\theta°}{360°} = \frac{r}{2\pi r} \text{ 이고 } \theta° = 1\,rad \text{ 이므로}$$

$$1\,rad = \frac{180°}{\pi}$$

$$1° = \frac{\pi}{180}\,rad$$

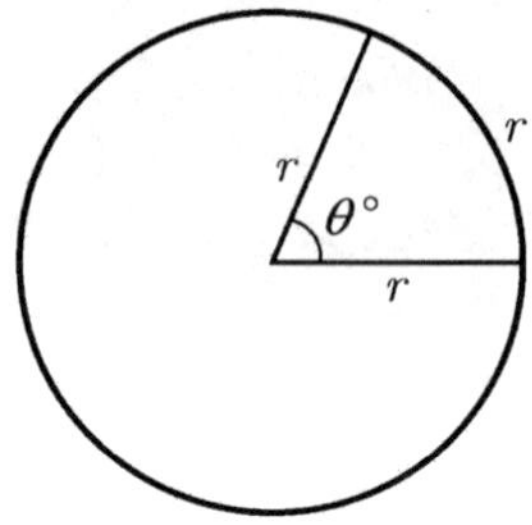

[그림 2.1] $1\ rad$ 의 정의

가 된다. 따라서

$$2\pi\,rad = 360°$$

$$\pi\,rad = 180°$$

$$\frac{\pi}{2}\,rad = 90°$$

가 된다.

그리고 θ 는 항상 $\theta + 360°$(또는 $2\pi \times n + \theta$, n 은 정수)와 동일하다.

예제 2.1

다음 각도에서 라디안으로 표시된 것은 °로, °로 표시된 것은 라디안으로 나타내어라.

1) $\frac{3\pi}{2}$ 2) $135°$

3) $\frac{\pi}{4}$ 4) $210°$

풀이

1) $\frac{3\pi}{2} \times \frac{180°}{\pi} = 270°$ 2) $135° \times \frac{\pi}{180°} = \frac{3\pi}{4}$

3) $\frac{\pi}{4} \times \frac{180°}{\pi} = 45°$ 4) $210° \times \frac{\pi}{180°} = \frac{7\pi}{6}$

익힘문제 2.1

다음 각도에서 라디안으로 표시된 것은 °로, °로 표시된 것은 라디안으로 나타내어라.

1) $180°$ 2) $\frac{5\pi}{6}$

3) $\frac{5\pi}{3}$ 4) $60°$

연습문제 2.1 Exercises

1. 다음 각도에서 라디안으로 표시된 것은 °로, °로 표시된 것은 라디안으로 나타내어라.

1) $0°$　　2) $30°$　　3) $150°$

4) $300°$　　5) $315°$　　6) $\frac{2}{3}\pi$

7) $\frac{5}{4}\pi$　　8) $\frac{4}{3}\pi$　　9) $\frac{11}{6}\pi$

2.2 삼각함수의 정의

1. 기하학적 정의

[그림 2.2]의 직각 삼각형에서 빗변과 밑변 사이 각 θ 에 대하여 **사인(sin)**, **코사인(cos)**, **탄젠트(tan)**는 다음과 같이 정의된다.

■ **직각 삼각형의 삼각함수**

$$\sin\theta = \frac{\text{높이}}{\text{빗변}} = \frac{b}{a}$$

$$\cos\theta = \frac{\text{밑변}}{\text{빗변}} = \frac{c}{a}$$

$$\tan\theta = \frac{\text{높이}}{\text{밑변}} = \frac{b}{c}$$

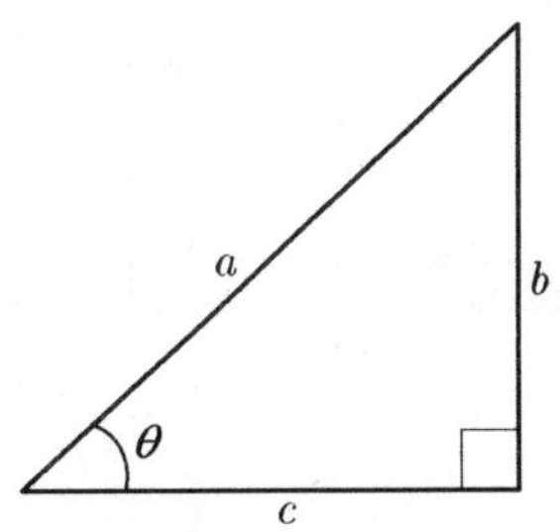

[그림 2.2] 기하학적인 삼각함수의 정의

여기서 $\tan\theta = \frac{b}{c} = \frac{\frac{b}{a}}{\frac{c}{a}} = \frac{\sin\theta}{\cos\theta}$ 의 관계가 성립함을 알 수 있다.

또한 피타고라스정리에 의하여 $\sin^2\theta + \cos^2\theta = \frac{b^2}{a^2} + \frac{c^2}{a^2} = \frac{a^2}{a^2} = 1$ 된다.

■ **삼각함수의 성질**

$$\tan\theta = \frac{\sin\theta}{\cos\theta}$$

$$\sin^2\theta + \cos^2\theta = 1$$

$\theta = 0°$일 때 b는 0이 되어

$$\sin 0° = 0, \quad \tan 0° = 0$$

이 된다. 또, $\theta = 0°$이면 $a = c$가 되어

$$\cos 0° = 1$$

이 된다.

마찬가지로 θ가 $90°$에 접근하면 a와 b가 같아지면서 c는 0에 가까워져서

$$\sin 90° = 1,\ \cos 90° = 0,\ \tan 90° = \infty$$

이 된다.

일반적으로 삼각함수의 값을 구하려면 계산기가 필요하지만 [그림 2.3]을 이용하면 계산기 없이 30°, 45°, 60°에 대한 삼각함수 값을 구할 수 있다.

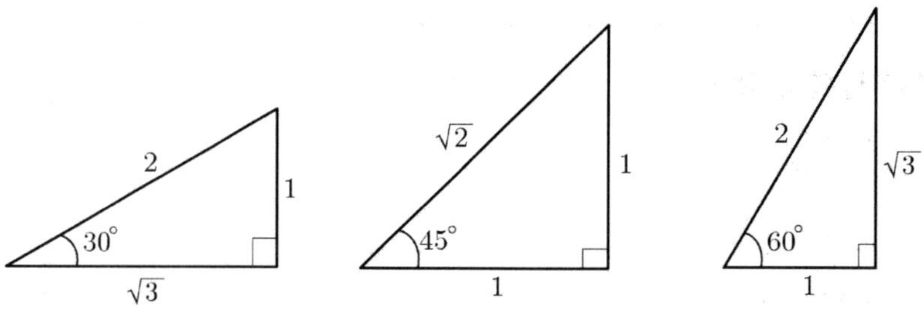

[그림 2.3]

이들 특수각의 삼각함수 값은 다음과 같다.

	0°	30°	45°	60°	90°
sin	0	$\frac{1}{2}$	$\frac{1}{\sqrt{2}}$	$\frac{\sqrt{3}}{2}$	1
cos	1	$\frac{\sqrt{3}}{2}$	$\frac{1}{\sqrt{2}}$	$\frac{1}{2}$	0
tan	0	$\frac{1}{\sqrt{3}}$	1	$\sqrt{3}$	∞

또한 sin, cos, tan의 역수는 각각 **코세컨트(cosec)**, **세컨트(sec)**, **코탄젠트(cot)**라고 하며 다음과 같이 정의된다.

■ **나머지 삼각함수들**

$$\mathrm{cosec}\,\theta = \frac{1}{\sin\theta}$$
$$\sec\theta = \frac{1}{\cos\theta}$$
$$\cot\theta = \frac{1}{\tan\theta}$$

2. 일반적인 삼각함수의 정의

기하학적인 정의에서는 예각($\theta \le 90°$)인 경우에만 삼각함수가 정의되지만 임의의 각도에 대하여 삼각함수의 값을 구할 수 있도록 새로운 정의를 내리도록 하자. 또한 앞으로 모든 각도는 따로 지정하지 않으면 라디안이라고 가정한다.

[그림 2.4]에서와 같이 좌표평면에서 원점을 중심으로 하고 반지름의 길이가 1인 원주상의 한 점을 $P(x, y)$라고 하자. 이 점 $P(x, y)$에 대해, 양의 x축과 $P(x, y)$와 원점을 잇는 직선간의 각을 θ라고 하면, $\sin$, $\cos$, $\tan$는 다음과 같이 정의된다.

■ **일반적인 삼각함수의 정의**

$$\sin\theta = y$$
$$\cos\theta = x$$
$$\tan\theta = \frac{y}{x}\,(x \ne 0)$$

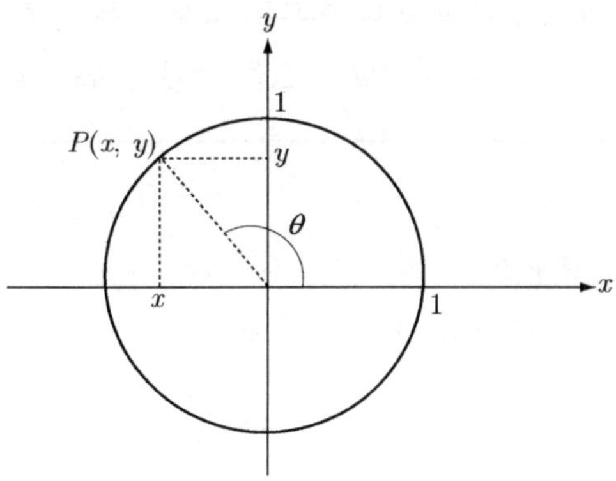

[그림 2.4] 일반적인 삼각함수의 정의

여기서 $0 < \theta < \frac{\pi}{2}$ 이면 제 1사분면, $\frac{\pi}{2} < \theta < \pi$ 이면 제 2사분면, $\pi < \theta < \frac{3\pi}{2}$ 이면 제 3사분면, $\frac{3\pi}{2} < \theta < 2\pi$ 이면 제 4사분면의 각이라 한다.

정의에 의해 각도 θ에 대한 삼각함수의 부호는 [그림 2.5]와 같이 요약될 수 있다.

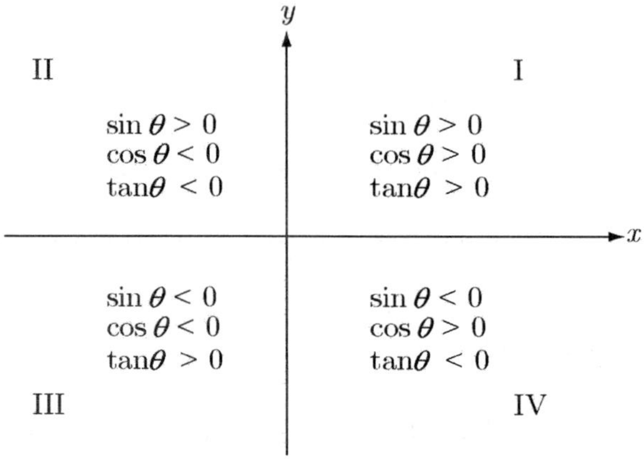

[그림 2.5] 각 사분면에서의 삼각함수의 부호

따라서 임의의 각도 θ에 대한 삼각함수 값을 구하는 과정은 다음과 같다.

■ **삼각함수 값 구하기**

1. θ가 몇 사분면의 각도인가를 확인한다.
2. θ가 x축과 만나 이루는 각도 α를 구한다.
3. 각도 α의 삼각함수 값을 계산한 후, [그림 2.5]에 따라 부호를 결정한다.

예제 2.2

다음 삼각함수의 값을 구하여라.

1) $\sin\frac{3\pi}{4}$ 2) $\cos\frac{2\pi}{3}$ 3) $\tan\frac{5\pi}{4}$

풀이 1) $P(x, y) = \left(-\frac{1}{\sqrt{2}}, \frac{1}{\sqrt{2}}\right)$ $\therefore \sin\frac{3\pi}{4} = \frac{1}{\sqrt{2}}$

2) $P(x, y)=\left(-\frac{1}{2}, \frac{\sqrt{3}}{2}\right)$ $\therefore$ $\cos\frac{2\pi}{3}=-\frac{1}{2}$

3) $P(x, y)=\left(-\frac{1}{\sqrt{2}}, -\frac{1}{\sqrt{2}}\right)$ $\therefore$ $\tan\frac{5\pi}{4}=1$

예제 2.3

다음 삼각함수의 값을 구하여라.

1) $\sin 480°$

2) $\cos 855°$

3) $\tan(-480°)$

4) $\sin\left(-\frac{3\pi}{2}\right)$

풀이

1) $480° = 360° \times 1 + 120°$ 이므로 $\sin 480° = \sin 120° = \frac{\sqrt{3}}{2}$

2) $855° = 360° \times 2 + 135°$ 이므로 $\cos 855° = \cos 135° = -\frac{1}{\sqrt{2}}$

3) $-480° = 360° \times (-1) + (-120°)$ 이므로
$\tan(-480°) = \tan(-120°) = \sqrt{3}$

4) $-\frac{11\pi}{2} = 2\pi \times (-2) + \left(-\frac{3\pi}{2}\right)$ 이므로 $\sin\left(-\frac{11\pi}{2}\right) = \sin\left(-\frac{3\pi}{2}\right) = 1$

익힘문제 2.2

다음 삼각함수의 값을 구하여라.

1) $\sin\frac{3\pi}{2}$

2) $\cos\frac{5\pi}{3}$

3) $\sin 150°$

4) $\cos\frac{5\pi}{4}$

5) $\sin 330°$

3. 역 삼각함수

역 삼각함수는 함수의 값으로부터 각도 θ를 찾기 위한 것으로 다음과 같이 나타내고 읽을 때 inverse 혹은 arc를 붙인다.

■ **역 삼각함수**

$$\sin\theta = x \quad \Rightarrow \quad \theta = \sin^{-1}x$$
$$\cos\theta = x \quad \Rightarrow \quad \theta = \cos^{-1}x$$
$$\tan\theta = x \quad \Rightarrow \quad \theta = \tan^{-1}x$$

삼각함수는 다대일(many-to-one)함수이므로 역 삼각함수가 정의되기 위해서는 일대일 대응이 되도록 정의역이 잘 주어져야 한다.

예제 2.4

다음을 만족하는 θ를 라디안으로 나타내어라. $(0 \le \theta < \pi)$

1) $\tan^{-1}1 = \theta$

2) $\sin^{-1}\dfrac{1}{\sqrt{2}} = \theta$

3) $\cos^{-1}\dfrac{1}{2} = \theta$

4) $\tan^{-1}\sqrt{3} = \theta$

풀이

1) $\tan\theta = 1 \Rightarrow \tan^{-1}1 = \dfrac{\pi}{4}$

2) $\sin\theta = \dfrac{1}{\sqrt{2}} \Rightarrow \sin^{-1}\dfrac{1}{\sqrt{2}} = \dfrac{\pi}{4}$

3) $\cos\theta = \dfrac{1}{2} \Rightarrow \cos^{-1}\dfrac{1}{2} = \dfrac{\pi}{3}$

4) $\tan\theta = \sqrt{3} \Rightarrow \tan^{-1}\sqrt{3} = \dfrac{\pi}{3}$

■

익힘문제 2.3

다음을 만족하는 θ를 계산기를 이용하여 구하여라. $(0 \le \theta < \pi)$

1) $\tan^{-1}10 = \theta$

2) $\sin^{-1}0.123 = \theta$

3) $\cos^{-1}0.372 = \theta$

4) $\tan^{-1}2.5 = \theta$

연습문제 2.2 Exercises

1. 다음 값을 구하여라.

1) $\sin 120°$　　2) $\sin 225°$

3) $\cos 300°$　　4) $\cos 330°$

5) $\tan 135°$　　6) $\tan 240°$

7) $\sin \frac{2\pi}{3}$　　8) $\sin \frac{5\pi}{3}$

9) $\cos \frac{7\pi}{4}$　　10) $\cos \frac{4\pi}{3}$

11) $\tan \frac{11\pi}{6}$　　12) $\tan \frac{3\pi}{2}$

2. 다음 값을 구하여라.

1) $\sec 120°$　　2) $\cot \frac{5}{3}\pi$

3) $\operatorname{cosec} 60°$　　4) $\sec \frac{7\pi}{4}$

5) $\cot 135°$　　6) $\operatorname{cosec} \frac{3}{2}\pi$

3. 다음을 만족하는 θ를 구하여라. $\left(-\frac{\pi}{2} \le \theta \le \frac{\pi}{2}\right)$

1) $\sin^{-1}(-1) = \theta$　　2) $\cos^{-1}\left(-\frac{1}{\sqrt{2}}\right) = \theta$

3) $\tan^{-1}(-\sqrt{3}) = \theta$　　4) $\sin^{-1}\frac{\sqrt{3}}{2} = \theta$

5) $\cos^{-1}1 = \theta$　　6) $\tan^{-1}0 = \theta$

2.3 삼각함수의 여러 가지 공식

삼각함수 사이에는 다음 공식들이 성립한다.

■ **가법정리**

$$\sin(\alpha \pm \beta) = \sin\alpha\cos\beta \pm \cos\alpha\sin\beta$$

$$\cos(\alpha \pm \beta) = \cos\alpha\cos\beta \mp \sin\alpha\sin\beta$$

$$\tan(\alpha \pm \beta) = \frac{\tan\alpha \pm \tan\beta}{1 \mp \tan\alpha\tan\beta}$$

예제 2.5

가법정리를 이용하여 다음을 간단히 하여라.

1) $\sin\left(\theta + \frac{\pi}{2}\right)$　　　2) $\cos\left(\theta - \frac{\pi}{2}\right)$

풀이

1) $\sin\left(\theta + \frac{\pi}{2}\right) = \sin\theta\cos\frac{\pi}{2} + \cos\theta\sin\frac{\pi}{2} = \cos\theta$

2) $\cos\left((\theta - \frac{\pi}{2}\right) = \cos\theta\cos\frac{\pi}{2} + \sin\theta\sin\frac{\pi}{2} = \sin\theta$

익힘문제 2.4

가법정리를 이용하여 다음을 간단히 하여라.

1) $\sin\left(\theta - \frac{\pi}{2}\right)$　　　2) $\sin(\theta + \pi)$

3) $\cos(\theta - \pi)$　　　4) $\sin\left(\theta + \frac{3\pi}{2}\right)$

가법정리로부터 다음 2배각 공식과 반각 공식, 그리고 곱을 합, 차로 나타내는 공식이 유도된다.

■ **2배각의 공식**

$$\sin 2\theta = 2\sin\theta\cos\theta$$

$$\cos 2\theta = \cos^2\theta - \sin^2\theta = 2\cos^2\theta - 1 = 1 - 2\sin^2\theta$$

$$\tan 2\theta = \frac{2\tan\theta}{1-\tan^2\theta}$$

■ **반각 공식**

$$\sin^2\frac{\theta}{2} = \frac{1-\cos\theta}{2}$$

$$\cos^2\frac{\theta}{2} = \frac{1+\cos\theta}{2}$$

■ **곱을 합, 차로 나타내는 공식**

$$\sin\alpha\cos\beta = \frac{1}{2}\{\sin(\alpha+\beta)+\sin(\alpha-\beta)\}$$

$$\cos\alpha\sin\beta = \frac{1}{2}\{\sin(\alpha+\beta)-\sin(\alpha-\beta)\}$$

$$\cos\alpha\cos\beta = \frac{1}{2}\{\cos(\alpha+\beta)+\cos(\alpha-\beta)\}$$

$$\sin\alpha\sin\beta = \frac{1}{2}\{\cos(\alpha-\beta)-\cos(\alpha+\beta)\}$$

예제 2.6

다음을 간단히 하여라.

1) $\sin^3\theta + \sin\theta\cos^2\theta$　　2) $\tan\theta(1+\cos 2\theta)$　　3) $\dfrac{\sin 2\theta}{\cos\theta}$

풀이 1) $\sin^3\theta + \sin\theta\cos^2\theta = \sin\theta(\sin^2\theta + \cos^2\theta) = \sin\theta$

2) $\tan\theta(1+\cos 2\theta) = \dfrac{\sin\theta}{\cos\theta}2\cos^2\theta = 2\sin\theta\cos\theta = \sin 2\theta$

3) $\dfrac{\sin 2\theta}{\cos\theta} = \dfrac{2\sin\theta\cos\theta}{\cos\theta} = 2\sin\theta$

■

예제 2.7

다음을 구하여라.

1) $\sin\frac{\pi}{12}$ 2) $\cos\frac{7\pi}{8}$

풀이 1) 반각 공식을 이용하면,

$$\sin^2\frac{\pi}{12}=\frac{1}{2}\left(1-\cos\frac{\pi}{6}\right)=\frac{2-\sqrt{3}}{4}$$

을 얻을 수 있고, 이를 정리하면

$$\sin\frac{\pi}{12}=\pm\sqrt{\frac{2-\sqrt{3}}{4}}=\pm\frac{\sqrt{3}-1}{2\sqrt{2}}=\pm\frac{\sqrt{6}-\sqrt{2}}{4}$$

이 된다. 한편 $\frac{\pi}{12}$ 은 제 1사분면의 각이므로 $\sin\frac{\pi}{12}$ 은 양수이다.

따라서 $\sin\frac{\pi}{12}=\frac{\sqrt{6}-\sqrt{2}}{4}$ 임을 알 수 있다.

2) 1)과 마찬가지로 반각 공식을 이용하면,

$$\cos^2\frac{7\pi}{8}=\frac{1}{2}\left(1+\cos\frac{7\pi}{4}\right)=\frac{2+\sqrt{2}}{4}$$

을 얻을 수 있고, 이를 정리하면

$$\cos\frac{7\pi}{8}=\pm\sqrt{\frac{2+\sqrt{2}}{4}}=\pm\frac{\sqrt{2+\sqrt{2}}}{2}$$

이 된다. 한편 $\frac{7\pi}{8}$ 은 제 2사분면의 각이므로 $\cos\frac{7\pi}{8}$ 은 음수이다.

따라서 $\cos\frac{7\pi}{8}=-\frac{\sqrt{2+\sqrt{2}}}{2}$ 임을 알 수 있다.

익힘문제 2.5

다음 조건에서 $\sin 2\theta$ 와 $\cos 2\theta$ 의 값을 구하여라.

1) θ 가 제 1사분면의 각이고 $\sin\theta=\frac{1}{5}$ 일 때

2) θ 가 제 3사분면의 각이고 $\cos\theta=-\frac{1}{5}$ 일 때

예제 2.8

다음 식을 합 차의 꼴로 나타내어라.

1) $2\sin 3\theta \sin 5\theta$ 2) $2\cos 2\theta \cos 4\theta$

풀이 1) $2\sin 3\theta \sin 5\theta = \cos(3\theta - 5\theta) - \cos(3\theta + 5\theta) = \cos 2\theta - \cos 8\theta$

2) $2\cos 2\theta \cos 4\theta = \cos(2\theta + 4\theta) + \cos(2\theta - 4\theta) = \cos 6\theta + \cos 2\theta$

익힘문제 2.6

가법정리를 이용하여 다음 공식을 유도하여라.

■ **합, 차를 곱으로 나타내는 공식**

$$\sin A + \sin B = 2\sin\frac{A+B}{2}\cos\frac{A-B}{2}$$

$$\sin A - \sin B = 2\cos\frac{A+B}{2}\sin\frac{A-B}{2}$$

$$\cos A + \cos B = 2\cos\frac{A+B}{2}\cos\frac{A-B}{2}$$

$$\cos A - \cos B = -2\sin\frac{A+B}{2}\sin\frac{A-B}{2}$$

연습문제 2.3 Exercises

1. 다음을 간단히 하여라.

1) $\sin\left(\theta - \frac{3\pi}{2}\right)$ 2) $\sin(\theta - \pi)$

3) $\cos(\theta + \pi)$

2. 다음을 간단히 하여라.

1) $\sin\left(\theta + \dfrac{\pi}{3}\right)$　　2) $\cos\left(\theta + \dfrac{5\pi}{3}\right)$

3) $\cos\left((\theta + \dfrac{5\pi}{4}\right)$　　4) $\sin\left(\theta + \dfrac{7\pi}{6}\right)$

3. 다음 값을 구하여라.

1) $\sin 75°$　　2) $\cos 75°$

3) $\sin 15°$　　4) $\cos 15°$

5) $\tan 105°$

4. 다음을 간단히 하여라.

1) $\dfrac{2\cos\theta}{1-\sin^2\theta}$　　2) $\dfrac{1}{1+\sin\theta} + \dfrac{1}{1-\sin\theta}$

3) $\dfrac{\cos\theta}{1+\cos 2\theta}$　　4) $\dfrac{\cos^2\theta}{1-\sin\theta}$

5. 다음 식을 합과 차의 꼴로 나타내어라

1) $\cos 110° \cos 70°$　　2) $\sin 20° \sin 80°$

3) $\sin 50° \sin 40°$　　4) $\cos 40° \cos 20°$

6. 다음을 간단히 하여라.

1) $\cos 110° - \cos 70°$　　2) $\sin 20° - \sin 80°$

3) $\sin 50° - \sin 40°$　　4) $\cos 40° + \cos 20°$

7. θ가 제 3사분면의 각일 때 $\sqrt{(\cos\theta - \sin\theta)^2} - \sqrt{\cos^2\theta}$ 를 간단히 하여라.

8. $0 < \theta < \dfrac{\pi}{2}$ 이고 $2\sin\theta - \cos\theta = 1$ 일 때 $\cot\theta$의 값을 구하여라.

9. $\dfrac{\pi}{2} < \theta < \pi$ 이고 $\sin\theta = \dfrac{1}{3}$ 일 때 $\tan\dfrac{\theta}{2}$ 의 값을 구하여라.

10. 다음 식을 간단히 하여라.

$$\sin\left(\theta - \frac{\pi}{2}\right) + \cos(\pi - \theta) - \sin(2\pi - \theta) + \cos\left(\frac{\pi}{2} - \theta\right)$$

11. $\sin\theta = A$ 일 때, $\sin 3\theta$ 를 A 로 나타내어라.

12. 다음을 간단히 하여라.

1) $\sin(\sin^{-1} 1)$

2) $\sin(\sin^{-1}(-1))$

3) $\sin^{-1}\left(\sin\frac{\pi}{2}\right)$

4) $\sin^{-1}\left(\sin\left(-\frac{\pi}{2}\right)\right)$

5) $\sin\left(\sin^{-1}\left(-\frac{1}{2}\right)\right)$

6) $\sin^{-1}\left(\sin\frac{5\pi}{6}\right)$

7) $\sin^{-1}\left(\sin\left(-\frac{5\pi}{6}\right)\right)$

8) $\sin^{-1}\left(\cos\left(-\frac{\pi}{2}\right)\right)$

9) $\cos(\sin^{-1}(-1))$

10) $\sin(\tan^{-1}(-1))$

2.4 삼각함수의 그래프

$y = \sin t$ 와 $y = \cos t$ 의 그래프를 그려보면 다음과 같이 된다.

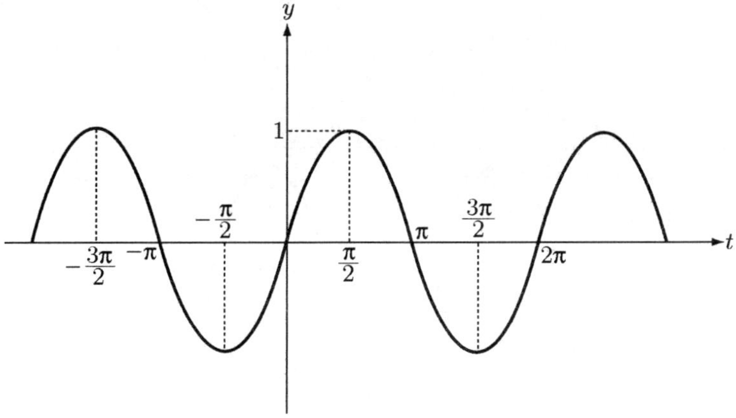

[그림 2.6] $y = \sin t$ **의 그래프**

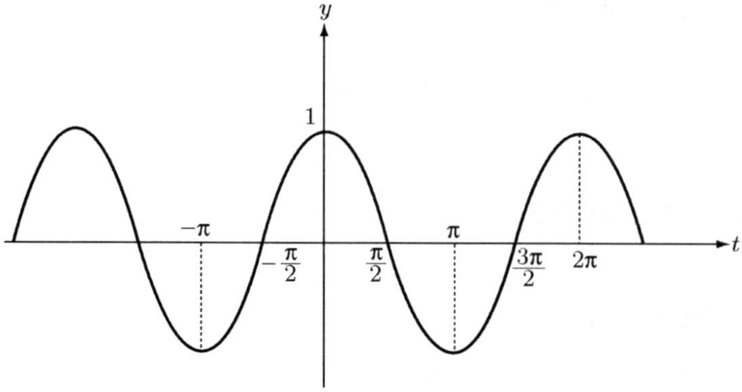

[그림 2.7] $y = \cos t$ **의 그래프**

$\sin t$ 와 $\cos t$ 의 그래프는 모두 2π를 주기로 하여 반복하는 주기 함수이며, 출발점만 다를 뿐 나머지는 동일하므로 sin과 cos을 총칭하여 **정현파** 혹은 **사인파(sinusoidal function, sinusoid) 함수**라 한다. 앞으로 정현파로 표기하기로 한다.

정현파의 일반형은 다음과 같이 나타낼 수 있다.

$$y = A\cos(2\pi f t + \phi) = A\cos(\omega t + \phi)$$

여기서 A 는 **진폭(amplitude)**으로서 파형의 최대치이고 f 는 **주파수(frequency)**인데 1초 동안 완성된 사이클의 수를 나타내며, 주기를 T 라 할 때 $T = \frac{1}{f}$ 의 관계가 성립한다. 이때 주파수의 단위는 Hz(hertz)이다. 또한 $\omega = 2\pi f$ 로 두며 ω 를 **각주파수(angular frequency)**라고 한다. 마지막으로 ϕ 는 **위상(phase)**인데 파형이 시간축을 따라 이동할 수 있게 한다.

[그림 2.8]은 $y = A\cos(\omega t + \phi)$ 의 그래프이다.

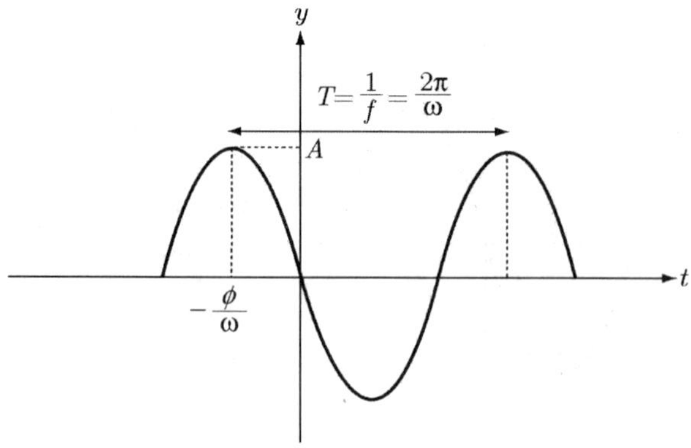

[그림 2.8] $y = A\cos(\omega t + \phi)$**의 그래프**

[그림 2.8]에서 보듯이 시간 축에서 파형의 실제적인 이동은 $\frac{\phi}{\omega}$ 이며 이것을 **시간변위** **(time displacement)**라 하고 주어진 식으로부터 파형을 그리거나 그래프로부터 파형의 식을 구하고자 할 때는 반드시 계산해야 한다.

예제 2.9

다음 정현파의 진폭, 주기, 주파수, 위상, 시간변위를 구하여라.

1) $3\sin(t-1)$ 2) $2\cos\left(3\pi t-\frac{\pi}{4}\right)$ 3) $\frac{1}{2}\cos\left(2t+\frac{\pi}{6}\right)$

풀이

1) 진폭=3, 주기=2π, 주파수=$\frac{1}{2\pi}$, 위상=-1, 시간변위=-1

2) 진폭= 2, 주기=$\frac{2}{3}$, 주파수=$\frac{3}{2}$, 위상=$-\frac{\pi}{4}$, 시간변위=$-\frac{1}{12}$

3) 진폭=$\frac{1}{2}$, 주기=π, 주파수=$\frac{1}{\pi}$, 위상=$\frac{\pi}{6}$, 시간변위=$\frac{\pi}{12}$

■

익힘문제 2.7

다음 정현파의 진폭, 주기, 주파수, 위상, 시간변위를 구하여라.

1) $2\sin(3t-1)$ 2) $2\cos\left(7\pi t-\frac{5\pi}{6}\right)$ 3) $10\cos\left(2t-\frac{\pi}{7}\right)$

[그림 2.9]의 삼각형이 주어졌을 때 $a\cos\omega t+b\sin\omega t$ 를 가법정리를 이용하여 하나의 식으로 결합해보도록 하자.

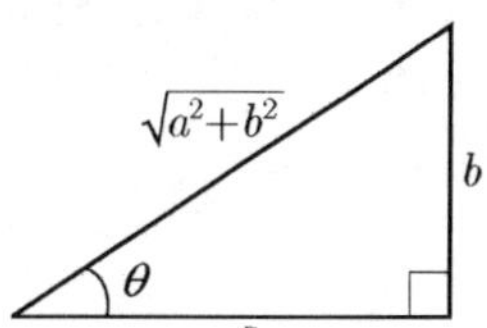

[그림 2.9]

$$a\cos\omega t+b\sin\omega t=\sqrt{a^2+b^2}\left(\frac{a\cos\omega t}{\sqrt{a^2+b^2}}+\frac{b\sin\omega t}{\sqrt{a^2+b^2}}\right)$$
$$=\sqrt{a^2+b^2}(\cos\theta\cos\omega t+\sin\theta\sin\omega t)$$
$$=\sqrt{a^2+b^2}\cos(\omega t-\theta)$$
$$=R\cos(\omega t-\theta)$$

(단, $R=\sqrt{a^2+b^2}$, $\theta=\tan^{-1}\frac{b}{a}$)

이 된다. 따라서 다음과 같은 사실을 알 수 있다.

■ **정현파의 합**

진폭과 위상은 다르지만 동일한 주파수를 가진 정현파의 합은 같은 주파수를 갖는 파형이 생성된다.

보기

$a\cos\omega t + b\sin\omega t$ 를 단일 사인함수로 바꾸면 $R\sin(\omega t + \phi)$ 이 된다.

(단. $R = \sqrt{a^2 + b^2}$, $\phi = \tan^{-1}\dfrac{a}{b}$)

예제 2.10

$10\sin 4t + 5\cos 4t$ 를 단일 코사인함수로 바꾸어라.

풀이 $R = \sqrt{10^2 + 5^2} = 5\sqrt{5}, \theta = \tan^{-1}2$ 이므로

$10\sin 4t + 5\cos 4t = 5\sqrt{5}\cos(4t - \tan^{-1}2)$

■

익힘문제 2.8

$\sin t + \cos t$ 를 단일 사인함수로 바꾸어라.

연습문제 2.4 Exercises

1. 다음 정현파의 진폭, 주파수, 각주파수, 위상, 시간변위를 구하여라.

1) $2\sin(3t-2)$
2) $5\cos\left(3\pi t-\frac{7\pi}{6}\right)$
3) $3\cos\left(7t-\frac{7\pi}{8}\right)$
4) $2\sin\left(4\pi t-\frac{\pi}{4}\right)$
5) $\sin 2t$
6) $3\cos \pi t$
7) $\sin\left(\pi t+\frac{\pi}{3}\right)$
8) $3\cos\left(3\pi t-\frac{7\pi}{3}\right)$

2. 다음 식을 $A\cos(\omega t-\theta)$ 꼴로 바꾸어라.

1) $10\cos t+3\sin t$
2) $2\cos t-5\sin t$
3) $-7\cos t+2\sin t$
4) $-2\cos t-\sin t$

3. 다음 식을 $A\sin(\omega t+\phi)$꼴로 바꾸어라.

1) $7\cos 2t+3\sin 2t$
2) $3\cos 3t-2\sin 3t$
3) $-2\cos 4t+3\sin 4t$
4) $-\cos t-3\sin t$

4. 다음 함수의 그래프를 그리고 정의역과 치역을 말하여라.

1) $y=\sin|t|$
2) $y=|\cos t|$

5. 다음 함수의 그래프를 그려라.

1) $2\sin\left(3\pi t-\frac{\pi}{3}\right)$
2) $5\cos\left(\pi t-\frac{\pi}{6}\right)$
3) $3\cos\left(4\pi t-\frac{7\pi}{4}\right)$
4) $\sin\left(\pi t-\frac{5\pi}{4}\right)$

6. 다음 정현파가 주어져 있다.

$$v(t)=10\cos\left(120\pi t+\frac{\pi}{3}\right),\quad t\ge 0$$

$v(t)$가 다음 값을 갖는 최초의 시간을 찾아라.

1) $v(t)=0$　　2) $v(t)=5$

3) $v(t)=10$　　4) $v(t)=-5$

7. 다음 정현파의 합을 단일 코사인함수로 나타내어라.

1) $3\cos\omega t+4\sin\omega t$

2) $-\cos\left(\omega t-\dfrac{\pi}{3}\right)+\sin\omega t$

3) $2\cos\left(\omega t+\dfrac{\pi}{4}\right)+3\sin\left(\omega t-\dfrac{\pi}{6}\right)$

4) $4\cos\left(\omega t-\dfrac{\pi}{4}\right)+5\sin\left(\omega t+\dfrac{5\pi}{3}\right)$

5) $2\sin\left(\omega t+\dfrac{\pi}{4}\right)+3\sin\left(\omega t-\dfrac{\pi}{6}\right)-4\cos\left(\omega t+\dfrac{7\pi}{3}\right)$

2.5 좌표계(Coordinate systems)

평면이나 공간상에서 어떤 점을 기준으로 대상의 상대적 위치를 명확하게 기술하기 위해 좌표계가 사용된다. 평면좌표계에는 직교 좌표계(cartesian coordinate system, rectangular coordinate system), 극좌표계(polar coordinate system)가 있으며 공간 좌표계에는 직교 좌표계, 원통좌표계(cylindrical coordinate system), 구좌표계(spherical coordinate system)가 있다. 동일한 차원의 좌표계사이에는 서로 변환이 가능하다.

1. 직교 좌표계

평면상에서 **직교 좌표계**는 수평의 x축과 수직의 y축, 그리고 이 두 개의 축이 직각으로 만나는 원점 O로 구성된다. 양수의 x축은 원점의 오른쪽에 있고 음수의 x축은 원점의 왼쪽에 있다. 또 양수의 y축은 원점의 위쪽에 있으며 음수의 y축은 원점의 아래쪽에 있다. 원점에서 x축으로 거리가 a이고 y축으로 거리가 b인 임의의 한 점 P는 (a, b)의 형태로 나타낸다. 여기서 a는 P의 x좌표, b는 P의 y좌표라고 한다.

[그림 2.10]에 $P(a, b)$를 보인다.

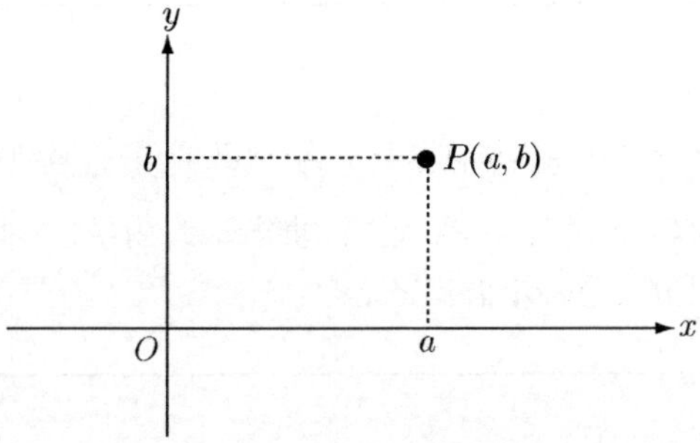

[그림 2.10] 평면 직교 좌표계

한편 3차원직교 좌표계는 공간상에서 x, y, z 세 개의 축이 직각으로 원점 O 에서 만나며 3차원에서 임의의 점의 위치는 x, y, z 좌표 값으로 표현 가능하다. [그림 2.11]은 x, y, z 좌표값이 각각 a,b,c 인 점 P 를 3차원직교 좌표계에서 표시하였다.

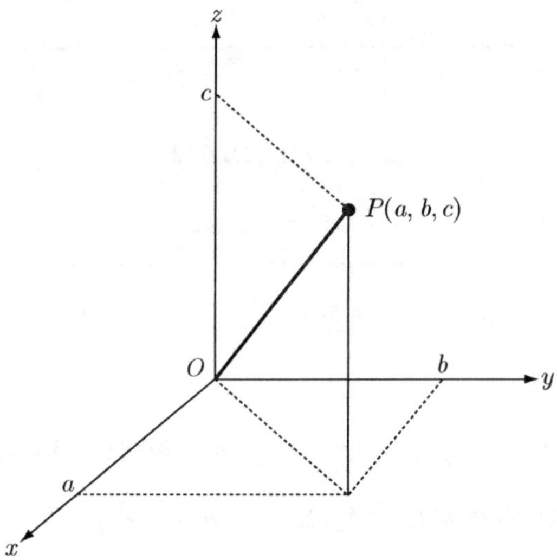

[그림 2.11] 3차원 직교 좌표계

2. 극 좌표계

[그림 2.12]에서 점 P 의 직교좌표는 $(x,\ y)$ 이다. 이때 $\overline{OP}$ 를 r 이라 하고 $\overline{OP}$ 가 양의 x 축과 이루는 각도를 θ 라 하자. 그러면 P 의 위치를 r 과 θ 로 나타 낼 수 있다. 이렇게 평면상에서 한 점의 위치를 각도와 거리를 이용하여 나타내는 좌표계를 극 좌표계라 한다.

■ **극 좌표계**

한 점 P의 **극좌표**는 $r\angle\theta$로 나타낸다. r은 좌표계의 원점에서 점 P까지의 거리이고 θ는 $\overline{OP}$가 양의 x축과 시계 반대 방향으로 이루는 각도이다.
여기서 $r \geq 0, \quad 0 \leq \theta < 2\pi$이다.

[그림 2.12]에서 보듯이 직교좌표로 나타낸 점은 극좌표로, 극좌표로 나타낸 점은 직교좌표로 항상 변환 할 수 있다.

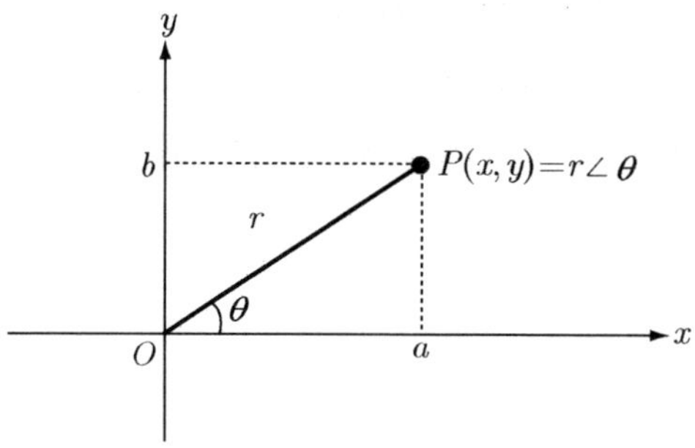

[그림 2.12] 극좌표계

■ **직교 좌표계에서 극 좌표계로의 변환식 ($(x,\ y) \rightarrow r\angle\theta$)**

$$r = \sqrt{x^2 + y^2}$$

$$\theta = \tan^{-1}\frac{y}{x}$$ ($x,\ y$의 부호에 따라 몇 사분면의 각인지 결정)

■ **극 좌표계에서 직교 좌표계로의 변환식 ($r\angle\theta \rightarrow (x,\ y)$)**

$$x = r\cos\theta$$

$$y = r\sin\theta$$

예제 2.11

다음 직교좌표로 주어진 점을 극좌표로 바꾸어라.

1) $(1, 1)$　　2) $(0, 1)$　　3) $(-1, 1)$　　4) $(-1, -1)$

풀이

1) $r = \sqrt{1^2+1^2} = \sqrt{2},\ \theta = \tan^{-1}\left(\frac{1}{1}\right) = \frac{\pi}{4} \quad \therefore \sqrt{2} \angle \frac{\pi}{4}$

2) $r = \sqrt{1^2},\ \theta = \tan^{-1}\left(\frac{1}{0}\right) = \frac{\pi}{2} \quad \therefore 1 \angle \frac{\pi}{2}$

3) $r = \sqrt{1^2+1^2} = \sqrt{2},\ \theta = \tan^{-1}\left(\frac{1}{-1}\right) = \frac{3\pi}{4} \quad \therefore \sqrt{2} \angle \frac{3\pi}{4}$

4) $r = \sqrt{1^2+1^2} = \sqrt{2},\ \theta = \tan^{-1}\left(\frac{-1}{-1}\right) = \frac{5\pi}{4} \quad \therefore \sqrt{2} \angle \frac{5\pi}{4}$

익힘문제 2.9

다음 직교좌표로 주어진 점을 극좌표로 바꾸어라.

1) $(-1, \sqrt{3})$　　2) $(-1, -\sqrt{3})$　　3) $(1, -\sqrt{3})$

3. 원통 좌표계

원통 좌표계는 3차원 공간을 나타내기 위한 좌표계의 하나로서, 평면 극 좌표계에 평면에서부터의 높이 z(혹은 h)를 더해 (r, θ, z)로 표시한다. [그림 2.13]에 점 P와 그 점의 원통좌표를 보인다.

■ **원통 좌표계**

r은 원점 O에서 P의 xy 평면으로의 사영(projection) P'까지의 거리를 나타내고 θ는 $\overline{OP'}$가 양의 x축과 시계 반대 방향으로 이루는 각도이며 z는 3차원 직교좌표에서의 z와 같다.

여기서 $r \ge 0,\ 0 \le \theta < 2\pi$ 그리고 z는 제한 없다.

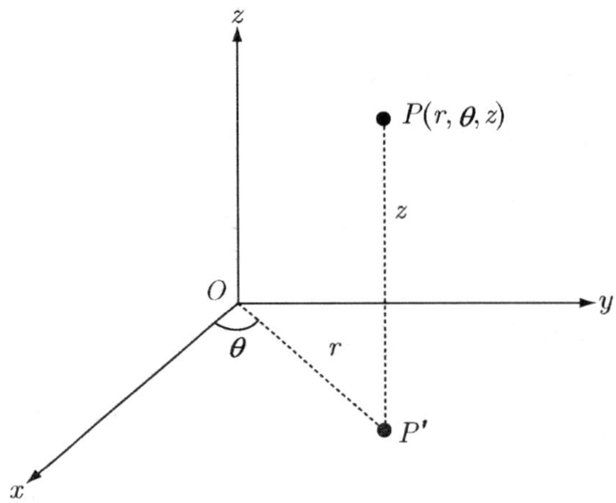

[그림 2.13] 원통 좌표계

다음은 직교 좌표계와 원통 좌표계의 변환관계이다.

■ **직교 좌표계에서 원통 좌표계로의 변환식** ($(x, y, z) \rightarrow (r, \theta, z)$)

$$r = \sqrt{x^2 + y^2}$$

$$\theta = \tan^{-1}\frac{y}{x}$$

$$z = z$$

■ **원통 좌표계에서 직교 좌표계로의 변환식** ($(r, \theta, z) \rightarrow (x, y, z)$)

$$x = r\cos\theta$$

$$y = r\sin\theta$$

$$z = z$$

예제 2.12

다음 직교좌표로 표시된 공간상의 점을 원통좌표로 표시하여라.

1) $(1, 1, 1)$ 2) $(-1, -\sqrt{3}, 2)$ 3) $(-\sqrt{3}, 1, 5)$

풀이

1) $r=\sqrt{1^2+1^2}=\sqrt{2},\ \theta=\tan^{-1}\left(\frac{1}{1}\right)=\frac{\pi}{4},\qquad \therefore\left(\sqrt{2},\ \frac{\pi}{4},\ 1\right)$

2) $r=\sqrt{1^2+3}=2,\ \theta=\tan^{-1}\left(\frac{-\sqrt{3}}{-1}\right)=\frac{4\pi}{3},\qquad \therefore\left(2,\ \frac{4\pi}{3},\ 2\right)$

3) $r=\sqrt{1^2+3}=2,\ \theta=\tan^{-1}\left(\frac{1}{-\sqrt{3}}\right)=\frac{5\pi}{6},\qquad \therefore\left(2,\ \frac{4\pi}{6},\ 5\right)$

익힘문제 2.10

다음 직교좌표로 표시된 공간상의 점을 원통좌표로 표시하여라.

1) $(-2,\ 1,\ 3)$　　2) $(-4,\ -3,\ 0)$　　3) $(0,\ 1,\ 2)$

4. 구 좌표계

구 좌표계는 3차원 공간상의 점들을 나타내는 좌표계의 하나로 구를 포함하는 문제들에 유용하게 적용 할 수 있다. [그림 2.14]에서 보듯이 한 점의 위치를 보통 $(R,\ \theta,\ \phi)$로 나타낸다.

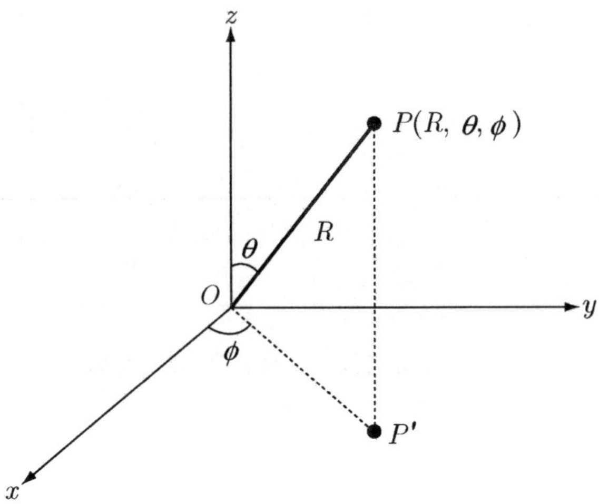

[그림 2.14] 구 좌표계

■ **구 좌표계**

주어진 점 P의 좌표를 (R, θ, ϕ)라 할 때 R은 원점으로부터 P까지의 거리를 나타내고 θ는 z축의 양의 방향으로부터 원점과 P가 이루는 직선까지의 각을 나타내며 ϕ는 x축의 양의 방향으로부터 원점과 P가 이루는 직선을 xy 평면에 투영시킨 직선 $\overrightarrow{OP'}$까지의 각이다.

여기서 $R \geq 0$, $0 \leq \theta < \pi$, $0 \leq \phi < 2\pi$ 이다.

다음은 직교좌표계와 구좌표계의 변환관계이다.

■ **직교 좌표계에서 구 좌표계로의 변환식 ($(x, y, z) \rightarrow (R, \theta, \phi)$)**

$$R = \sqrt{x^2 + y^2 + z^2}$$

$$\theta = \cos^{-1}\frac{z}{R}$$

$$\phi = \tan^{-1}\frac{y}{x}$$

■ **구 좌표계에서 직교 좌표계로의 변환식 ($(R, \theta, \phi) \rightarrow (x, y, z)$)**

$$x = R\sin\theta\cos\phi$$

$$y = R\sin\theta\sin\phi$$

$$z = R\cos\theta$$

예제 2.13

다음 직교좌표로 표시된 공간상의 점을 구좌표로 표시하여라.

1) $(1, 1, 1)$ 2) $(-1, -\sqrt{3}, 2)$

풀이

1) $R = \sqrt{3}$, $\theta = \cos^{-1}\frac{z}{R} = \cos^{-1}\frac{1}{\sqrt{4}} = 54.7°$, $\phi = \tan^{-1}1 = 45°$

$\therefore (\sqrt{3}, 54.7°, 45°)$

2) $R=\sqrt{8}=2\sqrt{2}$, $\theta=\cos^{-1}\dfrac{z}{R}=\cos^{-1}\dfrac{2}{2\sqrt{2}}=45°$,

$\phi=\tan^{-1}\left(\dfrac{-\sqrt{3}}{-1}\right)=240°$

$\therefore$ (22, 45°, 240°)

익힘문제 2.11

다음 직교좌표로 표시된 공간상의 점을 구좌표로 표시하여라.

1) (1, 2, 3)

2) $(1, \sqrt{3}, 2)$

연습문제 2.5

Exercises

1. 다음 극좌표로 표시된 점을 직교좌표로 바꾸어라.

1) $7\angle 32°$

2) $5\angle \dfrac{\pi}{3}$

3) $12\angle 2.1$

4) $3\angle -25°$

2. 다음 직교좌표로 표시된 점을 극좌표로 바꾸어라.

1) (1, 2)

2) (0, 13)

3) (−3, −5)

4) (−3, 0)

3. 극좌표에서 $r=3$, $-\dfrac{\pi}{4}\le\theta\le\dfrac{\pi}{4}$ 가 나타내는 곡선을 그려라.

4. 극좌표에서 $r=1+\cos\theta$, $0\le\theta\le 2\pi$ 가 나타내는 곡선을 그려라.

5. 다음 직교좌표로 표시된 점을 원통좌표로 바꾸어라.

1) $(1,\ 2,\ 5)$ 2) $(-1,\ 13,\ 2)$

3) $(3,\ -3,\ 7)$ 4) $(5,\ -5,\ 0)$

6. 다음 원통좌표로 표시된 점을 직교좌표로 바꾸어라.

1) $(2,\ 30°,\ 3)$ 2) $(-1,\ 120°,\ -2)$

3) $(1,\ -30°,\ 2)$ 4) $(1,\ 340°,\ 2)$

Chapter 03 벡터해석

물리학이나 공학 분야에서 다루는 양에는 질량이나 온도 등과 같이 크기만으로 표현이 가능한 양과 가속도나 전기자기장과 같이 크기뿐 만아니라 방향까지 부가 되어야 만이 표현이 가능한 양이 있다. 이렇게 크기만으로 표현이 가능 한 양을 **스칼라(scalar)**라 하고 크기와 방향을 모두 가진 양을 **벡터(vector)**라 한다. 제3장에서는 벡터의 기본 정의와 연산 그리고 응용 예들을 설명하고자 한다.

3.1 벡터의 정의

벡터는 크기와 방향을 모두 가진 양이다. 따라서 [그림 3.1]에 보인 바와 같이 방향을 표시한 선분으로 표현한다.

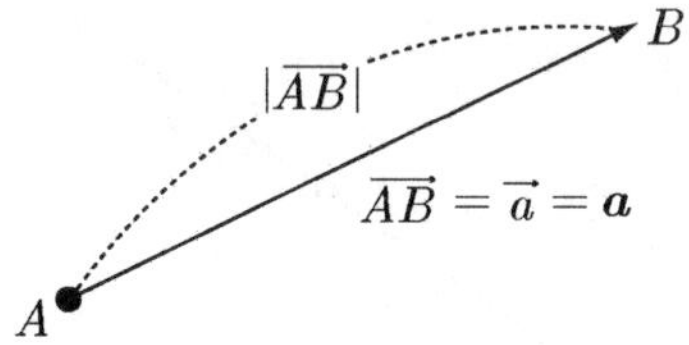

[그림 3.1]

여기서 A 를 **시점**(initial point), B 를 **종점**(terminal point)라고 하며 이 벡터는 $\overrightarrow{AB}$, 혹은 $\vec{a}$ 로 표기하며 인쇄물에서는 $\boldsymbol{a}$ 로 표시하기도 한다.

■ **벡터**

1. $|\overrightarrow{AB}|$ 는 벡터의 $\overrightarrow{AB}$ 의 **절댓값(modulus)**이라 하고 크기를 나타내며 스칼라이다.
2. 두 벡터가 방향과 크기가 같다면 시점이 다르더라도 동일한 벡터로 취급한다.
3. 임의의 벡터가 주어졌을 때 그 벡터의 **음(negative)의 벡터**는 크기는 같지만 방향이 정 반대인 벡터를 나타낸다. $\overrightarrow{AB}$ 에서 $-\overrightarrow{AB}$ 는 $\overrightarrow{BA}$ 와 같다.

보기

[그림 3.2]은 시점은 다르지만 동일한 두 벡터를 보인다.

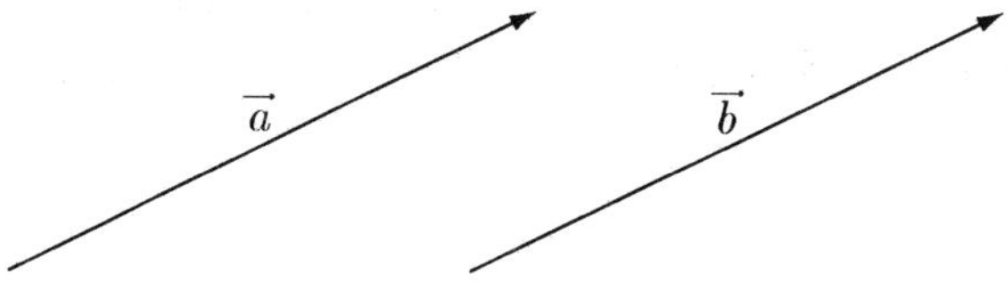

[그림 3.2] 동일벡터

보기

[그림 3.3]은 벡터 $\boldsymbol{a}$ 와 $-\boldsymbol{a}$ 를 보인다.

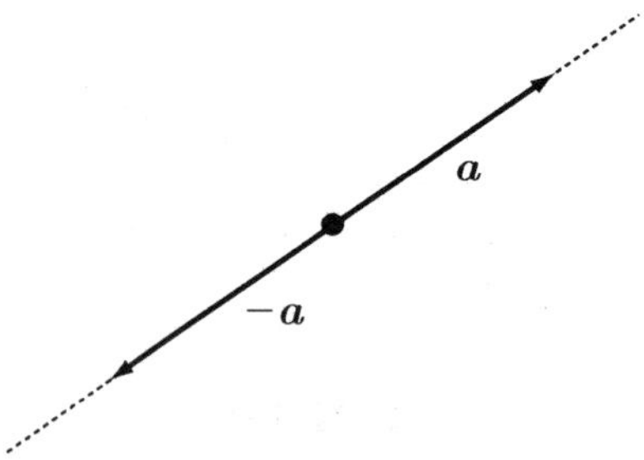

[그림 3.3] 벡터 a 와 $-a$

3.2 벡터의 연산

1. 벡터의 합

■ **벡터 합**

두 벡터의 합은 두 벡터의 시점을 일치시켜 만든 평행사변형의 대각선, 혹은 한 벡터의 종점을 다른 벡터의 시점에 일치시켜 만든 삼각형의 나머지 한 변으로 정의된다.

[그림 3.4]는 두 벡터의 합 $\vec{a}+\vec{b}$를 보인다.

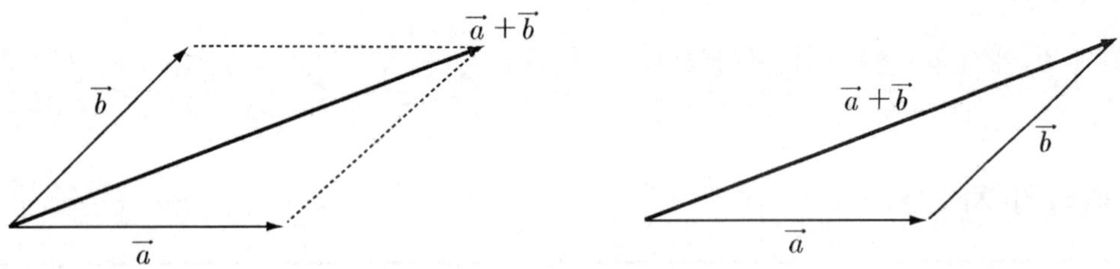

[그림 3.4] 두 벡터의 합

벡터의 합은 교환법칙과 결합법칙이 성립한다. 즉, 벡터 $\vec{a}$, $\vec{b}$, $\vec{c}$에 대하여

$$\vec{a}+\vec{b}=\vec{b}+\vec{a}$$

$$\vec{a}+(\vec{b}+\vec{c})=(\vec{a}+\vec{b})+\vec{c}$$

가 성립한다.

예제 3.1

[그림 3.5]에서 벡터 $\vec{a}$, $\vec{b}$, $\vec{c}$, $\vec{d}$는 사각형의 각각의 변을 나타낸다.

1) $\vec{c}$를 $\vec{a}$로 나타내어라.

2) $\overrightarrow{AC}$를 $\vec{a}$, $\vec{b}$로 나타내어라.

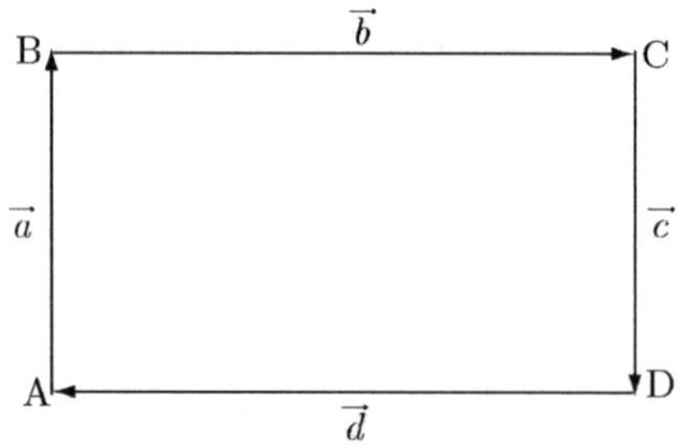

[그림 3.5] 예제 3.1

풀이 1) $\vec{c} = -\vec{a}$

2) $\overrightarrow{AC} = \vec{a} + \vec{b}$

익힘문제 3.1

예제 3.1에서 $\vec{a}+\vec{b}+\vec{c}$를 구하여라.

2. 벡터의 차

■ **벡터 차**

두 벡터의 차 $\vec{a}-\vec{b}$는 $\vec{a}$와 $\vec{b}$의 시점을 일치 시킨 후 $\vec{b}$의 종점을 시점으로 하고 $\vec{a}$의 종점을 종점으로 하는 벡터이다. 또는 $\vec{a}-\vec{b}$는 음의 $\vec{b}$ 벡터를 $\vec{a}$에 더한다. 즉 $\vec{a}+(-\vec{b})$의 계산을 수행한다.

[그림 3.6]에 $\vec{a}-\vec{b}$를 구하는 과정을 보인다.

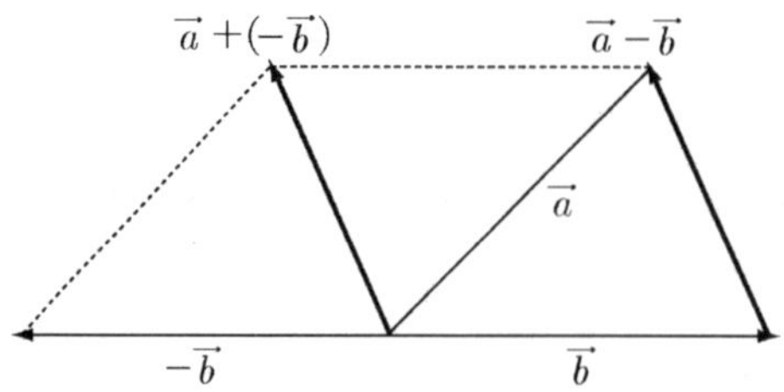

[그림 3.6] 두 벡터의 차

■ **영벡터**

크기가 0 인 벡터를 **영벡터(zero vector)**라 하고 $\vec{0}$ 로 표기한다. 임의의 벡터 $\vec{a}$ 에 대하여 $\vec{a}+(-\vec{a})=\vec{0}$ 이 성립한다.

예제 3.2

[그림 3.7]에서 다음을 구하여라.

1) $\vec{g}$ 를 $\vec{a}$ 와 $\vec{b}$ 로 표시하여라.

2) $\vec{f}$ 를 $\vec{b}$ 와 $\vec{c}$ 로 표시하여라.

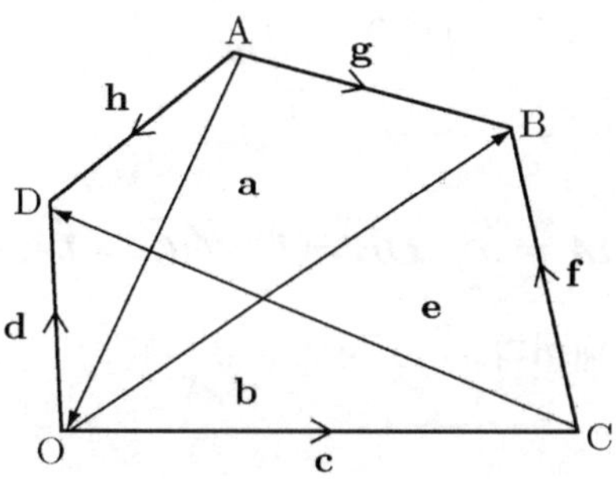

[그림 3.7] 예제 3.2

풀이 1) 삼각형 OAB 에서 $\overrightarrow{AB}=\overrightarrow{AO}+\overrightarrow{OB}$ 이므로 $\vec{g}=\vec{a}+\vec{b}$

2) 삼각형 OBC 에서 $\overrightarrow{CB}=\overrightarrow{OB}-\overrightarrow{OC}$ 이므로 $\vec{f}=\vec{b}-\vec{c}$

익힘문제 3.2

예제 3.2에서

1) $\vec{e}$ 를 $\vec{c}$ 와 $\vec{d}$ 로 표시하여라.

2) $\vec{e}$ 를 $\vec{f}$, $\vec{g}$ 와 $\vec{h}$ 로 표시하여라.

3. 벡터와 스칼라의 곱

■ **스칼라 곱**

k를 스칼라, $\vec{a}$를 벡터라 할 때 $k\vec{a}$는 $\vec{a}$와 같은 방향이며 길이는 k배인 벡터가 된다.

임의의 스칼라 k, l과 임의의 벡터 $\vec{a}, \vec{b}$에 대하여 다음 분배 법칙과 결합법칙이 성립한다.

$$k(\vec{a}+\vec{b})=k\vec{a}+k\vec{b}$$

$$(k+l)\vec{a}=k\vec{a}+k\vec{b}$$

$$k(l\vec{a})=(kl)\vec{a}$$

예제 3.3

사각형 $OACB$에서 $\overrightarrow{OA}=\vec{a}$, $\overrightarrow{OB}=\vec{b}$, $\overrightarrow{OC}=\vec{b}+\frac{1}{2}\vec{a}$라고 할 때, $\overrightarrow{BC}$와 $\overrightarrow{CA}$를 $\vec{a}$와 $\vec{b}$로 나타내어라.

풀이 $\overrightarrow{BC}=\overrightarrow{OC}-\overrightarrow{OB}=(\vec{b}+\frac{1}{2}\vec{a})-\vec{b})=\frac{1}{2}\vec{a}$

$\overrightarrow{CA}=\overrightarrow{OA}-\overrightarrow{OC}=\vec{a}-(\vec{b}+\frac{1}{2}\vec{a})=\frac{1}{2}\vec{a}-\vec{b}$

익힘문제 3.3

$\boldsymbol{a}$를 임의의 벡터라고 할 때 $\boldsymbol{a}$, $\frac{\boldsymbol{a}}{2}$, $-\frac{\boldsymbol{a}}{4}$, $2\boldsymbol{a}$, $-2\boldsymbol{a}$를 그려라.

다음은 **단위 벡터**(unit vector)의 정의이다.

> ■ **단위 벡터**
>
> 길이가 1 인 벡터를 **단위 벡터**라고 한다. 벡터 $\vec{a}$ 방향으로의 단위벡터는 $\hat{\boldsymbol{a}}$ 로 나타내며 $\hat{a}=\dfrac{\boldsymbol{a}}{|\boldsymbol{a}|}$ 가 된다. $\vec{a}$ 반대 방향으로의 단위벡터는 $-\hat{a}=-\dfrac{\boldsymbol{a}}{|\boldsymbol{a}|}$ 가 된다.

3.3 직교 좌표계에서의 벡터

[그림 3.8]은 2차원 직교좌표 상에서 점 $P(a, b)$ 를 보인다. 여기서 벡터 $\overrightarrow{OP}$ 를 생각하자. $\overrightarrow{OP}$ 의 시점의 좌표는 $(0, 0)$ 이고 종점의 좌표는 (a, b) 이다. 이렇게 직교 좌표계를 벡터에 도입하면 시점이 원점인 벡터는 종점의 직교좌표 성분만으로 표시 가능하다. 즉 $\overrightarrow{OP}=(a, b)$ 가 된다. 또 x, y 축에서 각각의 단위 벡터를 $\boldsymbol{i}=(1, 0)$, $\boldsymbol{j}=(0, 1)$ 라 두면 벡터의 합의 원리에 의하여 $\overrightarrow{OP}=a\boldsymbol{i}+b\boldsymbol{j}$ 로도 나타낼 수 있다.

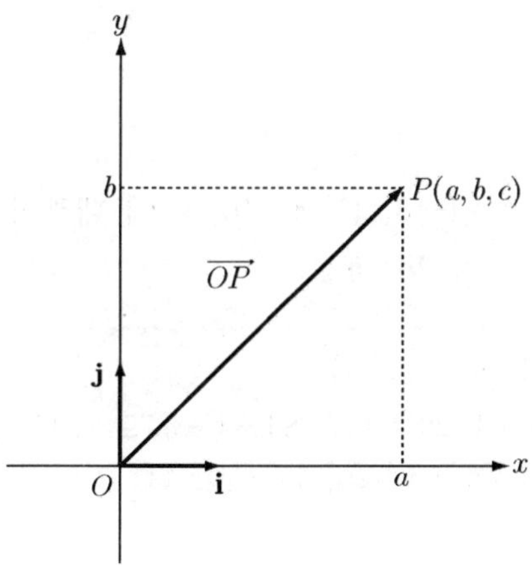

[그림 3.8] 2차원 직교좌표에서의 벡터

즉, 시점이 $O(0,0)$, 종점이 $P(a,b)$ 인 벡터 $\overrightarrow{OP}$ 는 $\overrightarrow{OP} = (a,b) = ai + bj$ 로 표시할 수 있으며 $|\overrightarrow{OP}| = \sqrt{a^2+b^2}$ 가 된다.

이렇게 벡터에 직교좌표계를 도입하면 모든 벡터와 앞 절에서 다루었던 벡터 연산의 결과는 좌표성분으로 표시 가능하다.

벡터 $\boldsymbol{a} = \overrightarrow{OA} = (a_1, a_2) = a_1\boldsymbol{i} + a_2\boldsymbol{j}$ 와 스칼라 k 의 곱은

$$k\boldsymbol{a} = k\overrightarrow{OA} = (ka_1, ka_2) = ka_1\boldsymbol{i} + ka_2\boldsymbol{j}$$
$$|k\boldsymbol{a}| = |k\overrightarrow{OA}| = |k|\sqrt{a_1^2 + a_2^2}$$

가 되고, 벡터 $\boldsymbol{a} = \overrightarrow{OA} = (a_1, a_2) = a_1\boldsymbol{i} + a_2\boldsymbol{j}$, $\boldsymbol{b} = \overrightarrow{OB} = (b_1, b_2) = b_1\boldsymbol{i} + b_2\boldsymbol{j}$ 가 주어졌을 때 두 벡터의 합과 크기는

$$\boldsymbol{a} + \boldsymbol{b} = \overrightarrow{OA} + \overrightarrow{OB} = (a_1 + b_1, a_2 + b_2) = (a_1 + b_1)\boldsymbol{i} + (a_2 + b_2)\boldsymbol{j}$$
$$|\boldsymbol{a} + \boldsymbol{b}| = |\overrightarrow{OA} + \overrightarrow{OB}| = \sqrt{(a_1 + b_1)^2 + (a_2 + b_2)^2}$$

가 되며,

두 벡터의 차와 크기는

$$\boldsymbol{a} - \boldsymbol{b} = \overrightarrow{OA} - \overrightarrow{OB} = \overrightarrow{BA} = (a_1 - b_1, a_2 - b_2) = (a_1 - b_1)\boldsymbol{i} + (a_2 - b_2)\boldsymbol{j}$$
$$|\boldsymbol{a} - \boldsymbol{b}| = |\overrightarrow{OA} - \overrightarrow{OB}| = \sqrt{(a_1 - b_1)^2 + (a_2 - b_2)^2}$$

가 된다.

예제 3.4

세 개의 벡터 $\boldsymbol{a} = (5, 4)$, $\boldsymbol{b} = (-3, 2)$, $\boldsymbol{c} = (0, 3)$ 에 대하여 다음을 구하여라.

1) $\boldsymbol{a} + \boldsymbol{b}$ 2) $2\boldsymbol{a} - \boldsymbol{b}$ 3) $\boldsymbol{a} + \boldsymbol{b} - \boldsymbol{c}$

풀이
1) $\boldsymbol{a} + \boldsymbol{b} = (5, 4) + (-3, 2) = (2, 6)$
2) $2\boldsymbol{a} - \boldsymbol{b} = 2(5, 4) - (-3, 2) = (10, 8) - (-3, 2) = (13, 6)$
3) $\boldsymbol{a} + \boldsymbol{b} - \boldsymbol{c} = (5, 4) + (-3, 2) - (0, 3) = (2, 3)$

익힘문제 3.4

예제 3.4에서 $\boldsymbol{a}$, $\boldsymbol{b}$, $\boldsymbol{c}$ 의 크기와 각각의 단위 벡터를 구하여라.

[그림 3.9]는 앞에서 다룬 2차원 벡터를 3차원으로 확장한 것이다. x, y, z 축에서 각각의 단위 벡터를 $\boldsymbol{i}=(1, 0, 0)$, $\boldsymbol{j}=(0, 1, 0)$, $\boldsymbol{k}=(0, 0, 1)$ 라 두면 시점을 원점으로 하고 종점을 $P(a, b, c)$ 로 하는 벡터 $\overrightarrow{OP}$ 는 다음과 같이 쓸 수 있다.

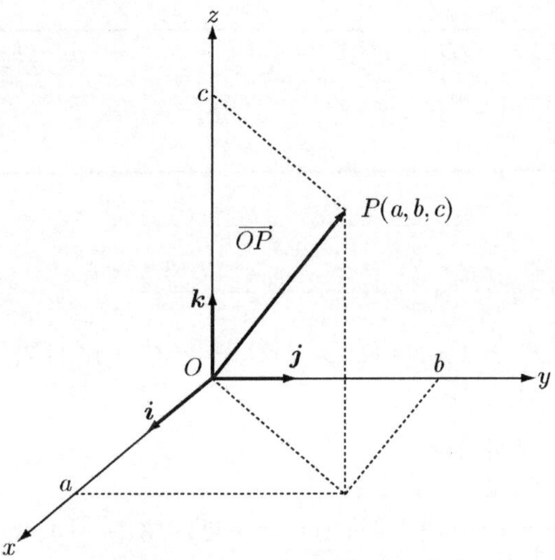

[그림 3.9] 3차원 직교좌표에서의 벡터

$$\overrightarrow{OP}=(a, b, c)=a\boldsymbol{i}+b\boldsymbol{j}+c\boldsymbol{k}$$
$$|\overrightarrow{OP}|=\sqrt{a^2+b^2+c^2}$$

3차원 벡터에서도 2차원 벡터와 마찬가지로 다음과 같은 관계가 성립한다.

벡터 $\boldsymbol{a}=\overrightarrow{OA}=(a_1, a_2, a_3)=a_1\boldsymbol{i}+a_2\boldsymbol{j}+a_3\boldsymbol{k}$, $\boldsymbol{b}=\overrightarrow{OB}=(b_1, b_2, b_3)=b_1\boldsymbol{i}+b_2\boldsymbol{j}+b_3\boldsymbol{k}$ 가 주어졌을 때, 두 벡터의 합과 크기는

■ **합**

$$\boldsymbol{a}+\boldsymbol{b}=\overrightarrow{OA}+\overrightarrow{OB}=(a_1+b_1, a_2+b_2, a_3+b_3)$$
$$=(a_1+b_1)\boldsymbol{i}+(a_2+b_2)\boldsymbol{j}+(a_3+b_3)\boldsymbol{k}$$

■ **크기**

$$|\boldsymbol{a}+\boldsymbol{b}|=|\overrightarrow{OA}+\overrightarrow{OB}|=\sqrt{(a_1+b_1)^2+(a_2+b_2)^2+(a_3+b_3)^2}$$

가 되며, 두 벡터의 차와 크기는

■ **차**

$$\boldsymbol{a}-\boldsymbol{b}=\overrightarrow{OA}-\overrightarrow{OB}=\overrightarrow{BA}=(a_1-b_1, a_2-b_2, a_3-b_3)$$
$$=(a_1-b_1)\boldsymbol{i}+(a_2-b_2)\boldsymbol{j}+(a_3-b_3)\boldsymbol{k}$$

■ **차의 크기**

$$|\boldsymbol{a}-\boldsymbol{b}|=|\overrightarrow{OA}-\overrightarrow{OB}|=|\overrightarrow{BA}|=\sqrt{(a_1-b_1)^2+(a_2-b_2)^2+(a_3-b_3)^2}$$

가 된다.

예제 3.5

세 개의 벡터 $\boldsymbol{a}=(2, -3, 1)$, $\boldsymbol{b}=(1, 5, -2)$, $\boldsymbol{c}=(3, -4, 3)$가 주어져 있다.
1) $\boldsymbol{d}=\boldsymbol{a}-2\boldsymbol{b}+3\boldsymbol{c}$를 구하여라.
2) $\boldsymbol{d}$의 단위 벡터를 구하여라.

풀이 1) $\boldsymbol{d}=\boldsymbol{a}-2\boldsymbol{b}+3\boldsymbol{c}=(2, -3, 1)-2(1, 5, -2)+3(3, -4, 3)$
$=(2, -3, 1)-(2, 10, -4)+(9, -12, 9)$
$=(9, -25, 14)$

2) $\boldsymbol{d}$의 크기 $|\boldsymbol{d}|=\sqrt{9^2+(-25)^2+14^2}=\sqrt{902}$ 이므로

$$\pm\hat{\boldsymbol{d}}=\pm\frac{\boldsymbol{d}}{|\boldsymbol{d}|}=\pm\left(\frac{9}{\sqrt{902}}, -\frac{25}{\sqrt{902}}, \frac{14}{\sqrt{902}}\right)$$

■

익힘문제 3.5

$\boldsymbol{a}=(3, -2, 1)$, $\boldsymbol{b}=(-2, 1, -5)$ 일 때 다음을 구하여라.

1) $\hat{\boldsymbol{a}}$ 2) $|\boldsymbol{b}|$ 3) $\boldsymbol{a}-\boldsymbol{b}$ 4) $|\boldsymbol{a}-\boldsymbol{b}|$

벡터 $\boldsymbol{a}$, $\boldsymbol{b}$와 스칼라 k_1, k_2가 주어졌을 때, 새로운 벡터 $\boldsymbol{c}=k_1\boldsymbol{a}+k_2\boldsymbol{b}$를 $\boldsymbol{a}$와 $\boldsymbol{b}$의 **선형 결합**(linear combination)이라 한다.

보기

벡터 $\boldsymbol{a}=(1, 2, 3)$, $\boldsymbol{b}=(5, 1, 9)$, $\boldsymbol{c}=(13, -1, 21)$ 에 대하여

$$(13, -1, 21)=-2(1, 2, 3)+3(5, 1, 9)$$

즉 $\boldsymbol{c}=-2\boldsymbol{a}+3\boldsymbol{b}$ 가 성립하므로 $\boldsymbol{c}$ 는 $\boldsymbol{a}$ 와 $\boldsymbol{b}$ 의 선형 결합이다.

일반적으로 벡터 $\boldsymbol{a}_1, \boldsymbol{a}_2, \cdots, \boldsymbol{a}_n$ 과 스칼라 $k_1, k_2, \cdots, k_n$ 에 대하여

$$k_1\boldsymbol{a}_1+k_2\boldsymbol{a}_2+\cdots+k_n\boldsymbol{a}_n=0$$

을 만족할 때, 적어도 0 이 아닌 k 값이 하나 이상 존재하면 이 n 개의 벡터들은 서로 **선형 종속(linearly dependent)** 또는 **일차 종속**이라 하며 $k_1=k_2=\cdots=k_n=0$ 이면 **선형 독립(linearly independent)** 또는 **일차 독립**이라 한다.

예제 3.6

3차원 공간의 단위 벡터 $\boldsymbol{i}=(1, 0, 0)$, $\boldsymbol{j}=(0, 1, 0)$, $\boldsymbol{k}=(0, 0, 1)$ 는 선형독립임을 보여라.

풀이 $k_1(1, 0, 0)+k_2(0, 1, 0)+k_3(0, 0, 1)=(0, 0, 0)$ 에서

$(k_1, k_2, k_3)=(0, 0, 0)$. 즉, $k_1=k_2=k_3=0$ 이므로 $\boldsymbol{i}, \boldsymbol{j}, \boldsymbol{k}$는 선형 독립이다.

익힘문제 3.6

벡터 $\boldsymbol{a}=\boldsymbol{i}+\boldsymbol{j}$ 와 $\boldsymbol{b}=-\boldsymbol{i}+\boldsymbol{j}$ 는 선형 독립임을 보여라.

연습문제 3.3

Exercises

1. $\boldsymbol{a}=(1, 1)$, $\boldsymbol{b}=(-1, 1)$ 일 때 시점이 원점인 다음 벡터를 그려라.

1) $2\boldsymbol{a}$ 2) $\boldsymbol{a}+\boldsymbol{b}$ 3) $2\boldsymbol{a}+2\boldsymbol{b}$

4) $-a+b$ 　　　　5) $2a-3b$

2. 시점이 $(1, 1)$ 이고 $a=(1, 2)$ 와 동일한 벡터의 종점을 구하여라.

3. 종점이 $(-1, -1, 2)$ 이고 $a=(1, 1, 3)$ 과 동일한 벡터의 시점을 구하여라.

4. $a=(1, 1, 2)$, $b=(2, 0, 1)$, $c=(0, 1, -1)$ 일 때 다음을 구하여라.

1) $a+b$ 　　　　2) $a+\frac{1}{2}b+3c$

3) $a-2b$ 　　　　4) $|a-b|$ 　　　　5) $\hat{a}$

5. $\overrightarrow{OP}=(1, 3, -2)$, $\overrightarrow{OQ}=(3, -2, 1)$ 이다. $\overrightarrow{PQ}$ 와 $|\overrightarrow{PQ}|$ 를 구하여라.

6. $a=(1, 1, 1)$, $b=(-1, 2, 5)$, $c=(1, 3, -1)$ 일 때 다음을 구하여라.

1) $a+b$ 　　　　2) $a-b+c$ 　　　　3) $3a-2b$

4) $|a-b|$ 　　　　5) $\hat{a}$

7. 다음을 만족하는 a 와 b 의 값을 구하여라.

1) $(2, 1, 0)=a(-2, 0, 2)+b(1, 1, 1)$

2) $(-3, 1, 2)=a(-2, 0, 2)+b(1, 1, 1)$

3) $(4, 0, -4)=a(-2, 0, 2)+b(1, 1, 1)$

8. 다음 주어진 벡터들이 선형독립인지 선형 종속인지에 대하여 말하여라.

1) $(2, 1, 0)$, $(-2, 0, 2)$, $(1, 1, 1)$

2) $(-3, 1, 2)$, $(-2, 0, 2)$, $b(1, 1, 1)$

3) $(4, 0, -4)$, $(-2, 0, 2)$, $(1, 1, 1)$

9. 점 A, B, P 가 일직선 상에 있다. 각각 $\overrightarrow{OA}=a$, $\overrightarrow{OB}=b$, $\overrightarrow{OP}=r$ 라 할 때 r 을 a 와 b 로 나타내어라.

10. $k=(0, 0, 1)$ 는 $i=(1, 0, 0)$ 와 $j=(0, 1, 0)$ 의 선형 결합으로 나타낼 수 있는가?

11. $a=(1, 1)$, $b=(-1, 0)$ 일 때 $a+b$ 와 방향이 같고 길이가 3배가 되는 벡터를 구하여라.

3.4 스칼라 곱

영벡터가 아닌 두 벡터는 각도(angle)를 만든다. 일반적으로 두 벡터가 이루는 각도는 다음과 같이 정의된다.

■ **각도의 범위**

영 벡터가 아닌 두 벡터가 이루는 **각도** θ 는 두 벡터를 동시에 포함하는 평면위에서 측정되고 범위는 다음과 같다.

$$0 \le \theta \le \pi$$

두 벡터 $\boldsymbol{a}=(a_1,\ a_2)$, $\boldsymbol{b}=(b_1,\ b_2)$ 에 대하여 **스칼라 곱(scalar product)**은 다음과 같이 정의되며 연산 결과는 스칼라이다. 스칼라 곱을 **내적(inner product 또는 dot product)** 이라고도 한다.

■ **내적**

$$\boldsymbol{a} \cdot \boldsymbol{b} = a_1 b_1 + a_2 b_2 \text{ (좌표성분에 의한 정의)}$$

또는

$$\boldsymbol{a} \cdot \boldsymbol{b} = |\boldsymbol{a}||\boldsymbol{b}|\cos\theta \text{ (기하학적인 정의, 여기서 } \theta \text{는 두 벡터가 이루는 각도)}$$

따라서 두 벡터의 성분을 알면 두 벡터가 이루는 각도는 다음과 같이 구할 수 있다.

$$\cos\theta = \frac{a_1 b_1 + a_2 b_2}{\sqrt{a_1^2 + a_2^2}\ \sqrt{b_1^2 + b_2^2}}$$

스칼라 곱의 정의는 3차원 벡터에도 그대로 적용되어 $\boldsymbol{a}=(a_1,\ a_2,\ a_3)$, $\boldsymbol{b}=(b_1,\ b_2,\ b_3)$ 일 때

$$\boldsymbol{a} \cdot \boldsymbol{b} = a_1 b_1 + a_2 b_2 + a_3 b_3$$

가 되고, 두 벡터가 이루는 각도는 다음과 같다.

$$\cos\theta = \frac{a_1 b_1 + a_2 b_2 + a_3 b_3}{\sqrt{a_1^2 + a_2^2 + a_3^2}\ \sqrt{b_1^2 + b_2^2 + b_3^2}}$$

보기

물리학에서 힘 $\boldsymbol{F}$가 $\boldsymbol{s}$ 방향으로 작용하면 $\boldsymbol{F}$가 한 **일(work)**의 양 W는 $W=\boldsymbol{F}\cdot\boldsymbol{s}$로 주어진다.

스칼라 곱에 대하여 다음 법칙이 성립한다.

$$\boldsymbol{a}\cdot\boldsymbol{b}=\boldsymbol{b}\cdot\boldsymbol{a} \qquad \text{(교환 법칙)}$$

$$k(\boldsymbol{a}\cdot\boldsymbol{b})=(k\boldsymbol{b}\cdot\boldsymbol{a}) \qquad (k\text{는 스칼라})$$

$$(\boldsymbol{a}+\boldsymbol{b})\cdot\boldsymbol{c}=(\boldsymbol{a}\cdot\boldsymbol{c})+(\boldsymbol{b}\cdot\boldsymbol{c}) \qquad \text{(배분법칙)}$$

스칼라 곱의 정의 $\boldsymbol{a}\cdot\boldsymbol{b}=|\boldsymbol{a}||\boldsymbol{b}|\cos\theta$에 의하여 다음이 성립함을 알 수 있다.

■ **내적의 성질**

두 벡터 $\boldsymbol{a}, \boldsymbol{b}$가 서로 평행이면 $\boldsymbol{a}\cdot\boldsymbol{b}=\pm|\boldsymbol{a}||\boldsymbol{b}|$이고
두 벡터 $\boldsymbol{a}, \boldsymbol{b}$가 서로 수직이면 $\boldsymbol{a}\cdot\boldsymbol{b}=0$이다.

$\boldsymbol{a}\cdot\boldsymbol{b}=0$이면 $\boldsymbol{a}$와 $\boldsymbol{b}$는 서로 **직교(orthogonal)**한다고 한다.
따라서 직교좌표상의 단위 벡터에 대하여 다음 관계가 성립한다.

$$\boldsymbol{i}\cdot\boldsymbol{i}=\boldsymbol{j}\cdot\boldsymbol{j}=\boldsymbol{k}\cdot\boldsymbol{k}=1$$

$$\boldsymbol{i}\cdot\boldsymbol{j}=\boldsymbol{j}\cdot\boldsymbol{k}=\boldsymbol{k}\cdot\boldsymbol{i}=0$$

예제 3.7

두 벡터 $\boldsymbol{a}=(5, -3, 2)$와 $\boldsymbol{b}=(-2, 4, 1)$에 대하여 $\boldsymbol{a}\cdot\boldsymbol{b}$를 구하여라.

풀이 $\boldsymbol{a}\cdot\boldsymbol{b}=(5, -3, 2)\cdot(-2, 4, 1)=(5)(-2)+(-3)(4)+(2)(1)$
$=-10-12+2=-20$

익힘문제 3.7

벡터 $\boldsymbol{a}=(1, -1, 2)$, $\boldsymbol{b}=(-2, 0, 2)$, $\boldsymbol{c}=(3, 2, 1)$에 대하여 다음을 구하여라.

1) $\boldsymbol{a}\cdot\boldsymbol{c}$ 2) $\boldsymbol{b}\cdot\boldsymbol{c}$

3) $(\boldsymbol{a}+\boldsymbol{b})\cdot\boldsymbol{c}$ 4) $\boldsymbol{a}\cdot(2\boldsymbol{b}+3\boldsymbol{c})$

익힘문제 3.8

$\boldsymbol{a}=(a_1, a_2, a_3)$일 때 $\boldsymbol{a}\cdot\boldsymbol{a}$를 구하여라.

예제 3.8

두 벡터 $\boldsymbol{a}=(1, 2, 3)$, $\boldsymbol{b}=(2, 0, 4)$가 이루는 각도를 구하여라.

풀이 정의에 의하여 $\boldsymbol{a}\cdot\boldsymbol{b}=a_1b_1+a_2b_2+a_3b_3$이므로

$\boldsymbol{a}\cdot\boldsymbol{b}=(1, 2, 3)\cdot(2, 0, 4)=2+0+12=14$

$|\boldsymbol{a}|=\sqrt{1^2+2^2+3^2}=\sqrt{14}$, $|\boldsymbol{b}|=\sqrt{2^2+0^2+4^2}=\sqrt{20}$

그리고 $\boldsymbol{a}\cdot\boldsymbol{b}=|\boldsymbol{a}||\boldsymbol{b}|\cos\theta$에서 $14=\sqrt{14}\sqrt{20}\cos\theta$

$$\therefore \theta=\cos^{-1}\sqrt{\frac{7}{10}}$$

익힘문제 3.9

두 벡터가 다음과 같이 주어졌을 때 이루는 각도를 구하여라.

1) $\boldsymbol{a}=(1, 1)$, $\boldsymbol{b}=(-1, -1)$

2) $\boldsymbol{a}=(3, 1, -2)$, $\boldsymbol{b}=(2, -1, 2)$

연습문제 3.4 Exercises

1. $\boldsymbol{a}=(2, 3)$, $\boldsymbol{b}=(1, -1)$ 일 때 다음을 구하여라.

1) $\boldsymbol{a} \cdot \boldsymbol{b}$

2) $\boldsymbol{a} \cdot \boldsymbol{a}$

3) $\boldsymbol{b} \cdot \boldsymbol{a}$

4) $\boldsymbol{b} \cdot \boldsymbol{b}$

2. 다음 두 벡터가 이루는 각을 구하여라.

1) $(1, 1), (-1, 1)$

2) $(1, 3), (-2, -3)$

3) $(-1, 2), (-3, -5)$

4) $(3, 2), (4, 5)$

3. $\boldsymbol{a}=(4, 5)$, $\boldsymbol{b}=(0, -1)$ 일 때 $\hat{\boldsymbol{a}} \cdot \boldsymbol{b}$를 구하여라.

4. 공간상에서 네 개의 점 A, B, C, D가 있을 때, $\overrightarrow{DA} \cdot \overrightarrow{BC} + \overrightarrow{DB} \cdot \overrightarrow{CA} + \overrightarrow{DC} \cdot \overrightarrow{AB}$를 구하여라.

5. 두 벡터 $\boldsymbol{a}=(3, 1, 0)$, $\boldsymbol{b}=(t, 0, 1)$가 있다.

1) $\boldsymbol{a}$, $\boldsymbol{b}$가 이루는 각도가 $45°$가 되도록 t의 값을 정하여라.

2) $\boldsymbol{a}$, $\boldsymbol{b}$가 직교하도록 t의 값을 정하여라.

6. 어떤 물체가 $\boldsymbol{F}=(1, -2, 3)$의 힘을 $\boldsymbol{s}=(3, 5, -1)$만큼 이동하였을 때 일의 양(work)을 구하여라.

7. 2차원 벡터 $\boldsymbol{a}=(4, -3)$에 수직인 2차원 벡터 $\boldsymbol{b}$를 구하여라.

8. $\boldsymbol{a}=(2, 2, -1)$, $\boldsymbol{b}=(3, -6, 2)$일 때, $|\boldsymbol{a}|$, $|\boldsymbol{b}|$, $\boldsymbol{a} \cdot \boldsymbol{b}$ 그리고 $\boldsymbol{a}$와 $\boldsymbol{b}$가 이루는 각도를 구하여라.

3.5 벡터 곱

두 벡터 $\boldsymbol{a}, \boldsymbol{b}$에 대하여 **벡터 곱(vector product)**은 3차원 벡터인 경우에만 다음과 같이 정의되며 연산 결과는 벡터이다. 벡터 곱을 **외적(outer product 또는 cross product)**이라고 한다.

■ **외적**

$$\boldsymbol{a} \times \boldsymbol{b} = (|\boldsymbol{a}||\boldsymbol{b}|\sin\theta)\,\hat{\boldsymbol{n}}$$

여기서 θ는 두 벡터가 이루는 각이며 벡터 $\hat{\boldsymbol{n}}$은 벡터 $\boldsymbol{a}, \boldsymbol{b}$에 모두 수직인 단위벡터로 방향은 [그림 3.10]에 보인 것처럼 오른손 나사의 방향을 따른다.

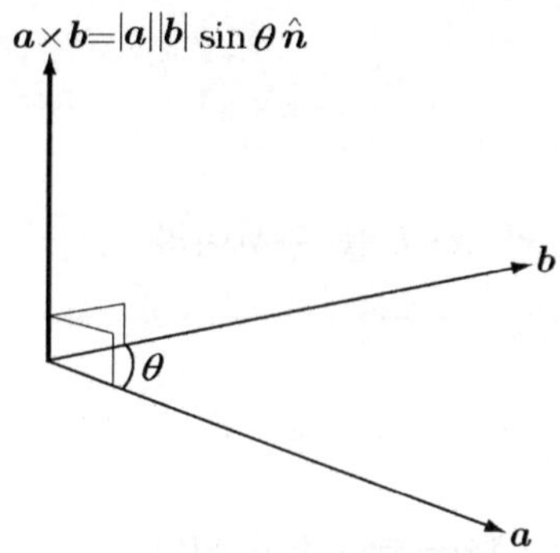

[그림 3.10] 벡터의 곱

벡터 곱의 정의에 따라 다음 법칙이 성립한다. 주의 할 점은 교환법칙이 성립하지 않는다는 것이다.

$\boldsymbol{a} \times \boldsymbol{b} = -\boldsymbol{b} \times \boldsymbol{a}$ (교환 법칙이 성립안함)

$k(\boldsymbol{a} \times \boldsymbol{b}) = (k\boldsymbol{a}) \times \boldsymbol{b} = \boldsymbol{a} \times (k\boldsymbol{b})$ (k는 스칼라)

$\boldsymbol{a} \times (\boldsymbol{b} + \boldsymbol{c}) = (\boldsymbol{a} \times \boldsymbol{b}) + (\boldsymbol{a} \times \boldsymbol{c})$ (배분법칙)

$\boldsymbol{a}, \boldsymbol{b}$가 평행이면 두 벡터가 이루는 각은 영이므로

$$\boldsymbol{a} \times \boldsymbol{b} = 0$$

이 된다. 따라서 3차원 직교좌표에서의 단위 벡터 $\boldsymbol{i}, \boldsymbol{j}, \boldsymbol{k}$에 대하여

$$\boldsymbol{i}\times\boldsymbol{i}=\boldsymbol{j}\times\boldsymbol{j}=\boldsymbol{k}\times\boldsymbol{k}=0$$

이 된다. 그리고 $\boldsymbol{i}, \boldsymbol{j}, \boldsymbol{k}$ 상호간에는 다음 법칙이 성립한다.

$$\boldsymbol{i}\times\boldsymbol{j}=\boldsymbol{k},\quad \boldsymbol{j}\times\boldsymbol{k}=\boldsymbol{i},\quad \boldsymbol{k}\times\boldsymbol{i}=\boldsymbol{j}$$

$$\boldsymbol{j}\times\boldsymbol{i}=-\boldsymbol{k},\quad \boldsymbol{k}\times\boldsymbol{j}=-\boldsymbol{i},\quad \boldsymbol{i}\times\boldsymbol{k}=-\boldsymbol{j}$$

벡터 곱을 계산할 때 선형대수학에서 자세하게 다루게 되는 행렬식(determinant)를 이용하면 더 편리하다.

두 벡터 $\boldsymbol{a}=(a_1, a_2, a_3)$, $\boldsymbol{b}=(b_1, b_2, b_3)$에 대하여,

$$\boldsymbol{a}\times\boldsymbol{b}=\begin{vmatrix}\boldsymbol{i} & \boldsymbol{j} & \boldsymbol{k}\\ a_1 & a_2 & a_3\\ b_1 & b_2 & b_3\end{vmatrix}=\boldsymbol{i}\begin{vmatrix}a_2 & a_3\\ b_2 & b_3\end{vmatrix}-\boldsymbol{j}\begin{vmatrix}a_1 & a_3\\ b_1 & b_3\end{vmatrix}+\boldsymbol{k}\begin{vmatrix}a_1 & a_2\\ b_1 & b_2\end{vmatrix}$$

$$=(a_2b_3-a_3b_2)\boldsymbol{i}-(a_1b_3-a_3b_1)\boldsymbol{j}+(a_1b_2-a_2b_1)\boldsymbol{k}$$

가 된다.

예제 3.9

$\boldsymbol{a}=(2, 3, 7)$, $\boldsymbol{b}=(1, 2, 1)$일 때 $\boldsymbol{a}\times\boldsymbol{b}$를 구하여라.

풀이

$$\boldsymbol{a}\times\boldsymbol{b}=\begin{vmatrix}\boldsymbol{i} & \boldsymbol{j} & \boldsymbol{k}\\ a_1 & a_2 & a_3\\ b_1 & b_2 & b_3\end{vmatrix}=\begin{vmatrix}\boldsymbol{i} & \boldsymbol{j} & \boldsymbol{k}\\ 2 & 3 & 7\\ 1 & 2 & 1\end{vmatrix}=(3-14)\boldsymbol{i}-(2-7_1)\boldsymbol{j}+(4-3)\boldsymbol{k}$$

$=-11\boldsymbol{i}+5\boldsymbol{j}+\boldsymbol{k}$이 된다. ■

익힘문제 3.10

다음에서 $\boldsymbol{a}\times\boldsymbol{b}$를 구하여라.

1) $\boldsymbol{a}=(2, 1, -1)$, $\boldsymbol{b}=(-1, -1, 1)$
2) $\boldsymbol{a}=(0, 1, -1)$, $\boldsymbol{b}=(1, -1, -1)$
3) $\boldsymbol{a}=(3, 1, 2)$, $\boldsymbol{b}=(2, 1, 2)$

예제 3.10

$(\boldsymbol{a}\times\boldsymbol{b})-(\boldsymbol{b}\times\boldsymbol{a})$ 를 간단히 하여라.

풀이 $\boldsymbol{a}\times\boldsymbol{b}=-(\boldsymbol{b}\times\boldsymbol{a})$ 이므로

$(\boldsymbol{a}\times\boldsymbol{b})-(\boldsymbol{b}\times\boldsymbol{a})=(\boldsymbol{a}\times\boldsymbol{b})-(-(\boldsymbol{a}\times\boldsymbol{b}))=(\boldsymbol{a}\times\boldsymbol{b})+(\boldsymbol{a}\times\boldsymbol{b})=2(\boldsymbol{a}\times\boldsymbol{b})$

익힘문제 3.11

$\boldsymbol{a}=(2, 1, 0)$, $\boldsymbol{b}=(2, -1, 1)$, $\boldsymbol{c}=(0, 1, 1)$ 일 때 다음을 구하여라.

1) $(\boldsymbol{a}\times\boldsymbol{b})\times\boldsymbol{c}$　　2) $\boldsymbol{a}\times(\boldsymbol{b}\times\boldsymbol{c})$

연습문제 3.5 Exercises

1. $\boldsymbol{a}=(1, 1, 1)$, $\boldsymbol{b}=(-1, -1, -1)$ 일 때 다음을 구하여라.

1) $\boldsymbol{a}\times\boldsymbol{b}$　　2) $\boldsymbol{b}\times\boldsymbol{a}$

2. $\boldsymbol{a}=(2, -1, -1)$, $\boldsymbol{b}=(1, 2, -1)$, $\boldsymbol{c}=(-1, -1, 2)$ 일 때 다음을 구하여라.

1) $(\boldsymbol{a}\times\boldsymbol{b})\times\boldsymbol{c}$　　2) $\boldsymbol{a}\times(\boldsymbol{b}\times\boldsymbol{c})$

3. $\boldsymbol{a}=(7, -2, -5)$, $\boldsymbol{b}=(5, 1, 3)$ 일 때 $\boldsymbol{a}, \boldsymbol{b}$ 에 수직인 벡터를 구하여라.

4. $\boldsymbol{a}=(1, 1, 1)$, $\boldsymbol{b}=(0, -1, 2)$, $\boldsymbol{c}=(2, 2, 1)$ 일 때 다음을 구하여라.

1) $\boldsymbol{a}\times\boldsymbol{b}$　　2) $\boldsymbol{b}\times\boldsymbol{c}$

3) $\boldsymbol{c}\times\boldsymbol{a}$　　4) $(\boldsymbol{a}\times\boldsymbol{c})\cdot\boldsymbol{b}$

5) $\boldsymbol{b}\cdot(\boldsymbol{c}\times\boldsymbol{a})$　　6) $(\boldsymbol{a}\times\boldsymbol{c})\times\boldsymbol{b}$

5. $\mathbf{a}\times\mathbf{b}=(4,-3,6)$, $\mathbf{c}=(2,4,-1)$일 때 다음을 구하여라.

1) $\mathbf{a}\times(3\mathbf{b})$
2) $\mathbf{b}\times\mathbf{a}$
3) $(-\mathbf{a})\times\mathbf{b}$
4) $|\mathbf{a}\times\mathbf{b}|$
5) $(\mathbf{a}\times\mathbf{b})\times\mathbf{c}$
6) $(\mathbf{a}\times\mathbf{b})\cdot\mathbf{c}$
7) $\mathbf{a}\cdot(\mathbf{b}\times\mathbf{c})$
8) $(4\mathbf{a})\cdot(\mathbf{b}\times\mathbf{c})$

Chapter

04 복소수의 이해

복소수에서는 모든 이차방정식이 반드시 두 개의 해를 가질 뿐만 아니라 공학 분야에서 삼각함수의 계산을 용이하게 한다. 특히 교류해석이나 전자기학, 신호처리, 그리고 통신시스템 등에서 복소수를 기초로 한 모델들이 매우 많이 사용되고 있기 때문에 복소수의 연산에 관한 기본적인 지식이 절대적으로 요구 된다.

제4장에서는 복소수의 기본 정의와 연산, 직교 좌표 형식과 극좌표 형식 표현 그리고 이들을 이용한 페이저 등을 다룬다.

4.1 복소수의 정의

이차방정식 $x^2-2x+2=0$ 의 해를 구하면 $x=1+\sqrt{-1}, 1-\sqrt{-1}$ 꼴이 되는데 모든 실수의 제곱은 항상 양이므로 이 방정식의 실수해는 존재하지 않는다.

여기서 제곱하여 -1 이 되는 새로운 수 j 를 다음과 같이 정의하고

$$j=\sqrt{-1}$$

허수(imaginary number) 라고 부른다.

일반적으로 $i=\sqrt{-1}$ 로 나타내지만, 전기 전자 통신 분야에서는 전류를 i 로 나타내므로 i 대신 j 로 표기한다.

이렇게 허수 j 를 도입하면 $x^2-2x+2=0$ 의 해 x 는 $x=1\pm j$ 로 나타낼 수 있다. 이때 $1+j, 1-j$ 처럼 실수와 허수의 합으로 이루어지는 수를 **복소수(complex number)** 라고 한다.

일반적으로 복소수 z 를 다음과 같이 나타낸다.

$$z=x+jy \quad (\text{단, } x,\ y\text{는 실수})$$

여기서

$$x = Re(z) \quad \text{(실수부: Real part)}$$
$$y = Im(z) \quad \text{(허수부: Imaginary part)}$$

주의해야 할 점은 복소수에서는 실수에서처럼 대소 관계가 정의되어 있지 않다.

보기

1) $z = 1$ 에서 $Re(z) = 1, Im(z) = 0$ 이다.
2) $z = j$ 에서 $Re(z) = 0, Im(z) = 1$ 이다.
3) $z = -1 - j$ 에서 $Re(z) = -1, Im(z) = -1$ 이다.
4) 2 는 복소수 1 보다 크다고 할 수 없다.

$z = x + jy$ 에서 허수부의 부호만 바꾼 것을 z 의 **켤레 복소수**(complex conjugate)라고 하며 $\overline{z}$ 또는 z^* 로 표시한다.

■ **켤레 복소수**

$$z = x + jy$$
$$\overline{z} \text{ 또는 } z^* = x - jy$$

보기

1) $z = -7 - j6$ 이면 $\overline{z} = -7 + j6$ 이다.
2) $z = j$ 이면 $\overline{z} = -j$ 이다.
3) $z = 5$ 이면 $\overline{z} = 5$ 이다.

예제 4.1

다음을 간단히 하여라.

1) j^3 2) j^4 3) j^5 4) j^6

풀이 1) $j^3 = j^2 j = -j$ 2) $j^4 = j^2 j^2 = (-1) \cdot (-1) = 1$

3) $j^5 = j^4 j = j$ 4) $j^6 = j^4 j^2 = 1 \cdot (-1) = -1$

익힘문제 4.1

다음 방정식을 풀어라.

1) $x^2 + 1 = 0$ 2) $x^2 + 4 = 0$ 3) $2x^2 + 2x + 5 = 0$

익힘문제 4.2

다음 복소수의 $Re(z)$ 와 $Im(z)$ 를 구하여라.

1) $z = j^2$ 2) $z = \cos\omega t + j\sin\omega t$

3) $z = \dfrac{1-j}{2}$ 4) $z = -7$

4.2 복소수의 연산

복소수에서 덧셈, 뺄셈, 곱셈, 나눗셈이 정의되어 있다.

■ **복소수의 상등**

두 복소수 $z_1 = x_1 + jy_1$ 과 $z_2 = x_2 + jy_2$ 는 $x_1 = x_2$, $y_1 = y_2$ 인 경우에 $z_1 = z_2$ 로 정의한다.

보기

$z_1 = 3 + jy$, $z_2 = x - j2$ 일 때 $z_1 = z_2$ 이기 위해서는 $x = 3$, $y = -2$ 가 되어야 한다.

■ **복소수의 덧셈과 뺄셈**

두 복소수 $z_1 = x_1 + jy_1$, $z_2 = x_2 + jy_2$ 의 합과 차는 다음과 같이 정의된다.

$$z_1 + z_2 = (x_1 + x_2) + j(y_1 + y_2)$$

$$z_1 - z_2 = (x_1 - x_2) + j(y_1 - y_2)$$

예제 4.2

$z_1 = 3 + j4$, $z_2 = 2 + j$ 일 때 $z_1 + z_2$ 와 $z_1 - z_2$ 를 계산하여라.

풀이 $z_1 + z_2 = (3+2) + j(4+1) = 5 + j5$

$z_1 - z_2 = (3-2) + j(4-1) = 1 + j3$

■

익힘문제 4.3

1) $z_1 = -1 + j2$, $z_2 = 2 - j$ 일 때 $z_1 + z_2$ 와 $z_1 - z_2$ 를 계산하여라.

2) $z_1 = 1$, $z_2 = j$ 일 때 $z_1 + z_2$ 와 $z_1 - z_2$ 를 계산하여라.

■ **복소수의 곱셈과 나눗셈**

두 복소수 $z_1 = x_1 + jy_1$, $z_2 = x_2 + jy_2$ 의 곱셈은 다음과 같이 정의된다.

$z_1 z_2 = (x_1 + jy_1)(x_2 + jy_2) = (x_1 x_2 - y_1 y_2) + j(x_1 y_2 + x_2 y_1)$

예제 4.3

$(x_1 + jy_1)(x_2 + jy_2) = (x_1 x_2 - y_1 y_2) + j(x_1 y_2 + x_2 y_1)$ 임을 보여라.

풀이 $(x_1+jy_1)(x_2+jy_2)=x_1(x_2+jy_2)+jy_1(x_2+jy_2)$

$$=x_1x_2+jx_1y_2+jy_1x_2+j^2y_1y_2$$

$$=(x_1x_2-y_1y_2)+j(x_1y_2+x_2y_1)$$

익힘문제 4.4

1) $z_1=1+j3$, $z_2=-1+j2$ 일 때 z_1z_2 를 구하여라.

2) $z_1=1+j$, $z_2=1-j$ 일 때 z_1z_2 를 구하여라.

복소수 $z=x+jy$ 의 **절댓값(absolute value, modulus)**은 다음과 같이 정의하고 $|z|$ 로 표시한다. $|z|$ 는 항상 양의 실수이다.

$$|z|=\sqrt{x^2+y^2}, \quad |z|\geq 0$$

따라서 복소수 자체는 크기를 가지지 않지만 절댓값은 크기를 가지며 대소비교가 가능하다.

| 보기 |

$z=x+jy$ 일 때 $z\bar{z}=(x+jy)(x-jy)=x^2+y^2=|z|^2$ 이 된다.

| 보기 |

$z_1=1+j2$, $z_2=2-j2$ 에서 z_1 과 z_2 는 대소비교가 불가능 하지만 $|z_1|<|z_2|$ 이다.

두 복소수 $z_1=x_1+jy_1$, $z_2=x_2+jy_2$ 의 나눗셈은 다음과 같이 정의된다.

$$\frac{z_1}{z_2}=\frac{(x_1+jy_1)}{(x_2+jy_2)}=\frac{(x_1+jy_1)}{(x_2+jy_2)}\times\frac{(x_2-jy_2)}{(x_2-jy_2)}$$

$$=\frac{x_1x_2+y_1y_2+j(x_2y_1-x_1y_2)}{x_2^2+y_2^2}$$

예제 4.4

$z_1 = 3 + j2$, $z_2 = 5 + j3$ 일 때 $\dfrac{z_1}{z_2}$ 를 계산하여라.

풀이

$$\frac{z_1}{z_2} = \frac{3+j2}{5+j3} = \frac{3+j2}{5+j3}\frac{5-j3}{5-j3} = \frac{21+j}{34} = \frac{21}{34} + j\frac{1}{34}$$

■

익힘문제 4.5

$z = \dfrac{2+j}{1-j}$ 일 때 $Re\left(\dfrac{z+1}{z}\right)$와 $Im\left(\dfrac{z+1}{z}\right)$를 구하여라.

연습문제 4.2 Exercises

1. 다음 복소수를 $x + jy$ 형태로 나타내어라.

1) $\dfrac{2}{1-j}$

2) $-\dfrac{1}{j} + \dfrac{2}{3-j}$

3) $\dfrac{1+j}{2-j} + \dfrac{1-j}{2+j}$

4) $\dfrac{2}{j^3 - j^5}$

2. 다음 복소수를 $x + jy$ 형태로 나타내어라.

1) $(5+j3)(2-j)-(3+j)$

2) $(1-j3)^2$

3) $\dfrac{7-j8}{3-j4}$

4) $\dfrac{1-j}{1+j}$

3. $z = 2 - j3$ 일 때 다음을 구하여라.

1) jz

2) $\overline{z}$

3) $\dfrac{1}{z}$

4) $z\overline{z}$

4. 다음을 만족하는 복소수 z를 구하여라.

1) $\dfrac{2z}{1+j} - \dfrac{2z}{j} = \dfrac{5}{2+j}$

2) $\dfrac{1}{z} = \dfrac{2}{2+j3} + \dfrac{1}{3-j2}$

5. $z_1 = 2+j3$, $z_2 = 3+j4$, $z_3 = -5+j12$ 일 때 $z = z_1 + \dfrac{z_2 z_3}{z_2 + z_3}$ 을 구하여라.

6. $z_1 = 3-j4$, $z_2 = 5+j2$ 일 때 다음을 만족하는 z 를 구하여라.

$$\frac{1}{z} = \frac{1}{z_1} + \frac{1}{z_2 z_1}$$

7. 다음을 만족하는 실수 x, y 를 구하여라.

$$\frac{2+x-jy}{3x+jy} = 1+j2$$

8. 다음을 만족하는 z 를 구하여라.

$$z\overline{z} + 3(z - \overline{z}) = 13 + j12$$

9. 해가 $-1+j$ 와 $-1-j$ 인 이차방식을 구하여라.

4.3 직교 좌표상에서 복소수의 표현

[그림 4.1]에서 보인 것처럼 임의의 복소수 $z = a + jb$ 가 주어졌을 때 실수부를 2차원 직교좌표의 수평축에, 허수부를 수직축에 대응시키면, 이 복소수를 2차원 직교좌표 상의 한 점으로 표시할 수 있다. 여기서 수평축을 **실수축**(real axis), 수직축을 **허수축**(imaginary axis)이라고 하며 이 평면을 **복소평면**(complex plane)이라고 한다.

■ **복소수의 표현**

복소평면을 도입하면 복소수를 좌표형식으로 표시하여 복소평면상의 한 점으로 취급할 수 있다.

$$z = a + jb = (a,\ b)$$

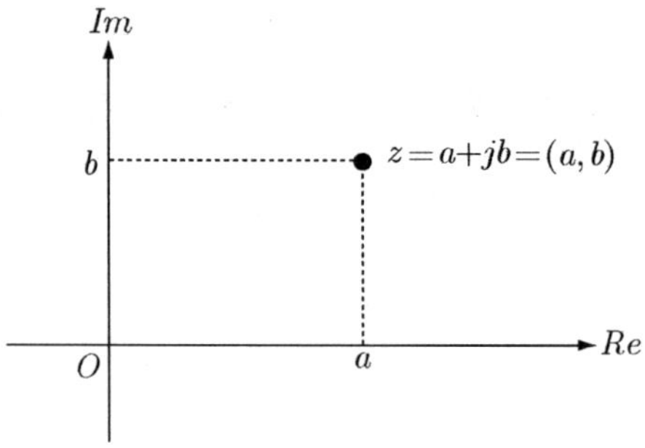

[그림 4.1] 복소평면

보기

[그림 4.2]는 복소수 $z_1 = 1 + j$, $z_2 = -2 + j$, $z_3 = -3 - j2$, $z_4 = 2 - j3$를 복소평면 상에 표시한 것이다.

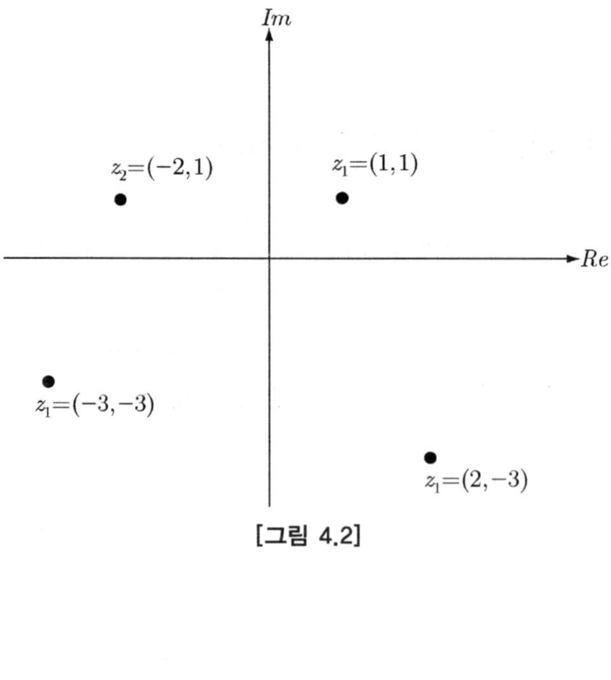

[그림 4.2]

4.4 극좌표상에서 복소수의 표현

2.5절에서 보인 바와 같이 직교 좌표로 표시된 평면상의 점은 항상 극좌표로 변환 할 수 있다. 따라서 직교 좌표 형식으로 표시된 복소수도 **극형식 표현**이 가능하다. [그림 4.3]에서 이것을 보인다.

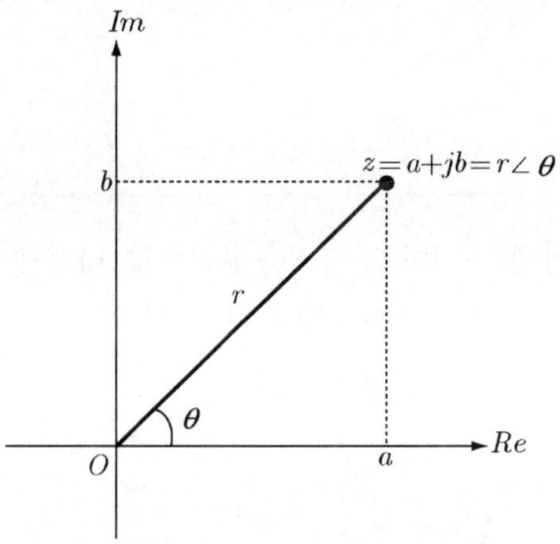

[그림 4.3] 복소수의 극형식

직교 좌표형식: $z = a + jb = (a,b)$

극 형식: $z = r\angle\theta$

r을 z의 **절댓값**(modulus), θ를 **편각**(argument)이라고 한다.

- **$z = a + jb \rightarrow r\angle\theta$ 변환 과정**
  1. 복소수 평면상에 z를 표시한다.
  2. $r = \sqrt{a^2 + b^2}$ 와 $\theta = \tan^{-1}\dfrac{b}{a}$ 를 계산한다.

     특히 θ를 계산할 때 a,b의 부호에 주의하여야 한다.
- **$z = r\angle\theta \rightarrow a + jb$ 변환 과정**
  1. $a = r\cos\theta, b = r\sin\theta$를 구한다.
  2. $z = a + jb$로 표현한다.

예제 4.5

$z=1+j$ 를 극형식으로 나타내어라.

풀이 [그림 4.4]에 보인 바와 같이 $r=\sqrt{1^2+1^2}=\sqrt{2}$, $\theta=\tan^{-1}\frac{1}{1}=\frac{\pi}{4}$

$\therefore z=\sqrt{2}\angle\frac{\pi}{4}$

■

익힘문제 4.6

다음 복소수를 복소평면에 표시하고 극좌표형식으로 나타내어라.

1) $-1-j$

2) $-3+j4$

3) $-4-j3$

4) $(-\sqrt{6}, -\sqrt{2})$

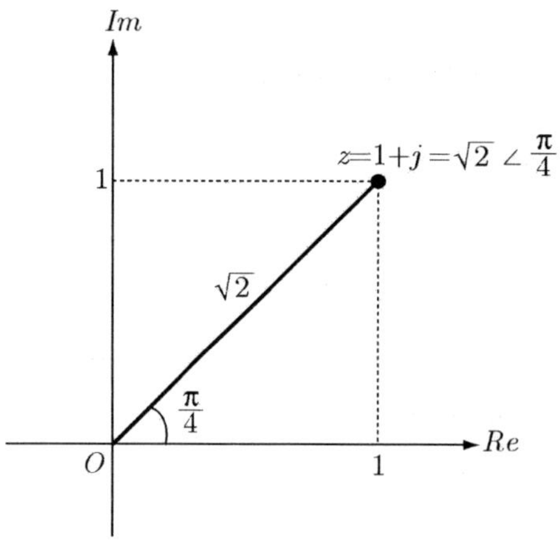

[그림 4.4] 예제 4.5

연습문제 4.4

Exercises

1. 복소수 평면상에 $z_1 = 3 + j2, z_2 = j, z_3 = j^3, z_4 = (-1, -2)$를 표시하고 각 복소수의 절댓값과 편각을 구하여라.

2. 다음 복소수를 극형식으로 나타내어라.

1) $1 - j$　　2) $(2,1)$

3) $-j$　　4) $(-2, -3)$

3. 다음 복소수를 직교좌표형식으로 나타내어라.

1) $\sqrt{2}\angle\frac{\pi}{4}$　　2) $2\angle\frac{5\pi}{6}$

3) $2\angle\frac{5\pi}{3}$　　4) $1\angle\frac{3\pi}{2}$

4. 다음 z_1, z_2에 대하여 $\frac{z_1}{z_2}$, $\frac{z_2}{z_1}$ 그리고 $z_1 z_2$를 구하여라.

1) $z_1 = 4\angle\frac{\pi}{2}$, $z_2 = 9\angle\frac{\pi}{3}$

2) $z_1 = 1\angle\frac{3\pi}{4}$, $z_2 = 2\angle\frac{\pi}{8}$

5. 다음 복소수의 절댓값과 편각을 구하여라.

$$z = \frac{(1 + j2)^2 (4 - j3)^3}{(3 + j4)^2 (2 - j)^3}$$

4.5 복소수의 지수형

제6장에서 다룰 테일러 급수를 이용하면 다음과 같은 **오일러(Euler)의 공식**을 얻을 수 있다.

■ **오일러 공식(Euler's formula)**

$$e^{j\theta} = \cos\theta + j\sin\theta$$

따라서 다음 식도 성립한다.

$$e^{-j\theta} = \cos(-\theta) + j\sin(-\theta) = \cos\theta - j\sin\theta$$

위의 두 식으로부터 다음과 같이 삼각함수를 복소수로 표현 가능하다.

$$\cos\theta = \frac{1}{2}(e^{j\theta} + e^{-j\theta})$$

$$\sin\theta = \frac{1}{j2}(e^{j\theta} - e^{-j\theta})$$

오일러의 공식을 [그림 4.3]의 복소수 극형식을 구하는 과정에 적용하면

$$z = a + jb = r(\cos\theta + j\sin\theta) = re^{j\theta}$$

가 되며 이런 형태를 **복소수의 지수형(exponential form)**이라 한다.

■ **복소수의 지수형**

$$z = re^{j\theta} \qquad (r \geq 0,\ \ 0 \leq \theta < 2\pi)$$

복소수를 절댓값과 편각으로 표현하는 점에서 복소수의 극형식과 지수형은 동일하지만 극형식은 절댓값과 편각만으로 단순히 복소수를 표현하는 반면 지수형은 절댓값과 편각의 지수함수의 곱으로 표현하기 때문에 여러 가지 수학적인 연산이 가능하여 활용 범위가 더 넓다. 따라서 앞으로 극형식 대신 지수형을 쓰기로 한다.

특히 회로이론이나 신호처리에서 복소수를 이용한 계산을 할 때 직교좌표형을 지수형으로, 그리고 지수형을 직교좌표형으로의 변환이 필요한 경우가 자주 있어 이에 대한 연습을 충분히 해두어야 한다.

예제 4.5

1) $1+j\sqrt{3}$ 을 지수형으로 변환하여라.

2) $e^{j\frac{\pi}{2}}$ 를 직교좌표형으로 변환하여라.

풀이

1) $r=\sqrt{1^2+(\sqrt{3})^2}=2,\ \theta=\tan^{-1}\frac{\sqrt{3}}{1}=\frac{\pi}{3}$ 이므로 $1+j\sqrt{3}=2e^{j\frac{\pi}{3}}$

2) $a=1\cdot\cos\frac{\pi}{2}=0,\ b=1\cdot\sin\frac{\pi}{2}=1$ 이므로 $e^{j\frac{\pi}{2}}=j$

익힘문제 4.6

다음 직교좌표형의 복소수를 지수형으로 바꾸어라.

1) $2+j2$

2) $1-j\sqrt{3}$

3) -1

4) $-j$

익힘문제 4.7

다음 지수형의 복소수를 직교좌표형으로 바꾸어라.

1) $10e^{j\frac{\pi}{6}}$

2) $20e^{j150^\circ}$

3) $2e^{j\pi}$

4) $\sqrt{2}\,e^{j\frac{5\pi}{4}}$

복소수의 연산에서 덧셈과 뺄셈은 직교좌표형이, 곱셈과 나눗셈은 지수형이 더 용이하다.

■ **지수형 복소수의 곱셈과 나눗셈**

$z_1=r_1e^{j\theta_1},\ z_2=r_2e^{j\theta_2}$ 이면

$$z_1z_2=r_1r_2e^{j(\theta_1+\theta_2)}$$

$$\frac{z_1}{z_2}=\frac{r_1}{r_2}e^{j(\theta_1-\theta_2)}$$

보기

$$z_1 = 2e^{j\frac{\pi}{3}},\ z_2 = 3e^{j\frac{\pi}{4}} \text{ 이면 } z_1 z_2 = 2\cdot 3e^{j\left(\frac{\pi}{3}+\frac{\pi}{4}\right)} = 6e^{j\frac{7\pi}{12}} \text{ 가 되고}$$

$$\frac{z_1}{z_2} = \frac{2}{3}e^{j\left(\frac{\pi}{3}-\frac{\pi}{4}\right)} = \frac{2}{3}e^{j\frac{\pi}{12}} \text{ 가 된다.}$$

지수형 복소수의 덧셈과 뺄셈은 먼저 직교 좌표형으로 변환 후 행하여야 한다.

■ **$z_1 = r_1e^{j\theta_1}$ 과 $z_2 = r_2e^{j\theta_2}$ 의 덧셈과 뺄셈**

1. z_1 과 z_2 를 직교 좌표형으로 변환한다.

$$z_1 = r_1e^{j\theta_1} = r_1\cos\theta_1 + jr_1\sin\theta_1,\ z_2 = r_2e^{j\theta_2} = r_2\cos\theta_2 + jr_2\sin\theta_2$$

$$z_3 = z_1 \pm z_2 = (r_1\cos\theta_1 + jr_1\sin\theta_1) \pm (r_2\cos\theta_2 + jr_2\sin\theta_2)$$

2. 덧셈 또는 뺄셈을 행한다.

$$z_3 = z_1 \pm z_2 = (r_1\cos\theta_1 \pm r_2\cos\theta_2) + j(r_1\sin\theta_1 \pm r_2\sin\theta_2)$$

3. 계산된 결과에서 실수부와 허수부를 확인한다.

$$Re(z_3) = r_1\cos\theta_1 \pm r_2\cos\theta_2$$

$$Im(z_3) = r_1\sin\theta_1 \pm r_2\sin\theta_2$$

$$z_3 = Re(z_3) + jIm(z_3)$$

4. 지수형 복소수로 다시 변환한다.

$$r_3 = \sqrt{(r_1\cos\theta_1 \pm r_2\cos\theta_2)^2 + (r_1\sin\theta_1 \pm r_2\sin\theta_2)^2}$$

$$\theta_3 = \tan^{-1}\left(\frac{r_1\sin\theta_1 \pm r_2\sin\theta_2}{r_1\cos\theta_1 \pm r_2\cos\theta_2}\right) \Rightarrow z_3 = r_3e^{j\theta_3}$$

예제 4.6

$z_1 = 2\sqrt{2}\,e^{j\frac{\pi}{4}}$, $z_2 = 4\sqrt{2}\,e^{j\frac{5\pi}{4}}$ 일 때 $z_1 + z_2$ 을 구하여라.

풀이 z_1, z_2 을 각각 직교 좌표형으로 변환하면

$z_1 = 2\sqrt{2}\left(\cos\frac{\pi}{4} + j\sin\frac{\pi}{4}\right) = 2 + j2, \quad z_2 = 4\sqrt{2}\left(\cos\frac{5\pi}{4} + j\sin\frac{5\pi}{4}\right) = -4 - j4$

가 되므로

$z_1 + z_2 = (2 + j2) + (-4 - j4) = -2 - j2$

$r_3 = 2\sqrt{2}$, $\theta = \tan^{-1}\left(\frac{-2}{-2}\right) = \frac{5\pi}{4}$ (주의: $\frac{\pi}{4}$ 가 아님)

따라서 $z_1 + z_2 = 2\sqrt{2}\,e^{j\frac{5\pi}{4}}$ 이다.

■

익힘문제 4.8

다음 두 복소수의 합과 차를 구하여라.

1) $5e^{j\frac{4\pi}{5}}$, $7e^{\frac{-5\pi}{7}}$　　2) $7e^{j\frac{4\pi}{7}}$, $5e^{-j\frac{5\pi}{11}}$

3) $2e^{j\pi}$, $3e^{-j\frac{3\pi}{2}}$　　4) $3e^{j\frac{2\pi}{3}}$, $4e^{-j\frac{\pi}{6}}$

연습문제 4.4

Exercises

1. 다음 직교좌표형의 복소수를 지수형으로 변환하여라.

1) $1 - j$　　2) $-2 + j3$　　3) $1 + j\sqrt{3}$

4) $7 + j5$　　5) $j2$

2. 다음 지수형의 복소수를 직교 좌표형으로 변환하여라.

1) $3e^{j\frac{\pi}{4}}$　　2) $e^{j\frac{4\pi}{3}}$

3) $5e^{j\pi}$　　4) $-3e^{-j\frac{3\pi}{2}}$

5) $4e^{j\frac{5\pi}{6}}$

3. 다음 복소수를 지수형으로 나타내어라.

1) $e^{1+j\omega t}$ 2) $\sin\theta + j\cos\theta$

3) $-\sin\theta + j\cos\theta$ 4) $-\sin\theta - j\cos\theta$

4. 다음 복소수를 직교좌표형으로 나타내어라.

1) $e^{\sigma + j\omega t}$ 2) $(\sqrt{2} - j2)^8$

3) $(\sqrt{2} - j2)^{-1}$ 4) $(\sqrt{2} - j2)^{\frac{1}{2}}$

5. $z_1 = e^{j\frac{\pi}{4}}$, $z_2 = e^{-j\frac{\pi}{3}}$ 에 대하여 다음을 계산하여라.

1) $z_1, z_1 z_2^2$ 와 $\dfrac{z_1^3}{z_2}$ 의 절댓값과 편각을 구하여라.

2) $z_1 + z_2$ 를 계산하여라.

6. 다음을 $x + jy$ 꼴로 나타내어라.

1) $\sin\left(\dfrac{5\pi}{6} + j\right)$ 2) $\cos\left(j\dfrac{2\pi}{3}\right)$

3) $\ln(1+j)$ 4) $\cos\left(j + \dfrac{2\pi}{3}\right)$

4.6 페이저

1. 페이저의 정리

교류회로 등에서 다루는 전원이나 각 회로 소자들에 인가되는 전압, 또는 소자들을 흐르는 전류의 파형은 대부분 정현파 혹은 정현파들의 합으로 구성된다. 이러한 회로들을 해석 하려면 정현파들에 대한 연산이 필수적인데, 처리해야 할 파형이 많아질수록 그 계산과정이 복잡해진다. 이런 문제를 해결하기 위해 **페이저(phasor)**라고 하는 정현파의 복소수를 이용한 표현 방법이 도입되었다.

임의의 정현파를 $x(t)$ 라 하면 다음과 같이 나타낼 수 있다.

$$x(t) = A\cos(\omega t + \phi) = A\cos(2\pi ft + \phi)$$
$$A:\text{진폭},\ \omega:\text{각주파수},\ f:\text{주파수},\ \phi:\text{위상}$$

앞에서 소개한 오일러공식에서

$$Ae^{j(\omega t + \phi)} = A\cos(\omega t + \phi) + jA\sin(\omega t + \phi)$$

가 되므로

$$A\cos(\omega t + \phi) = Re\left(Ae^{j(\omega t + \phi)}\right) = Re\left(Ae^{j\phi}e^{j\omega t}\right)$$

로 나타낼 수 있다.

여기서 $Ae^{j\phi}$ 를 $x(t)$ 의 페이저라고 정의하고 $\boldsymbol{X}$로 표기한다.

■ **페이저의 정의**

$$x(t) = A\cos(\omega t + \phi) = Re\left(Ae^{j\phi}e^{j\omega t}\right) \Leftrightarrow \boldsymbol{X} = Ae^{j\phi}$$

예제 4.7

$v(t) = 220\sqrt{2}\cos(120\pi t + 30^\circ)$ 의 페이저를 구하여라.

풀이 $v(t) = Re\left(220\sqrt{2}\,e^{j(120\pi t + 30^\circ)}\right) = Re\left(220\sqrt{2}\,e^{j30^\circ}e^{j120\pi t}\right)$ 이므로

$\boldsymbol{V} = 220\sqrt{2}\,e^{j30^\circ}$

익힘문제 4.9

다음 정현파의 페이저를 구하여라.

1) $i(t) = 100\cos 240\pi t$ 2) $v(t) = 10\sin\omega t$ 3) $v(t) = 10\cos\left(\omega t - \frac{\pi}{4}\right)$

예제 4.8

페이저 $\boldsymbol{I} = 10e^{j\frac{\pi}{3}}$ 을 정현파로 표시하여라.

풀이 $i(t) = Re\left(10e^{j\frac{\pi}{3}} e^{j\omega t}\right) = Re\left(10\, e^{j(\omega t + \frac{\pi}{3})}\right) = 10 \cos\left(\omega t + \frac{\pi}{3}\right)$

■

익힘문제 4.10

다음 페이저를 정현파로 표시하여라.

1) $\boldsymbol{V} = 5$

2) $\boldsymbol{I} = 10e^{j\frac{\pi}{2}}$

3) $\boldsymbol{X} = 1 + j$

4) $\boldsymbol{Y} = -1 - j$

2. 페이저의 응용

주파수는 동일하지만 진폭과 위상이 다른 정현파들의 합을 생각해 보자.

$$
\begin{aligned}
x(t) &= x_1(t) + x_2(t) \cdots + x_n(t) \\
&= A_1 \cos(\omega t + \phi_1) + A_2 \cos(\omega t + \phi_2) + \cdots + A_n \cos(\omega t + \phi_n) \\
&= \sum_{k=1}^{n} A_k \cos(\omega t + \phi_k)
\end{aligned}
$$

제2장에서 보인바와 같이 $x(t)$ 의 주파수는 여전히 ω 이므로 $x(t) = A\cos(\omega t + \phi)$ 꼴이 된다. A 와 ϕ 를 구하기 위해서는 삼각함수의 가법정리를 이용하면 되지만 연산이 아주 복잡해진다.

여기서 $x(t)$ 를 복소수로 나타내면

$$
\begin{aligned}
x(t) &= \sum_{k=1}^{n} A_k \cos(\omega t + \phi_k) = \sum_{k=1}^{n} Re\left(A_k e^{j(\omega t + \phi_k)}\right) = Re\left(\sum_{k=1}^{n} A_k e^{j\phi_k} e^{j\omega t}\right) \\
&= Re\left(\sum_{k=1}^{n} (A_k e^{j\phi_k}) e^{j\omega t}\right)
\end{aligned}
$$

그리고

$$x(t) = A\cos(\omega t + \phi) = Re\left(A e^{j\phi} e^{j\omega t}\right)$$

따라서

$$A e^{j\phi} = \sum_{k=1}^{n} A_k e^{j\phi_k}$$

이를 정리하면 다음과 같다.

정현파들의 합의 페이저는 각각의 정현파들의 페이저의 합이다.

따라서 페이저를 이용한 정현파들의 합을 구하는 과정을 요약하면 다음과 같다.

■ 페이저를 이용하여 정현파들의 합을 구하는 과정

1. $x(t) = \sum_{k=1}^{n} x_k(t) = \sum_{k=1}^{n} A_k \cos(\omega t + \phi_k)$ 에서
   각 정현파들의 페이저를 구한다.
   $\boldsymbol{X_1} = A_1 e^{j\phi_1}$, $\boldsymbol{X_2} = A_2 e^{j\phi_2}$, $\cdots$, $\boldsymbol{X_n} = A_n e^{j\phi_n}$
2. 각 페이저를 모두 직교 좌표형으로 변환하여 더한다.
   $\boldsymbol{X_1} = u_1 + jv_1$, $\boldsymbol{X_2} = u_2 + jv_2$, $\cdots$, $\boldsymbol{X_n} = u_n + jv_n$
   $$\boldsymbol{X} = \sum_{k=1}^{n} \boldsymbol{X_k} = \sum_{k=1}^{n} u_k + j\sum_{k=1}^{n} v_k = u + jv$$
3. 더한 결과를 다시 지수형 복소수로 변환한다.
   $\boldsymbol{X} = u + jv = Ae^{j\phi}$
4. $x(t) = Re\left(Xe^{j\omega t}\right)$를 구한다.

이 외에도 페이저를 이용하면 정현파들의 미적분의 계산도 간단히 할 수 있으며 이것은 7장 및 8장에서 다루게 된다.

예제 4.9

$x_1(t) = 2\cos\left(10\pi t + \frac{\pi}{3}\right)$, $x_2(t) = 2\cos\left(10\pi t + \frac{\pi}{4}\right)$일 때 $x(t) = x_1(t) + x_2(t)$를 페이저를 이용하여 구하여라.

풀이 1. 각 정현파들의 페이저를 구한다.

$$\boldsymbol{X_1} = A_1 e^{j\phi_1} = 2e^{j\frac{\pi}{3}}$$

$$\boldsymbol{X_2} = A_2 e^{j\phi_2} = 2e^{j\frac{\pi}{4}}$$

2. 각 페이저를 모두 직교 좌표형으로 변환하여 더한다.

$$\boldsymbol{X}_1 = 1 + j1.7321$$

$$\boldsymbol{X}_2 = 1.4142 + j1.4142$$

$$\boldsymbol{X} = \boldsymbol{X}_1 + \boldsymbol{X}_2 = (1 + 1.4142) + j(1.7321 + 1.4142) = 2.4142 + j3.1436$$

3. X를 다시 지수형으로 변환한다.

$$\boldsymbol{X} = 3.9637e^{j0.9159} = 3.9637e^{j0.2915\pi}$$

4. 따라서 $x(t) = Re\left(3.9637e^{j10\pi t}e^{j0.2915\pi}\right) = 3.9637\cos(10\pi t + 0.2915\pi)$

■

익힘문제 4.11

$x_1(t) = 2\cos\left(20\pi t + \frac{\pi}{6}\right)$, $x_2(t) = -5\cos\left(20\pi t - \frac{\pi}{5}\right)$, $x_3(t) = 7\cos\left(20\pi t + \frac{\pi}{12}\right)$이다. $x(t) = x_1(t) + x_2(t) + x_3(t)$를 페이저를 이용하여 구하여라.

연습문제 4.5 Exercises

1. 다음 정현파들의 페이저를 구하여라.

1) $i(t) = 10\sin\left(\omega t + \frac{\pi}{5}\right)$　　2) $v(t) = 27\cos(\omega t - 30°)$

3) $x(t) = 5\sin(\omega t - 50°)$

2. 다음 페이저의 정현파를 구하여라.

1) $\boldsymbol{V} = 12e^{j30°}$　　2) $\boldsymbol{I} = 7 + j9$

3) $\boldsymbol{I} = 6 - j2$　　4) $\boldsymbol{V} = 12e^{j225°}$

3. 페이저를 이용하여 $3\sin(\omega t + 28°) + 4\cos(\omega t - 71°)$를 구하여 $A\cos(\omega t + \phi)$ 꼴로 나타내어라.

4. 페이저가 다음과 같이 주어졌을 때 정현파를 구하여라.

$$V = \frac{(6+j3)e^{-j\frac{5\pi}{4}}}{2-j6}$$

5. $v_1(t) = 20\cos(\omega t + 130°)$, $v_2(t) = 30\cos(\omega t - 10°)$ 일 때 $v_1(t) - v_2(t)$ 를 $A\cos(\omega t + \phi)$ 꼴로 나타내어라.

4.7 드 므와브르의 정리

다음 정리는 복소수 이론에서 중요한 결과 중의 하나이다.

■ **드 므와브르의 정리(De Moivre's theorem)**

$$(\cos\theta + j\sin\theta)^n = \cos n\theta + j\sin n\theta \quad (\text{단, } n \text{은 정수})$$

이 정리의 증명은 수학적 귀납법을 이용 할 수 있지만 오일러의 공식을 이용하면 더욱 더 간단하게 증명할 수 있으며 n이 정수뿐만 아니라 유리수에서도 성립함을 알 수 있다. 즉 $e^{j\theta} = \cos\theta + j\sin\theta$ 이므로

$$(\cos\theta + j\sin\theta)^n = (e^{j\theta})^n = e^{jn\theta} = \cos n\theta + j\sin n\theta$$

가 된다. 따라서

■ **유리수에 대한 드 므와브르 정리**

$n = \frac{q}{p}$ (p, q는 정수, $p \neq 0$)일 때

$$(\cos\theta + j\sin\theta)^{\frac{q}{p}} = \cos\frac{q}{p}\theta + j\sin\frac{q}{p}\theta$$

> **보기**
>
> $\sqrt[5]{\cos\theta + j\sin\theta} = (\cos\theta + j\sin\theta)^{\frac{1}{5}} = \cos\frac{\theta}{5} + j\sin\frac{\theta}{5}$ 가 된다.

드 므와브르의 정리를 이용하면 복소수의 제곱근을 쉽게 구할 수 있으며 그 과정은 다음과 같다.

■ **$z^n = c$ (n은 정수, c는 복소수)에서 z를 구하는 과정**

1. $z = re^{j\theta}$ 에서 $z^n = r^n e^{jn\theta}$, 그리고 $c = |c|e^{j\phi}$ 로 둔다.
2. $1 = e^{j2\pi l}$ (l은 정수)이므로 $c = |c|e^{j\phi} = |c|e^{j\phi}e^{j2\pi l}$ 로 둘 수 있다.
3. $z^n = c$ 에서 $r^n e^{jn\theta} = |c|e^{j\phi}e^{j2\pi l}$ 로 두어 각각 절댓값과 편각에 대해서 방정식을 푼다.
4. 절댓값은 $|c|$ 의 n 제곱근이다. 즉, $r = |c|^{\frac{1}{n}}$
5. 편각은 n 개의 다른 해가 나온다.

$$n\theta = \phi + 2\pi l, \quad l = 0, 1, \cdots, n-1$$

$$\theta = \frac{\phi + 2\pi l}{n} = \frac{\phi}{n} + \frac{2\pi l}{n}$$

6. 절댓값은 같지만 n 개의 다른 편각을 가진 해를 구할 수 있다.

예제 4.10

$z^3 = 1$ 을 풀어라.

풀이 위의 과정을 따르면 $n = 3, c = 1$ 이므로

$r^3 e^{j3\theta} = e^{j2\pi l}$ 가 되고

여기서 $r = 1,\ 3\theta = 2\pi l \ \Rightarrow\ \theta = \frac{2\pi}{3}l, \quad l = 0, 1, 2$

따라서

$z = 1,\ e^{j\frac{2\pi}{3}},\ e^{j\frac{4\pi}{3}}$

을 얻는다.

익힘문제 4.12

다음에서 z 를 구하여라.

1) $z^2 = j$　　2) $z^5 = -1$　　3) $z^4 = -j$

연습문제 4.6 Exercises

1. 다음 복소수를 지수형으로 나타내어라.

1) $(\sqrt{3} - j)^{\frac{1}{4}}$　　2) $(j8)^{\frac{1}{3}}$

3) $(3 - j3)^{-\frac{2}{3}}$　　4) $(-1)^{\frac{1}{4}}$

2. 다음 방정식을 풀어라.

1)$z^3 = -1$　　2) $z^4 = 1 - j$

3) $z^3 = -1 + j$　　4) $z^4 = j$

3. $\cos 2\theta = \cos^2\theta - \sin^2\theta$ 와 $\sin 2\theta = 2\cos\theta\sin\theta$ 가 성립함을 복소수를 이용하여 증명하여라.

4. $\cos 3\theta = 4\cos^3\theta - 3\cos\theta$ 와 $\sin 3\theta = 3\sin\theta - 4\sin^3\theta$ 가 성립함을 복소수를 이용하여 증명하여라.

5. 다음을 간단히 하여라.

1) $(\sqrt{2}(1 + j))^{100}$

2) $(\cos 7\theta + j\sin 7\theta)(\cos 8\theta - j\sin 8\theta)$

3) $\dfrac{\cos 7\theta + j\sin 7\theta}{\cos 8\theta - j\sin 8\theta}$

4) $(\cos 7\theta + j\sin 7\theta)(j\cos 8\theta + \sin 8\theta)$

Chapter 05 함수의 극한과 연속

공학에서 아주 중요한 위치를 차지하고 있는 미분과 적분을 정의하기 위해서는 함수의 극한과 연속의 개념이 필요하다. 즉 미분이 존재하기 위해서 함수는 연속이 되어야 하고 극한값을 가져야 한다. 제5장에서는 이러한 개념들을 소개하고자 한다.

5.1 함수의 극한

1. 극한의 개념

함수 $f(x)=x^2$ 에서, x 가 2 로 가까이 다가갈 때의 함수값 $f(x)$ 에 대하여 고려해 보자.

x	$f(x)$	x	$f(x)$
1.5	2.25	2.5	6.25
1.8	3.24	2.2	4.84
1.95	3.8025	2.05	4.2025
1.96	3.8416	2.04	4.1616
1.99	3.9601	2.01	4.0401
1.998	3.992004	2.001	4.004001

위의 표에서 알 수 있듯이, x 가 2 로 가까이 다가갈 때, 함수값 $f(x)=x^2$ 는 4 로 다가감을 알 수 있다. 이를 다음과 같이 표기하자.

$$x \to 2 \text{ 이면 } f(x) \to 4 \quad \text{또는} \quad \lim_{x \to 2} f(x) = 4$$

일반적으로 함수의 극한은 다음과 같이 표기한다.

■ **함수의 극한**

x가 a로 가까이 다가갈 때, $f(x)$의 극한은 L $(-\infty < L < \infty)$이다 :

$$\lim_{x \to a} f(x) = L$$

여기서 주의해야 할 점은 x가 a로 가까이 다가간다는 말은 $x \neq a$임을 뜻한다는 것이다. 함수의 극한이 존재하지 않을 때, 함수는 발산한다고 한다.

예제 5.1

다음 함수의 그래프에서 $\lim_{x \to a} f(x)$를 예상하여라.

1)

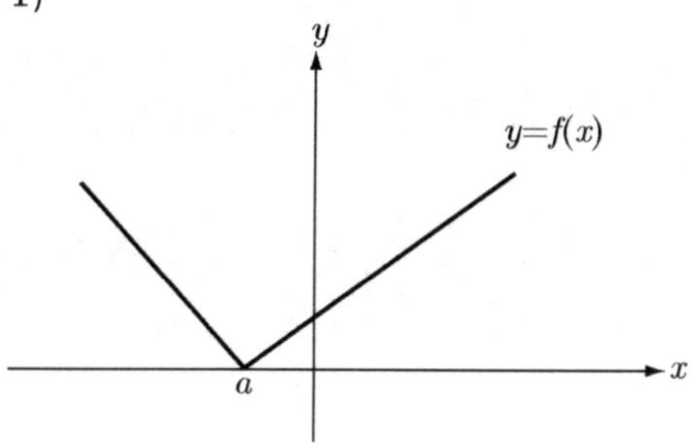

2)

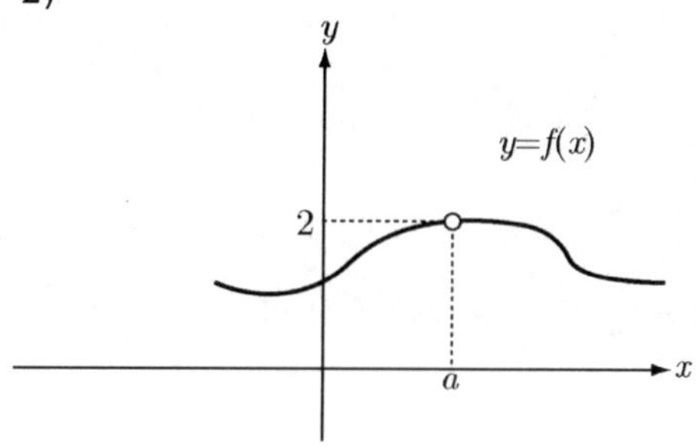

3)

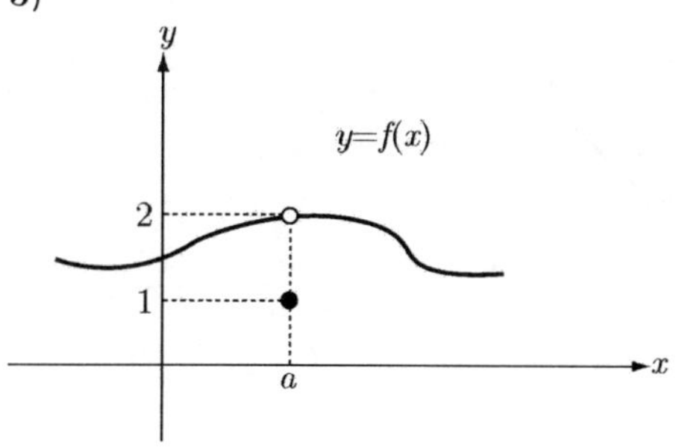

4)

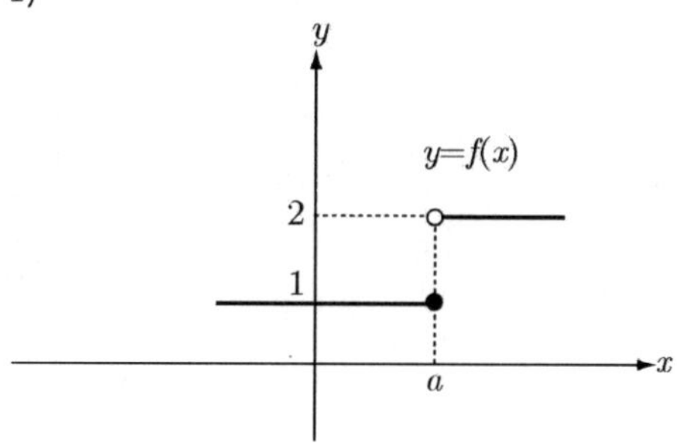

풀이 1) $\lim_{x \to a} f(x) = 0$　　2) $\lim_{x \to a} f(x) = 2$

3) $\lim_{x \to a} f(x) = 2$　　4) $\lim_{x \to a} f(x)$는 존재하지 않는다.

■

예제 5.2

$\lim_{x \to 1}(x+2)$ 를 예상하여라.

풀이 함수 $f(x) = x+1$ 의 그래프를 그리면,

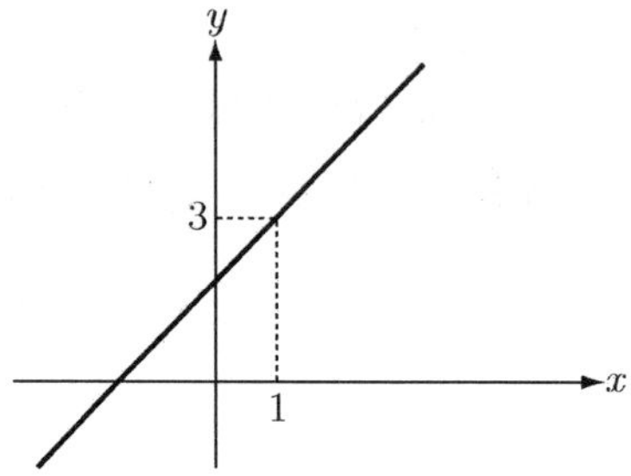

이므로, $\lim_{x \to 1}(x+2) = 3$ 이다.

예제 5.3

$\lim_{x \to 2}\dfrac{x^2-4}{x-2}$ 를 예상하여라.

풀이 함수 $f(x) = \dfrac{x^2-4}{x-2} = x+2 \ (x \neq 2)$ 이므로, 그래프를 그리면

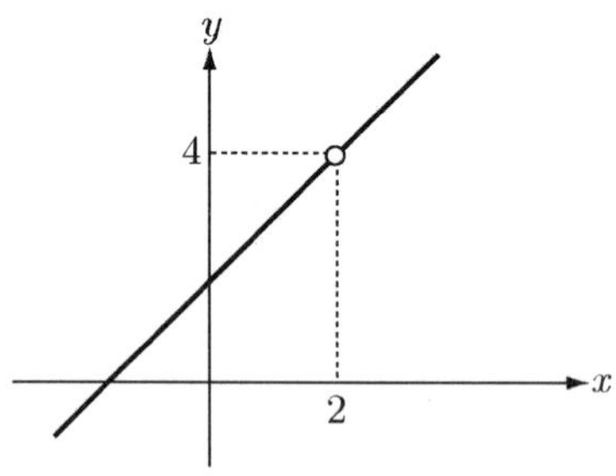

이므로, $\lim_{x \to 2}\dfrac{x^2-4}{x-2} = 4$ 이다.

익힘문제 2.1

다음 극한을 예상하여라.

1) $\lim_{x \to 0}(x^2+2x)$ 2) $\lim_{x \to 0}\sin x$

2. 한쪽 극한

x가 0으로 가까이 다가갈 때, 최대정수함수 $y=[x]$의 극한을 고려해보자.

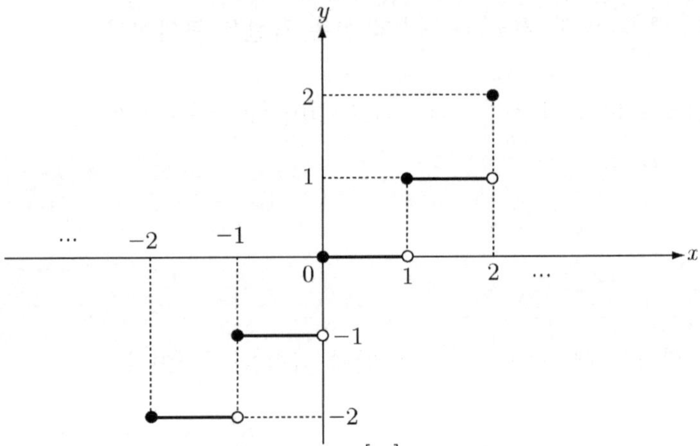

[그림 5.1] $y=[x]$ **의 그래프**

[그림 5.1]에서 알 수 있듯이 x가 0으로 접근하는 방법은 두 가지가 있다. 즉, 0의 오른 쪽($x>0$)에서 다가가는 방법과 0의 왼 쪽($x<0$)에서 다가가는 방법이 있다. 다시 한 번, x가 0으로 접근한다는 것은 $x \neq 0$임을 상기하자. 이런 두 가지 접근 방법에 대한 각각의 극한을 **한쪽 극한**이라 하고 다음과 같이 표기하자.

보기

0의 오른 쪽($x>0$)에서 다가갈 때, $\lim_{x \to 0^+}[x]$로 쓰고 $[x]$의 우극한이라 한다.

0의 왼 쪽($x>0$)에서 다가갈 때, $\lim_{x \to 0^-}[x]$로 쓰고$[x]$의 좌극한이라 한다.

일반적으로 한쪽 극한을 다음과 같이 표기한다.

■ **한쪽 극한**

함수 $y=f(x)$ 에서, x 가 a 로 접근할 때,

1. $x>a$ 인 경우, $x \to a^+$ 로 표기하고 $\lim_{x \to a^+} f(x)$ 를 **우극한**이라고 부른다.
2. $x<a$ 인 경우, $x \to a^-$ 로 표기하고 $\lim_{x \to a^-} f(x)$ 를 **좌극한**이라고 부른다.

예제 5.4

x 가 0 으로 다가갈 때, $f(x)=[x]$ 의 한쪽 극한을 구하여라.

풀이 [그림 5.1]에 의하여, $\lim_{x \to 0^+} [x]=0$ 이고 $\lim_{x \to 0^-} [x]=-1$ 이다.

■

예제 5.5

x 가 0 으로 다가갈 때, $f(x)=|x|$ 의 한쪽 극한을 구하여라.

풀이 [그림 1.9]에 의하여, $\lim_{x \to 0^+} |x|=0$ 이고 $\lim_{x \to 0^-} |x|=0$ 이다.

■

익힘문제 5.2

x 가 0 으로 다가갈 때, 다음 함수의 한쪽 극한을 예상하여라.

1) $f(x)=x^2$　　　　2) $\dfrac{|x|}{x}$

3. 무한 극한, 무한대에서의 극한

함수 $f(x)=\dfrac{1}{x^2}$에서 $x\to 0$일 때의 극한을 생각해보자. 그래프를 그려보면, x가 0으로 가까이 다가갈수록, 함숫값 $f(x)$가 한없이 커짐을 알 수 있다.

이때, $\lim_{x\to 0}\dfrac{1}{x^2}=\infty$으로 표시하고 이를 **무한 극한**이라고 부른다.

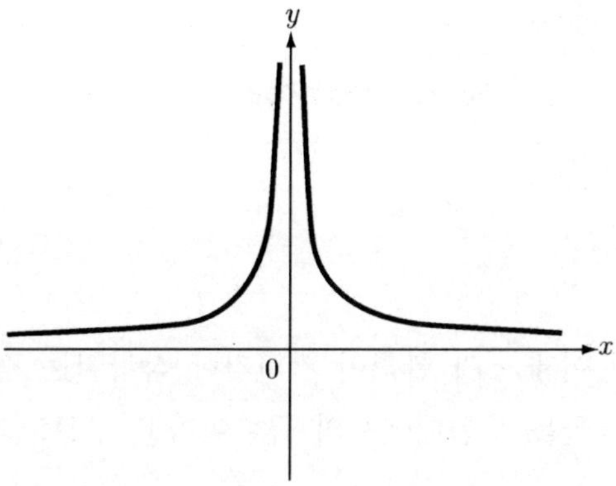

[그림 5.2] 함수 $y=\dfrac{1}{x^2}$의 그래프

■ **무한 극한**

$\lim_{x\to a}f(x)=\infty$ (또는 $-\infty$)일 때, 함수 $f(x)$는 a에서 **무한 극한**을 갖는다고 한다.

여기서 ∞ 또는 $-\infty$는 한없이 커지거나 한없이 작아지는 상태를 나타내므로 ∞와 $-\infty$는 실수가 아님을 유의하자.

예제 5.6

$\lim_{x\to 0}\left(-\dfrac{1}{x^2}\right)$를 예상하여라.

풀이 함수 $f(x)=-\dfrac{1}{x^2}$의 그래프를 그려보면 이므로 $\lim_{x\to 0}\left(-\dfrac{1}{x^2}\right)=-\infty$임을 알 수 있다.

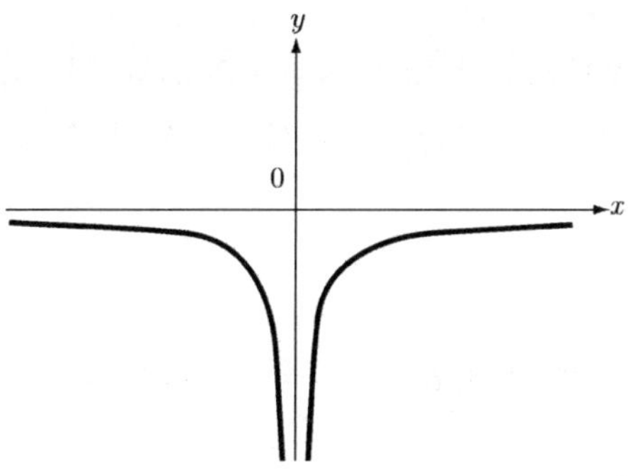

■

익힘문제 5.3

다음 극한을 예상하여라.

1) $\lim_{x \to 0^+} \frac{1}{x}$ 2) $\lim_{x \to 0^-} \frac{1}{x}$

이제 x가 한없이 커지거나 작아지는 경우 함수 $f(x)$의 극한을 고려해보자. 이때의 극한을 무한대에서의 극한이라고 부르고 다음과 같이 표기한다.

■ **무한대에서의 극한**

$$\lim_{x \to \infty} f(x) \quad \text{또는} \quad \lim_{x \to -\infty} f(x)$$

예제 5.7

$\lim_{x \to \infty} \left(\frac{1}{x^2} \right)$를 예상하여라.

풀이 위의 그래프에 의해 $\lim_{x \to \infty} \left(\frac{1}{x^2} \right) = 0$ 임을 알 수 있다.

■

예제 5.8

$\lim_{x \to \infty} \sin x$를 예상하여라.

풀이 [그림 2.6]의 $\sin x$의 그래프를 참고하면 x가 한없이 커지면, $\sin x$의 값이 -1과 1 사이를 움직이는 것을 알 수 있다. 이 때, $\lim_{x \to \infty} \sin x$는 진동한다고 한다.

■

익힘문제 5.4

1) $\lim_{x \to +\infty} \frac{1}{x}$ 2) $\lim_{x \to -\infty} \frac{1}{x}$ 3) $\lim_{x \to \infty} \sqrt{x}$

4. 극한의 성질

극한은 다음과 같은 성질을 가진다.

■ 극한의 성질

$\lim_{x \to a} f(x) = L$ 이고 $\lim_{x \to a} g(x) = M$ 이라 하자. (단, L, M은 실수)

1. $\lim_{x \to a}(f(x) \pm g(x)) = L \pm M$
2. $\lim_{x \to a}(Cf(x)) = CL$ (단, C는 임의의 상수)
3. $\lim_{x \to a}(f(x)g(x)) = LM$
4. $\lim_{x \to a}\frac{f(x)}{g(x)} = \frac{L}{M}$ (단, $M \neq 0$)

위의 성질에서 L과 M이 무한 극한일 경우 성립하는 경우도 있다. 즉

$$\infty + \infty = \infty, \quad -\infty - \infty = -\infty, \quad C \cdot \infty = \begin{cases} +\infty, & C > 0 \\ 0, & C = 0 \\ -\infty, & C < 0 \end{cases}$$

그러나 $\infty - \infty$ 와 $\frac{\infty}{\infty}$ 는 정의되지 않음에 유의하자.

예제 5.9

$\lim_{x \to 2}(x^2 + \sqrt{x})$ 를 예상하여라.

풀이 극한의 성질에 의하여,

$$\lim_{x \to 2}(x^2 + \sqrt{x}) = \lim_{x \to 2} x^2 + \lim_{x \to 2} \sqrt{x} = 4 + \sqrt{2}$$

■

예제 5.10

$\lim_{x \to 0} \sin x \tan x$ 를 예상하여라.

풀이 극한의 성질에 의하여,

$$\lim_{x \to 0} \sin x \tan x = \lim_{x \to 0} \sin x \lim_{x \to 0} \tan x = 0 \cdot 0 = 0$$

■

예제 5.11

$\lim_{x \to a} x^n = a^n \ (n = 0, 1, 2, , \cdots)$임을 예상하여라.

풀이 극한의 성질에 의하여,

$$\lim_{x \to 0} x^2 = \lim_{x \to 0} x \lim_{x \to 0} x = aa = a^2$$

$$\lim_{x \to 0} x^3 = \lim_{x \to 0} x^2 \lim_{x \to 0} x = a^2 a = a^3$$

$$\vdots$$

이므로

$$\lim_{x \to a} x^n = a^n (n = 0, 1, 2, \cdots)$$

임을 알 수 있다.

■

계속해서 극한의 성질을 알아보자.

■ **극한의 대소관계**

a 에 가까이에 있는 x 에 대하여, $f(x) \leq g(x)$ 이면

$$\lim_{x \to a} f(x) \leq \lim_{x \to a} g(x)$$

를 만족한다.

위의 성질을 이용하면 극한을 구할 때 자주 이용되는 다음의 정리를 얻을 수 있다. 이 정리를 **스퀴즈 정리** 또는 **압축 정리**라고 부른다.

■ **압축정리(squeeze theorem)**

a 에 가까이에 있는 x 에 대하여, $f(x) \le g(x) \le h(x)$ 이고

$\lim_{x \to a} f(x) = L = \lim_{x \to a} h(x)$ 이면, $\lim_{x \to a} g(x) = L$ 이다.

예제 5.12

$\lim_{x \to 0} \frac{\sin x}{x}$ 를 구하여라.

풀이 원점이 중심이고 반지름이 1인 원을 생각해보자. $x > 0$ 인 경우

삼각형 OAB 의 넓이 < 부채꼴 OAB 의 넓이< 삼각형 OBC 의 넓이

의 관계를 갖는다. 여기서

삼각형 OAB 의 넓이$=\frac{1}{2}\overline{OA} \cdot \overline{OB}\sin x = \frac{1}{2}\sin x$

부채꼴 OAB의 넓이$=\frac{1}{2}\overline{OA}^2 x = \frac{1}{2}x$

삼각형 OBC의 넓이$=\frac{1}{2}\overline{OB} \cdot \overline{BC} = \frac{1}{2}\overline{BC} = \frac{1}{2}\tan x = \frac{1}{2}\frac{\sin x}{\cos x}$

이므로,

$$\frac{1}{2}\sin x < \frac{1}{2}x < \frac{1}{2}\frac{\sin x}{\cos x}$$

을 얻는다. 변변의 역수를 취한 다음 $\sin x$ 를 곱해주면

$$\cos x < \frac{\sin x}{x} < 1$$

을 얻으므로 변변에 극한을 취해주면

$$\lim_{x \to 0^+} \cos x < \lim_{x \to 0^+} \frac{\sin x}{x} < 1$$

을 얻는다. 따라서 압축정리에 의하여

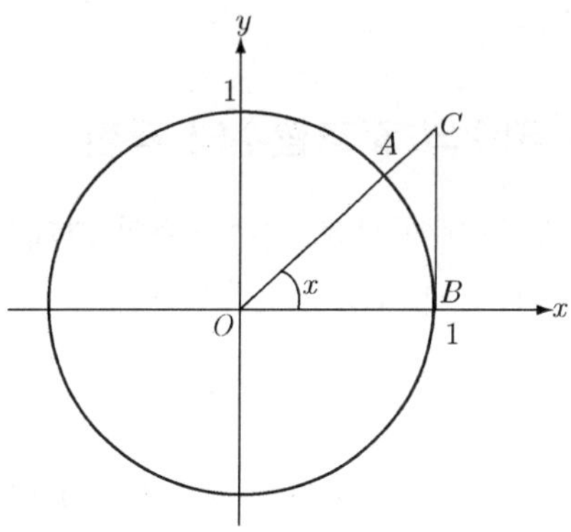

$$\lim_{x \to 0^+} \frac{\sin x}{x} = 1$$

을 얻을 수 있다. $x < 0$ 인 경우는 독자에게 맡긴다.

■

예제 5.13

$\lim_{x \to 0} \frac{1 - \cos x}{x}$ 를 구하여라.

풀이 $\frac{1 - \cos x}{x} = \frac{1 - \cos^2 x}{x(1 + \cos x)} = \frac{\sin^2 x}{x(1 + \cos x)}$ 이므로,

$$\lim_{x \to 0} \frac{1 - \cos x}{x} = \lim_{x \to 0} \frac{\sin^2 x}{x(1 + \cos x)} = \lim_{x \to 0} \frac{\sin^2 x}{x^2} \lim_{x \to 0} \frac{x}{1 + \cos x}$$

을 얻는다. 이제 예제 5.12를 이용하면,

$$\lim_{x \to 0} \frac{1 - \cos x}{x} = \lim_{x \to 0} \frac{\sin^2 x}{x^2} \lim_{x \to 0} \frac{x}{1 + \cos x} = 1 \cdot 0 = 0$$

을 얻을 수 있다.

■

익힘문제 5.5

다음 극한을 구하여라.

1) $\lim_{x \to 0} \frac{\tan x}{x}$ 2) $\lim_{x \to 0} x \sin \frac{1}{x}$ 3) $\lim_{x \to \infty} \frac{\sin x}{x}$

5. 지수와 로그함수의 극한

제1장에서 배운 지수함수의 그래프에 대하여 다시 생각해보자. [그림 1.13]에 의하여, 지수함수에 대한 다음 극한을 얻을 수 있다.

$$a > 1 \ : \ \lim_{x \to \infty} a^x = \infty, \ \lim_{x \to -\infty} a^x = 0$$

$$0 < a < 1 \ : \ \lim_{x \to \infty} a^x = 0, \ \lim_{x \to -\infty} a^x = \infty$$

또한 [그림 1.14]를 이용하면 로그함수에 대하여 다음의 극한을 쉽게 추정할 수 있다.

$$a > 1 \ : \ \lim_{x \to \infty} \log_a x = \infty \ , \ \lim_{x \to 0^+} \log_a x = -\infty$$

$$0 < a < 1 \ : \ \lim_{x \to \infty} \log_a x = -\infty \ , \ \lim_{x \to 0^+} \log_a x = \infty$$

이제 1.2절에서 소개한 오일러 상수 e 의 정확한 정의에 대하여 알아보자. 오일러 상수 e 는 특정한 함수의 극한으로부터 나온다.

■ 오일러 상수 e 의 정의

오일러 상수 e 는 다음을 만족하는 수이다.

$$e = \lim_{x \to 0} (1 + x)^{1/x}$$

컴퓨터를 이용하면 $e \fallingdotseq 2.7182$ 의 근삿값을 가짐을 알 수 있다.

연습문제 5.1 Exercises

1. 다음 그래프를 보고 주어진 극한을 예상하여라.

1) $\lim_{x \to -\infty} f(x)$ 2) $\lim_{x \to 2} f(x)$

3) $\lim_{x \to 3} f(x)$ 4) $\lim_{x \to \infty} f(x)$

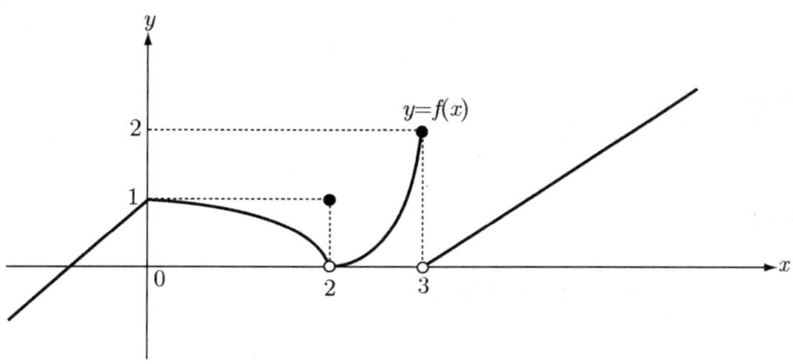

2. 다음 극한을 예상하여라.

1) $\lim_{x \to 0} \cos x$ 2) $\lim_{x \to 0} \tan x$ 3) $\lim_{x \to 0} e^x$

4) $\lim_{x \to 0^+} \ln x$ 5) $\lim_{x \to 1^+} [x]$ 6) $\lim_{x \to 1^-} [x]$

7) $\lim_{x \to \frac{\pi}{2}^+} \tan x$ 8) $\lim_{x \to \infty} \cos x$ 9) $\lim_{x \to \left(\frac{\pi}{2}\right)^-} \sin x$

10) $\lim_{x \to 0} \log_{\frac{1}{2}} x$ 11) $\lim_{x \to n^-} [x]$ (단, n은 정수)

12) $\lim_{x \to 1^+} \frac{x^2-9}{x-3}$ 13) $\lim_{x \to 0} \frac{x}{|x|}$

14) $\lim_{x \to 4} \frac{\sqrt{x}-2}{x-4}$ 15) $\lim_{x \to 3} \frac{x-3}{\sqrt{x^2-5}-2}$

16) $\lim_{x \to -3} \frac{2-\sqrt{x^2-5}}{x+3}$ 17) $\lim_{x \to 2} \frac{x^2-7x+10}{x-2}$

18) $\lim_{x \to -1} \frac{x^2+3x+2}{x^2-x-2}$ 19) $\lim_{x \to \infty} \frac{\cos x}{x}$

20) $\lim_{x \to 0} \frac{x}{\sin x}$ 21) $\lim_{x \to 0} \frac{2x}{\sin 3x}$

22) $\lim_{x \to 0} \frac{x}{\cos 4x}$ 23) $\lim_{x \to 0} \frac{\sin x}{\sin 3x}$

24) $\lim_{x \to 0} \frac{\tan x}{\sin 3x}$ 25) $\lim_{x \to \infty} e^{-x} \sin x$

26) $\lim_{x \to -\infty} \frac{e^x - e^{-x}}{e^x + e^{-x}}$

5.2 함수의 연속

1. 연속의 개념

함수의 연속성은 다음과 같이 정의한다.

■ **함수의 연속**

함수 $y=f(x)$가 $x=a$에서 **연속(continuous)**이려면 다음 세 가지 조건을 만족해야 한다.

1. $\lim_{x \to a} f(x)$가 존재
2. $f(a)$가 정의
3. $\lim_{x \to a} f(x) = f(a)$

함수 $y=f(x)$가 $x=a$에서 연속이 아닐 때 $x=a$에서 **불연속(discontinuous)**이라 한다. 또한 $x=a$에서 함수 $y=f(x)$가 구간 I에서 연속이라 함은 I의 모든 점에서 연속일 때이다. 이때 함수 $y=f(x)$를 구간 I에서 연속함수라 한다. 연속함수는 그래프가 끊어지지 않고 그려진다.

예제 5.14

$y=x+2$는 연속함수이다.

풀이 예제 5.2에 의하여 $y=x+2$의 그래프는 끊어지지 않고 그려진다. 따라서 $y=x+2$는 연속함수라 할 수 있다.

■

예제 5.15

$y=\frac{1}{x^2}$는 $x \neq 0$인 실수에서 연속함수이다.

풀이 $y=\frac{1}{x^2}$의 그래프는 앞에 주어져 있다. 유의해야 할 점은 $y=\frac{1}{x^2}$은 유리함수이므로 분모를 0으로 하지 않는 x들이 이 함수의 정의역이 된다. 즉, $y=\frac{1}{x^2}$의 정의역을 0을 제외한 모든 실수이고, 정의역에서 그래프가 끊어지지 않고 그려졌으므로 연속함수라 할 수 있다.

■

예제 5.16

$y=[x]$ 는 정수에서 연속함수가 아니다.

풀이 $y=[x]$ 의 그래프는 모든 정수에서 끊어져서 그려지므로 연속함수가 아니다. $y=[x]$ 의 자세한 그래프는 독자에게 맡긴다.

■

익힘문제 5.6

$$f(x)=\begin{cases} x\sin\dfrac{1}{x}, & x\neq 0 \\ 0, & x=0 \end{cases}$$ 은 연속함수이다.

2. 연속의 성질

연속함수는 다음 성질을 만족한다.

■ **연속함수의 성질**

함수 f 와 g 가 구간 I 에서 연속이면

$$Cf\,(C\text{는 상수}),\ f\pm g,\ fg,\ \frac{f}{g}$$

도 연속함수이다.

예제 5.17

$\sin x+\cos x$ 는 연속함수이다.

풀이 $\sin x$ 와 $\cos x$ 는 각각 연속함수이므로 그 합도 연속함수이다.

■

다음은 합성함수의 연속성에 대한 성질이다.

■ **합성함수의 연속**

1. 함수 f가 $x=a$에서 연속이고 함수 g가 $x=f(a)$에서 연속이면 $g \circ f$는 $x=a$에서 연속이다.
2. $\lim_{x \to a} f(x) = L$이고 함수 g가 $x=f(a)$에서 연속이면

$$\lim_{x \to a} (g \circ f)(x) = g\left(\lim_{x \to a} f(x)\right) = g(L)$$

을 만족한다.

예제 5.18

$\lim_{x \to 0} e^x$을 구하여라.

풀이 e^x은 연속함수이므로 $\lim_{x \to 0} e^x = e^{\lim_{x \to 0} x} = e^0 = 1$을 얻을 수 있다. ■

예제 5.19

$\lim_{x \to 0} \sin(x^2+x)$을 구하여라.

풀이 $\sin x$은 연속함수이므로 $\lim_{x \to 0} \sin(x^2+x) = \sin\left(\lim_{x \to 0} (x^2+x)\right) = \sin 0 = 0$을 얻을 수 있다. ■

연습문제 5.2 Exercises

1. 그래프를 이용하여 다음 함수들이 각각의 정의역에서 연속인지 아닌지 말하여라.

1) $|x|$　　2) $\sqrt{x}$　　3) $\dfrac{x^2-4}{x-2}$

4) $\tan x$　　5) $\dfrac{|x|}{x}$　　6) $\ln x$

7) $\sqrt{x^2-1}$　　8) $\sec x$　　9) $\cosh x$

10) $\log_{\frac{1}{2}}(x-1)$

2. 함수의 연속성을 이용하여 다음 극한을 구하여라.

1) $\lim_{x \to 0} \ln(x^2+1)$　　2) $\lim_{x \to 0} \log_2(x+1)$　　3) $\lim_{x \to 0} \cos(x^2+x)$

4) $\lim_{x \to 0} e^{x+1}$　　5) $\lim_{x \to 0} 3^{x-1}$　　6) $\lim_{x \to \pi} \tan(x-\pi)$

7) $\lim_{x \to 0} \cos(x^2+\pi)$　　8) $\lim_{x \to 0} \sin^{-1}(x^2+x)$

9) $\lim_{x \to 0} \cos^{-1}(x^2+x)$　　10) $\lim_{x \to 0} \sinh(x^2+x)$

3. 다음 주어진 함수가 연속이 되도록 상수 A, B를 정하여라.

1) $f(x) = \begin{cases} x^2-1, & x < 3 \\ 2Ax, & x \geq 3 \end{cases}$

2) $g(x) = \begin{cases} x, & x < -2 \\ Bx^2, & x \geq -2 \end{cases}$

3) $h(x) = \begin{cases} \dfrac{x^2-A}{x-2}, & x \neq 2 \\ B, & x = 2 \end{cases}$

Chapter 06 수열과 급수

연속적인 신호를 주기적으로 측정한 값이라든지 컴퓨터가 수행해야 할 일련의 프로그램 등은 수열을 형성한다. 또한 공학적인 현상을 모형 화하는 방정식의 근사해를 구할 때도 수열은 발생한다. 한편 디지털 신호처리에서 많이 사용되는 z 변환은 무한급수의 한 예이다. 따라서 공학에서는 수열과 급수를 다룰 수 있는 기술이 절대적으로 요구된다. 제6장에서는 이러한 수열과 급수를 소개 한다.

6.1 수열의 극한

1. 수열

수열(sequence)은 자연수를 정의역으로 하는 함수이다. 예를 들어,

$$1,\ \frac{1}{2},\ \frac{1}{3},\ \frac{1}{4},\ \frac{1}{5},\ \cdots$$

를 생각해보자. 이를 자연수를 정의역으로 갖는 함수에 대응시켜보면

$$f(1)=1,\ f(2)=\frac{1}{2},\ f(3)=\frac{1}{3},\ f(4)=\frac{1}{4},\ f(5)=\frac{1}{5},\ \cdots$$

임을 알 수 있다. 즉, $f(n)=\frac{1}{n}$ 을 얻는다. 이로써, 수의 나열 $1,\ \frac{1}{2},\ \frac{1}{3},\ \frac{1}{4},\ \frac{1}{5},\ \cdots$ 은 함수 f 의 치역들을 나열한 것과 같다. 이제 $a_n = f(n) = \frac{1}{n}$ 이라고 표현하면,

$$a_1 = 1,\ a_2 = \frac{1}{2},\ a_3 = \frac{1}{3},\ a_4 = \frac{1}{4},\ a_5 = \frac{1}{5},\ \cdots$$

다시 말해, 수열은 정의역이 자연수인 함수이므로, 다음과 같이 수열을 정의할 수 있다.

수를 순서 있게 나열하는 규칙을 **수열**이라고 한다.

수열을 기호로 $\{a_n\}$ 또는 $\{a_1, a_2, a_3, \cdots\}$ 라고 표기하고 a_1 을 **초항**, a_n 을 수열의 **일반항**, $a_1, a_2, \cdots$ 를 수열 $\{a_n\}$ 의 항들이라 부르자.

예제 6.1

수열 $\{a_n\} = \sin\frac{n\pi}{2}$ 을 나열하여라.

풀이 $a_1 = \sin\frac{\pi}{2} = 1, a_2 = \sin\frac{2\pi}{2} = 0,\ a_3 = \sin\frac{3\pi}{2} = -1,\ a_4 = \sin\frac{4\pi}{2} = 0,$

$a_5 = \sin\frac{5\pi}{2} = 1,\ \cdots$

을 얻는다.

■

예제 6.2

수열 $\{a_n\} = (-1)^n n$ 을 나열하여라.

풀이 $a_1 = -1,\ a_2 = 1,\ a_3 = -1,\ a_4 = 1,\ a_5 = -1,\ \cdots$

을 얻는다.

■

예제 6.3

다음 수열의 일반항을 찾아라.

$$-1, \frac{1}{2}, -\frac{1}{3}, \frac{1}{4}, -\frac{1}{5}, \cdots$$

풀이 $a_1 = -1,\ a_2 = \frac{1}{2},\ a_3 = -\frac{1}{3},\ a_4 = \frac{1}{4},\ a_5 = -\frac{1}{5}, \cdots$ 이므로, $a_n = (-1)^n\frac{1}{n}$ 으로 표현할 수 있다.

■

익힘문제 6.1

다음 수열의 일반항을 구하여라.

1) $\cos\pi,\ \cos 2\pi,\ \cos 3\pi\ ,\cos 4\pi,\ \cos 5\pi,\ \cdots$

2) $1,\ -\frac{1}{4},\ \frac{1}{9},\ -\frac{1}{16},\ \frac{1}{25},\ \cdots$

3) $1,\ \frac{1}{2},\ \frac{1}{4},\ \frac{1}{8},\ \frac{1}{16},\cdots$

4) $1,\ \sqrt{2},\ \sqrt{3},\ 2,\ \sqrt{5},\ \sqrt{6},\ \cdots$

이제 자주 사용되는 수열을 소개한다.

일정한 수를 더하여 만들어진 수열을 **등차수열**이라고 한다. 이 일정한 수를 d라 하면

$$a_1,\ a_2 = a_1 + d,\ a_3 = a_2 + d,\ a_4 = a_3 + d,\ \cdots$$

이므로

$$a_1,\ a_2 = a_1 + d,\ a_3 = a_2 + d = a_1 + 2d,\ a_4 = a_3 + d = a_1 + 3d,\ \cdots$$

을 얻는다. 따라서 이 수열의 일반항 a_n은

$$a_n = a_1 + (n-1)d$$

임을 알 수 있다. 이 때, d를 **공차**라고 부른다.

■ **등차수열**

초항이 a이고 공차가 d인 등차수열의 일반항은 다음과 같다.

$$a_n = a + (n-1)d$$

예제 6.4

초항이 1이고 공차가 3인 수열의 일반항을 찾아라.

풀이 $a_1 = 1$ 이고 공차 $d = 3$ 이므로, $a_n = 1 + (n-1) \cdot 3 = 3n - 2$ 을 얻는다.

익힘문제 6.2

다음 등차수열의 일반항을 구하여라.

1) 초항 : −2, 공차 : −3

2) 초항 : 0, 공차 : $\frac{1}{2}$

3) 초항 : $\frac{1}{2}$, 공차 : $-\frac{1}{2}$

연속한 두 항의 비가 일정한 수열을 **등비수열**이라고 한다. 이 일정한 비를 r라 하면

$$a_1, \ \frac{a_2}{a_1}=r, \ \frac{a_3}{a_2}=r, \ \frac{a_4}{a_3}=r, \ \cdots$$

이므로

$$a_1, \ a_2=ra_1, \ a_3=ra_2=r^2a_1, \ a_4=ra_3=r^3a_1, \ \cdots$$

을 얻는다. 따라서 이 수열의 일반항 a_n은

$$a_n=r^{n-1}a_1$$

임을 쉽게 알 수 있다. 이 때, r을 **공비**라고 부른다.

■ **등비수열**

초항이 a이고 공비가 r인 등비수열의 일반항은 다음과 같다.

$$a_n=ar^{n-1}$$

예제 6.4

초항이 1이고 공비가 3인 수열의 일반항을 찾아라.

풀이 $a_1=1$이고 공비 $r=3$이므로, $a_n=3^{n-1}\cdot 1=3^{n-1}$을 얻는다.

익힘문제 6.3

다음 등비수열의 일반항을 구하여라.

1) 초항 : -2, 공비 : -3

2) 초항 : 0, 공비 : $\frac{1}{2}$

3) 초항 : $\frac{1}{2}$, 공비 : $-\frac{1}{2}$

2. 수열의 극한

수열 또한 함수이므로 극한을 고려해 볼 수 있다. 순서 있게 나열되어 있는 수열 $\{a_n\}$ 에서, 수열의 항들이 많이 나열될수록 어떤 값 $\ell(-\infty < \ell < \infty)$로 가까이 다가갈 때, 수열 $\{a_n\}$은 ℓ에 수렴한다고 하고 다음과 같이 표기한다.

■ **수열의 극한**

$$\lim_{n \to \infty} a_n = \ell \text{ 또는 } \lim a_n = \ell \text{ 또는 } a_n \to \ell$$

예제 6.5

$\lim_{n \to \infty} \frac{1}{n}$ 를 예상하여라.

풀이 $a_n = \frac{1}{n}$ 이라 하자. $\{a_n\}$의 그래프를 그려보면,

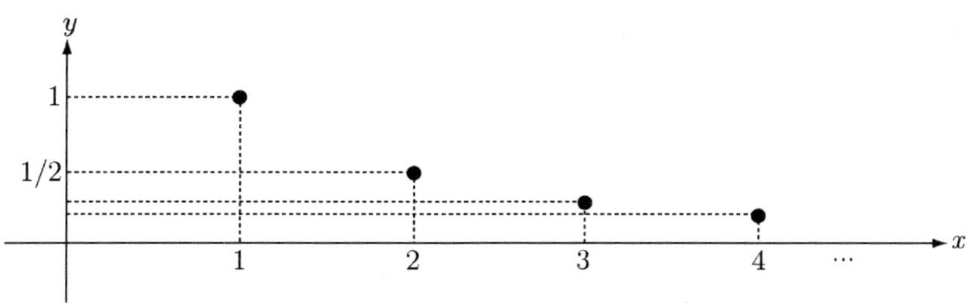

따라서 위의 그래프에 의하여 $\lim_{n \to \infty} \frac{1}{n} = 0$ 임을 알 수 있다.

■

예제 6.6

$\lim_{n \to \infty} n$를 예상하여라.

풀이 $a_n = n$ 이라 하자. $\{a_n\}$ 의 그래프를 그려보면,

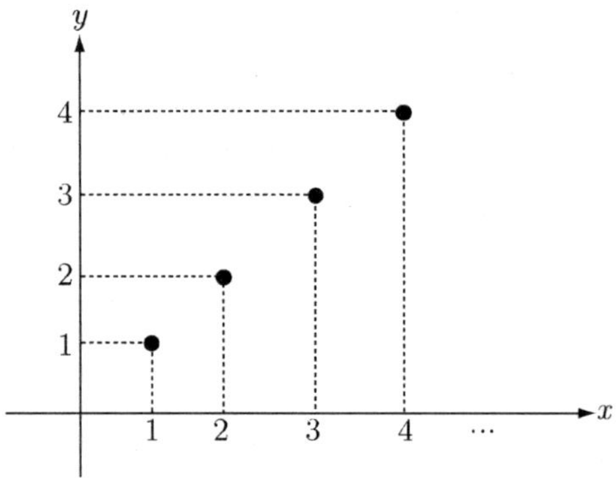

따라서 위의 그래프에 의하여 $\lim_{n \to \infty} n$ 은 발산함을 알 수 있다.

■

예제 6.7

$\lim_{n \to \infty} (-1)^{n+1}$ 를 예상하여라.

풀이 $a_n = (-1)^{n+1}$ 이라 하자. $\{a_n\}$ 의 그래프를 그려보면,

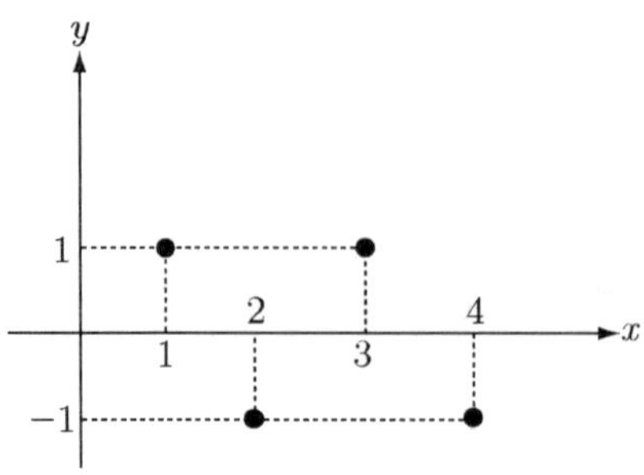

항이 계속 나열되어도 $\{a_n\}$은 1과 -1이 된다. 이런 경우 수열 $\{a_n\}$은 진동한다고 한다. (진동은 수렴하는 것이 아니다.)

■

익힘문제 6.4

다음 수열의 극한을 구하여라.

1) $\cos\pi,\ \cos 2\pi,\ \cos 3\pi,\ \cos 4\pi,\ \cos 5\pi,\ \cdots$

2) $1,\ -\frac{1}{4},\ \frac{1}{9},\ -\frac{1}{16},\ \frac{1}{25},\ \cdots$

3) $1,\ \frac{1}{2},\ \frac{1}{4},\ \frac{1}{8},\ \frac{1}{16},\ \cdots$

4) $1,\ \sqrt{2},\ \sqrt{3},\ 2,\ \sqrt{5},\ \sqrt{6},\ \cdots$

수열의 극한은 다음과 같은 성질을 가진다.

■ **수열의 극한의 성질**

$\lim_{n\to\infty} a_n = \ell_1$ 이고 $\lim_{n\to\infty} b_n = \ell_2$ 이라 하자. (단, ℓ_1, ℓ_2은 실수)

1. $\lim_{n\to\infty}(a_n \pm b_n) = \ell_1 \pm \ell_2$
2. $\lim_{n\to\infty}(Ca_n) = C\ell_1$ (단, C는 임의의 상수)
3. $\lim_{n\to\infty}(a_n b_n) = \ell_1 \ell_2$
4. $\lim_{n\to\infty}\frac{a_n}{b_n} = \frac{\ell_1}{\ell_2}$ (단, $\ell_2 \neq 0$)

예제 6.8

다음 수열의 극한을 구하여라.

1) $\lim_{n\to\infty}\frac{n-1}{2n-1}$　　2) $\lim_{n\to\infty}\frac{n-1}{2n^2-1}$　　3) $\lim_{n\to\infty}\frac{n^2-1}{2n-1}$

풀이

1) 예제 6.4에서 $\lim_{n\to\infty}\frac{1}{n}=0$ 임을 알고 있다. 따라서 분자와 분모를 n 으로 나눈 다음 극한의 성질을 이용하면

$$\lim_{n\to\infty}\frac{n-1}{2n-1}=\lim_{n\to\infty}\frac{1-1/n}{2-1/n}=\frac{1-\lim_{n\to\infty}(1/n)}{2-\lim_{n\to\infty}(1/n)}=\frac{1}{2}$$

을 얻을 수 있다.

2) 1)과 마찬가지 방법으로 분자와 분모를 n 으로 나눈 다음 극한의 성질과 예제 6.5를 이용하면

$$\lim_{n\to\infty}\frac{n-1}{2n^2-1}=\lim_{n\to\infty}\frac{1-1/n}{2n-1/n}=\frac{1-\lim_{n\to\infty}(1/n)}{2\lim_{n\to\infty}n-\lim_{n\to\infty}(1/n)}=0$$

을 얻을 수 있다.

3) 분자와 분모를 n^2 으로 나눈 다음 극한의 성질과 예제 6.4를 이용하면

$$\lim_{n\to\infty}\frac{n^2-1}{2n-1}=\lim_{n\to\infty}\frac{n-1/n}{2-1/n}=\frac{\lim_{n\to\infty}n-\lim_{n\to\infty}(1/n)}{2-\lim_{n\to\infty}(1/n)}=\infty$$

을 얻을 수 있다. ■

익힘문제 6.5

다음 수열의 극한을 구하여라.

1) $\lim_{n\to\infty}\frac{\sqrt{n}-1}{3\sqrt{n}-2}$

2) $\lim_{n\to\infty}\frac{n^2-1}{n^3-1}$

3) $\lim_{n\to\infty}\frac{2n-1}{\sqrt{n}-1}$

다음 정리는 수열의 극한을 구할 때 유용하다.

■ **압축정리**

충분히 큰 자연수 N 에 대하여 $n\geq N$ 이면 $a_n\leq b_n\leq c_n$ 을 만족하고 $\lim_{n\to\infty}a_n=\ell=\lim_{n\to\infty}c_n$ 이면, $\lim b_n=\ell$ 이다.

예제 6.9

다음 수열의 극한을 구하여라.

1) $\lim_{n\to\infty}\frac{\sin n}{n}$ 2) $\lim_{n\to\infty}\frac{\cos n}{n}$

풀이

1) $-1 \le \sin n \le 1$ 이므로 $-\frac{1}{n} \le \frac{\sin n}{n} \le \frac{1}{n}$ 을 얻는다. 따라서 위의 정리를 이용하면, $\lim_{n\to\infty}\frac{\sin n}{n}=0$ 을 얻을 수 있다.

2) $-1 \le \cos n \le 1$ 이므로 $-\frac{1}{n} \le \frac{\cos n}{n} \le \frac{1}{n}$ 을 얻는다. 따라서 위의 정리를 이용하면, $\lim_{n\to\infty}\frac{\cos n}{n}=0$ 을 얻을 수 있다.

■

익힘문제 6.6

다음 수열의 극한을 구하여라.

1) $\lim_{n\to\infty}\frac{\sin n\pi}{n}$ 2) $\lim_{n\to\infty}\frac{\cos\sqrt{n}\,\pi}{n}$

연습문제 6.1

Exercises

1. 다음 수열의 일반항을 구하여라.

1) $\cos\frac{\pi}{2},\ \cos\pi,\ \cos\frac{3\pi}{2},\ \cos 2\pi,\ \cos\frac{5\pi}{2},\ \cdots$

2) $1,\ -\frac{1}{2},\ \frac{1}{3},\ -\frac{1}{4},\ \frac{1}{5},\ \cdots$

3) $1,\ 3,\ 5,\ 7,\ 9,\ \cdots$

4) $1,\ 3,\ 9,\ 27,\ 81,\ \cdots$

5) $1,\ -4,\ 9,\ -16,\ 25,\ -36,\ \cdots$

6) 0, 3, 8, 15, 24, 35, ⋯

7) − 3, − 2, − 1, 0, 1, 2, ⋯

8) 2, 4, 6, 8, 10, 12, ⋯

9) 1, 0, 1, 0, 1, 0, ⋯

10) 1, 5, 9, 13, 17, 21, ⋯

2. 다음 수열의 극한을 구하여라.

1) $\cos\frac{\pi}{2}$, $\cos\pi$, $\cos\frac{3\pi}{2}$, $\cos 2\pi$, $\cos\frac{5\pi}{2}$, ⋯

2) $1, -\frac{1}{2}, \frac{1}{3}, -\frac{1}{4}, \frac{1}{5}, \cdots$

3) 1, 3, 5, 7, 9, ⋯

4) 1, 3, 9, 27, 81, ⋯

5) $1, -\frac{1}{4,} \frac{1}{9,} - \frac{1}{16,} \frac{1}{25,} - \frac{1}{36,} \cdots$

6) 1, 0, 1, 0, 1, 0, ⋯

7) $1, \frac{1}{2!}, \frac{1}{3!}, \frac{1}{4!}, \frac{1}{5!}, \cdots$

3. 다음 수열의 극한을 구하여라.

1) $\lim_{n\to\infty}\frac{n-1}{3\sqrt{2n}-2}$ 2) $\lim_{n\to\infty}\frac{n^2+1}{n^2-1}$ 3) $\lim_{n\to\infty}\frac{2n+\sqrt{n}}{n\sqrt{n}-1}$

4) $\lim_{n\to\infty}\frac{\sin n\pi}{\tan n\pi}$ 5) $\lim_{n\to\infty}\frac{\cos\sqrt{n}\,\pi}{\sqrt{n}}$ 6) $\lim_{n\to\infty}\frac{\ln n}{n}$

7) $\lim_{n\to\infty}\frac{1}{2^n}$ 8) $\lim_{n\to\infty}\frac{1}{e^n}$ 9) $\lim_{n\to\infty}-\left(\frac{1}{2}\right)^n$

10) $\lim_{n\to\infty}\frac{1}{(0.8)^n}$ 11) $\lim_{n\to\infty}\frac{n+(-1)^n}{n}$ 12) $\lim_{n\to\infty}\{2+(0.1)^n\}$

13) $\lim_{n\to\infty}\sin\left(\frac{\pi}{2}+\frac{1}{n}\right)$ 14) $\lim_{n\to\infty} n\pi\cos n\pi$ 15) $\lim_{n\to\infty}\sqrt{\frac{n}{2n+1}}$

6.2 무한급수

주어진 수열 $\{a_n\}$의 누적 합에 대하여 생각해보자. 즉,

$$\begin{aligned} s_1 &= a_1 \\ s_2 &= a_1 + a_2 = s_1 + a_2 \\ s_3 &= a_1 + a_2 + a_3 = s_2 + a_3 \\ &\vdots \\ s_n &= a_1 + a_2 + a_3 + \cdots + a_n = s_{n-1} + a_n \\ &\vdots \end{aligned}$$

위의 누적 합에서 알 수 있듯이 $s_1, s_2, s_3, \cdots$ 또한 하나의 수열을 이룸을 알 수 있다. 이를 수열 $\{s_n\}$ 이라 쓰자. 이제 무한급수에 대하여 다음과 같이 정의하자.

■ **무한급수**

수열 $\{a_n\}$에 대하여

1. $s_n = a_1 + a_2 + a_3 + \cdots + a_n$ 라 할 때, s_n 을 수열 $\{a_n\}$의 **부분합(partial sum)** 이라 부르고 다음과 같이 표기한다.

$$s_n = a_1 + a_2 + a_3 + \cdots + a_n = \sum_{k=1}^{n} a_k$$

2. $S = \lim_{n \to \infty} s_n$ 라 할 때, S 를 수열 $\{a_n\}$의 **무한급수**라 부르고 다음과 같이 표기한다.

$$S = \lim_{n \to \infty} s_n = \lim_{n \to \infty} \sum_{k=1}^{n} a_k = \sum a_n$$

3. 2에서 S 가 존재하면 $\{a_n\}$의 무한급수가 수렴한다고 하고, 존재하지 않으면 $\{a_n\}$의 무한급수가 발산한다고 한다.

예제 6.10

$\{a_n\} = \{n\}$ 의 유한합을 구하고 무한급수를 구하여라.

풀이 $a_1 = 1$

$a_2 = 2 = 1 + 1 \cdot 1$

$a_3 = 3 = 1 + 2 = 1 + 1 \cdot 2$

$a_4 = 4 = 1 + 3 = 1 + 1 \cdot 3$

$\vdots$

이므로 $a_n = n = 1 + (1 \cdot (n-1))$ 임을 알 수 있다. 따라서 유한합 s_n 는 다음과 같이 표현된다.

(1) $s_n = a_1 + a_2 + a_3 + \cdots + a_n$

$\quad = 1 + (1 + 1 \cdot 1) + (1 + 1 \cdot 2) + \cdots + (1 + 1 \cdot (n-1))$

s_n 의 정확한 값을 구하기 위하여 s_n 을 다음과 같이 순서를 반대로 나타내보자.

(2) $s_n = a_n + \cdots + a_3 + a_2 + a_1$

$\quad = (1 + 1 \cdot (n-1)) + \cdots + (1 + 1 \cdot 2) + (1 + 1 \cdot 1) + 1$

을 얻는다. s_n 의 정확한 값을 구하기 위하여 (1)+(2)을 하면

$$2s_n = \{2 + 1 \cdot (n-1)\} + \{2 + 1 \cdot (n-1)\} + \cdots + \{2 + 1 \cdot (n-1)\}$$

을 얻는다. 따라서 $2s_n = n \cdot \{2 + 1 \cdot (n-1)\} = n(n+1)$ 이므로

$$s_n = \frac{n(n+1)}{2}$$

을 얻을 수 있다. 마지막으로 무한급수를 구해보자. 무한급수는 유한합 s_n 의 극한이므로 s_n 의 양변에 극한을 취하고 극한의 성질을 이용하면 $\lim_{n \to \infty} s_n$ 은 발산함을 알 수 있다.

■

예제 6.11

$\{a_n\} = \left\{\frac{1}{2^n}\right\}$ 의 유한합을 구하고 무한급수를 구하여라.

풀이 $s_1 = a_1 = \frac{1}{2}$, $s_2 = a_1 + a_2 = \frac{1}{2} + \frac{1}{4}$, $s_3 = a_1 + a_2 + a_3 = \frac{1}{2} + \frac{1}{4} + \frac{1}{8}$, $\cdots$

$s_n = a_1 + a_2 + a_3 + \cdots + a_n = \frac{1}{2} + \frac{1}{4} + \frac{1}{8} + \cdots + \frac{1}{2^n}$ 을 얻는다. s_n 의 정확한 값을 구하기 위하여 다음 공식을 살펴보자. s_n 의 양변에 $\frac{1}{2}$ 를 곱하면

$$\frac{1}{2}s_n = \frac{1}{2}\cdot\frac{1}{2}+\frac{1}{2}\cdot\frac{1}{4}+\frac{1}{2}\cdot\frac{1}{8}+\cdots+\frac{1}{2}\cdot\frac{1}{2^n}$$

을 얻는다. 이제 $s_n - \frac{1}{2}s_n$ 을 구하면

$$s_n - \frac{1}{2}s_n = \frac{1}{2} - \frac{1}{2^{n+1}} \Rightarrow \frac{1}{2}s_n = \frac{1}{2} - \frac{1}{2^{n+1}} \Rightarrow s_n = 1 - \frac{1}{2^n}$$

을 얻을 수 있다. 마지막으로 무한급수를 구해보자. 무한급수는 유한합 s_n 의 극한이므로 s_n 의 양변에 극한을 취하고 극한의 성질을 이용하면

$\lim_{n\to\infty} s_n = \lim_{n\to\infty}\left(1 - \frac{1}{2^n}\right) = 1 - \lim_{n\to\infty}\left(\frac{1}{2^n}\right) = 1$ 을 얻을 수 있다.

예제 6.10과 6.11로부터 다음과 같은 등차수열과 등비수열의 급수를 얻을 수 있다.

■ **수열의 합**

1. **등차수열의 합**: 초항이 a 이고 등차가 d 인 등차수열의 유한합 s_n 은 다음과 같다.

$$s_n = \frac{n\{2a + (n-1)d\}}{2}$$

2. **등비수열의 합**: 초항이 a 이고 등비가 r 인 등비수열의 유한합 s_n 은 다음과 같다.

$$s_n = \frac{a(1-r^n)}{1-r} \text{ (단, } r \neq 1\text{)}$$

예제 6.12

$s_n = \frac{a(1-r^n)}{1-r}$ (단, $r \neq 1$)의 극한을 구하여라.

풀이 $r \neq 1$ 이므로 $r > 1$ 인 경우와 $-1 < r < 1$ 인 경우로 나누어 생각해 보자.

$r > 1$ 이면 $\lim \frac{1}{r^n} = 0$ 이므로,

$$\lim_{n\to\infty} s_n = \lim_{n\to\infty} \frac{a(1-r^n)}{1-r} = a\lim_{n\to\infty} \frac{1/r^n - 1}{1/r^n - 1/r^{n-1}} = \infty$$

을 얻는다. $-1 < r < 1$ 인 경우에는 $\lim_{n\to\infty} r^n = 0$ 이므로,

$$\lim_{n\to\infty} s_n = \lim_{n\to\infty} \frac{a(1-r^n)}{1-r} = \frac{a}{1-r}$$

을 얻는다.

■

익힘문제 6.7

다음 수열의 무한급수를 구하여라.

1) $\{a_n\} = \{2 \cdot 3^{1-n}\}$ 2) $\{a_n\} = \left\{\frac{1}{2} \cdot 3^{n-1}\right\}$

등비급수의 무한급수를 **기하급수(geometric series)**라 하고 그 값은 다음과 같다.

■ 기하급수

초항이 a 이고 등비가 r 인 등비수열의 무한합 S는 다음과 같다.

$$S = \lim_{n\to\infty} s_n = \frac{a}{1-r} \ (\text{단, } -1 < r < 1)$$

다음은 무한급수의 성질이다.

■ 무한급수의 성질

$\sum a_n = L$ 이고 $\sum b_n = M$ 이라 하자. (단, L, M은 실수)

1. $\sum(Ca_n) = CL$ (단, C는 임의의 상수)

2. $\sum(a_n \pm b_n) = L + M$

다음 정리는 무한급수를 이용하여 수열의 극한을 구할 수 있음을 보여준다.

■ 무한급수와 극한

$\sum a_n$ 이 수렴하면 $\lim_{n\to\infty} a_n = 0$ 이다.

이는 부분합 s_n 이 $s_n = s_{n-1} + a_n$ 으로 표현되는 사실을 이용하면 쉽게 얻어진다.

연습문제 6.2 Exercises

1. 다음 수열의 일반항과 무한급수를 구하여라.

1) 초항이 2 이고 공차가 $-\dfrac{1}{2}$ 인 등차수열

2) 초항이 2 이고 공비가 $-\dfrac{1}{2}$ 인 등비수열

2. 다음 수열의 무한급수를 구하여라.

1) $\{a_n\} = \left\{-\dfrac{1}{3} \cdot 4^{1-n}\right\}$

2) $\{a_n\} = \left\{\dfrac{1}{2} \cdot 4^{n-1}\right\}$

3. 수열 $\{a_n\}$ 의 부분합 s_n 이 다음과 같을 때, 일반항 a_n 을 구하여라.

1) $s_n = n^2 - 2n$

2) $s_n = n - \dfrac{1}{n}$

Chapter 07 미분

뉴턴과 라이프니츠에 의해 발견된 미분(differentiation)은 전기회로의 코일에 흐르는 전류, 모터 내의 자계, 화학혼합물의 온도, 그리고 전자가 이동한 거리 등과 같은 물리량들이 시간에 따라 얼마나 빨리 변하는가를 분석하는데 아주 편리한 수학적 기법이다. 따라서 미분은 물리학이나 공학에서 아주 중요한 문제이다. 제7장에서는 미분의 기본정의와 중요 성질들, 그리고 응용을 소개한다.

7.1 미분의 정의

1. 미분의 의미

미분은 함수의 변화율을 의미한다. 예를 들어, 어떤 물체의 이동거리가 시간에 대한 함수로 주어져 있다면 그 함수의 미분은 시간에 대한 그 물체의 속도를 나타내게 된다. 즉, 물체의 속도는 시간에 대한 거리의 **변화율**이다.

먼저 함수의 그래프를 이용하여 미분의 의미를 알아보자. 함수 $y=f(x)$ 에 대하여 그래프 위의 서로 다른 두 점 $(a,f(a))$, $(a+h,f(a+h))$ 를 지나는 직선의 **기울기**는 다음과 같다.

$$\text{기울기} = \frac{y \text{ 의 변화량}}{x \text{ 의 변화량}} = \frac{\Delta y}{\Delta x} = \frac{f(a+h)-f(a)}{h}$$

두 점을 지나는 직선의 기울기를 y 의 **평균변화율**이라고도 한다.

아래 [그림 7.1]에서 x 의 변화량 h 가 아주 작아질 때, 즉 $\lim\limits_{h \to 0} \dfrac{f(a+h)-f(a)}{h}$ 를 y 의 (순간)변화율이라고 하고, 이것은 $x=a$ 에서 $y=f(x)$ 의 접선의 방정식의 기울기가 된다.

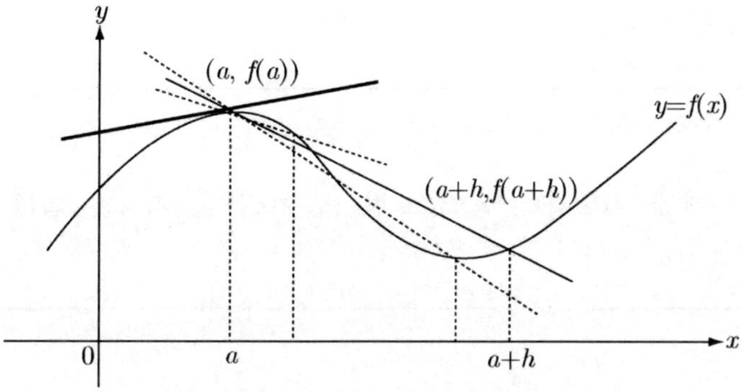

[그림 7.1] $y = f(x)$의 순간변화율

■ **미분**

$\dfrac{f(a+h)-f(a)}{h}$: $[a,\ a+h]$ 에서 y 의 **평균변화율**

$\lim\limits_{h \to 0} \dfrac{f(a+h)-f(a)}{h}$: $x = a$ 에서 y 의 (순간)**변화율**

($x = a$ 에서 $y = f(x)$ 의 접선의 방정식의 기울기)

예제 7.1

$[2,\ 5]$ 에서 $y = x^2$ 의 평균변화율을 구하여라.

풀이 정의에 의하여, $[2,\ 5]$ 에서 $y = x^2$ 의 평균변화율은 $\dfrac{5^2-2^2}{5-2} = \dfrac{21}{3} = 7$ 이다. ■

예제 7.2

$x = 2$ 에서 $y = x^2$ 의 변화율을 구하여라.

풀이 정의에 의하여, $\lim\limits_{h \to 0} \dfrac{(2+h)^2-2^2}{h} = \lim\limits_{h \to 0} \dfrac{h^2+4h}{h} = 4$ 이다. ■

다음은 접선 방정식을 소개한다.

■ **접선 방정식**

함수 $y=f(x)$ 에서, 기울기가 m 이고 점 $(a, f(a))$ 을 지나는 **접선 방정식**은 $y-f(a)=m(x-a)$ 이다.

예제 7.3

$x=2$ 에서 $y=x^2$ 의 접선 방정식을 구하여라.

풀이 예제 7.2에 의하여 점 $(2,4)$ 에서 접선의 기울기는 4 임을 알 수 있다. 따라서 기울기가 4 이고 점 $(2,4)$ 을 지나는 접선 방정식은

$$y-4=4(x-2) \ \Rightarrow \ y=4x-4$$

이다. ■

익힘문제 7.1

$x=2$ 에서 $y=2x^2$ 의 접선 방정식을 구하여라.

일반적인 함수에 대하여 미분을 정의하자.

■ **함수의 미분**

극한 $\lim_{h\to 0}\frac{f(a+h)-f(a)}{h}$ 이 존재하면 함수 $y=f(x)$ 가 $x=a$ 에서 **미분 가능**하다고 하고 다음과 같이 표기하고 $x=a$ 에서 $f(x)$ 의 **미분계수**라 부른다. 즉, 미분계수는 다음과 같이 정의된다.

$$f'(a)=\lim_{h\to 0}\frac{f(a+h)-f(a)}{h}$$

또한 함수의 모든 정의역에서 미분가능하면 그 함수는 **미분 가능한 함수**라고 말한다.

임의의 x 에서의 $y=f(x)$ 의 미분계수를 $y=f(x)$ 의 **미분**(또는 **도함수**)이라고 하고 다음과 같이 표기한다.

■ **미분의 표기**

$$\frac{dy}{dx}=f'(x)=y'=\frac{d}{dx}f=\lim_{h\to 0}\frac{f(x+h)-f(x)}{h}$$

예제 7.4

$y=x^2$ 의 미분을 구하여라.

풀이 정의에 의하여, $y=x^2$ 의 미분은 $\lim_{h\to 0}\frac{(x+h)^2-x^2}{h}=\lim_{h\to 0}\frac{2xh+h^2}{h}=2x$ 이다. ■

예제 7.4에서 x 에 2를 넣으면 예제 7.2에서 얻은 $x=2$ 에서 $y=x^2$ 의 변화율 4를 구할 수 있다.

예제 7.5

상수함수 $y=C$ (C는 상수)의 미분을 구하여라.

풀이 정의에 의하여, $y=C$의 미분은 $\lim_{h\to 0}\frac{C-C}{h}=0$ 이다. ■

다음은 가장 기본적인 미분 공식이다.

■ **기본 미분 공식**

1. $y=C$ (C는 상수)이면 $y'=\frac{dy}{dx}=0$ 이다.

2. $y = x^n$ (n :정수) 이면 $y' = \frac{dy}{dx} = nx^{n-1}$ 이다.

예제 7.6

$y = x^5$ 의 미분을 구하여라.

풀이 미분공식에 의하여, $y' = \frac{dy}{dx} = \frac{d}{dx}(x^5) = 5x^{5-1} = 5x^4$ 이다.

7.2절에서 위의 두 번째 미분공식에서의 지수 n 은 실수까지 확장될 것이다. (예제.25 참조)

예제 7.7

$y = \frac{1}{x^5}$ 의 미분을 구하여라.

풀이 미분공식에 의하여, $y' = \frac{dy}{dx} = \frac{d}{dx}(x^{-5}) = -5x^{-5-1} = -5x^{-6} = \frac{-5}{x^6}$ 이다.

예제 7.8

$y = \sqrt{x}$ 의 미분을 구하여라.

풀이 정의에 의하여, $y = \sqrt{x}$ 의 미분은

$$\lim_{h \to 0} \frac{\sqrt{x+h} - \sqrt{x}}{h} = \lim_{h \to 0} \frac{(x+h) - x}{h(\sqrt{x+h} + \sqrt{x})} = \frac{1}{2\sqrt{x}}$$

이다.

익힘문제 7.2

주어진 함수의 미분을 구하여라.

1) x^3 2) x^{-3}

3) $\dfrac{1}{x^2}$ 4) x^{100}

2. 미분의 성질

미분은 다음과 같은 성질을 가지고 있다. 미분의 정의를 이용하면 쉽게 증명할 수 있다.

■ **미분의 성질**

1. $\dfrac{d}{dx}(f \pm g) = f' \pm g'$
2. $\dfrac{d}{dx}(kf) = kf'$ (단, k는 임의의 상수)
3. $\dfrac{d}{dx}(fg) = f'g + fg'$
4. $\dfrac{d}{dx}\left(\dfrac{f}{g}\right) = \dfrac{f'g - fg'}{g^2}$

예제 7.9

$y = x^5 + x$ 의 미분을 구하여라.

풀이 미분공식에 의하여,

$$y' = \frac{dy}{dx} = \frac{d}{dx}(x^5 + x) = \frac{d}{dx}(x^5) + \frac{d}{dx}(x) = 5x^{5-1} + 1 = 5x^4 + 1 \text{ 이다.}$$

예제 7.10

$y = \dfrac{3}{x^5}$ 의 미분을 구하여라.

풀이 미분의 성질에 의하여,

$$y' = \frac{dy}{dx} = \frac{d}{dx}\left(\frac{3}{x^5}\right) = \frac{(3)'x^5 - 3(x^5)'}{x^{10}} = \frac{-15x^4}{x^{10}} = -\frac{15}{x^6}$$

이다. 다른 방법으로, 주어진 함수는 $y = 3x^{-5}$ 로 표현할 수 있으므로 미분의 성질을 이용하면

$$y' = \frac{dy}{dx} = \frac{d}{dx}(3x^{-5}) = 3 \cdot (-5)x^{-6} = -\frac{15}{x^6}$$

을 얻을 수 있다.

■

익힘문제 7.3

주어진 함수의 미분을 구하여라.

1) $x^3 - x^{-2}$

2) $2x^{-3}$

3) $\frac{2\sqrt{x}}{x^2}$

4) $x^{100} + 3\sqrt{x}$

보기

■ **인덕터에 걸리는 전압 강하**

인덕턴스 L 값을 가지는 인덕터에 걸리는 전압 v 는 인덕터에 흐르는 전류 i 와 다음과 같은 관계가 있다.

$$v = L\frac{di}{dt}$$

보기

■ **패시터를 통과하는 전류**

커패시턴스 값이 C 인 커패시터에 흐르는 전류 i 는 커패시터 양단에 걸리는 전압 v 와 다음과 같은 관계가 있다.

$$i = C\frac{dv}{dt}$$

연습문제 7.1 Exercises

1. 함수 $y=\sqrt{x}$ 에서,

1) $[1,2]$ 에서의 y 의 평균변화율을 구하여라.

2) $x=1$ 에서 y 의 변화율을 구하여라.

2. 함수 $y=|x|$ 에서,

1) $[1,2]$ 에서의 y 의 평균변화율을 구하여라.

2) $x=0$ 에서 y 의 변화율을 구하여라.

3. 미분의 정의를 이용하여 주어진 함수들의 미분을 구하여라.

1) $y=3$ 　　2) $y=2x$

3) $y=x^4$ 　　4) $y=\sqrt{2x}$

5) $y=\dfrac{1}{\sqrt{x}}$ 　　6) $y=\dfrac{1}{x}$

4. 주어진 점에서 접선 방정식을 구하여라.

1) $y=3,\ x=0$ 　　2) $y=2x,\ x=-1$

3) $y=x^4,\ x=2$ 　　4) $y=\sqrt{2x},\ x=2$

5) $y=\dfrac{1}{\sqrt{x}},\ x=4$ 　　6) $y=\dfrac{1}{x},\ x=-1$

5. 미분공식을 이용하여 주어진 함수들을 미분하여라.

1) $y=x^3$ 　　2) $y=-\dfrac{1}{2}$

3) $y=\sqrt[3]{\dfrac{1}{x}}$ 　　4) $y=\sqrt[4]{\dfrac{1}{x^2}}$

5) $y=\dfrac{1}{x\sqrt{x}}$ 　　6) $y=\dfrac{1}{x^5}$

7) $y=x^3\sqrt{x}$ 　　8) $y=x^3\sqrt[4]{x}$

9) $y=\dfrac{\sqrt[3]{x}}{x^3}$

10) $y=\dfrac{\sqrt[3]{x}}{\sqrt{x^3}}$

11) $y=x\sqrt{x}$

12) $y=x^2\sqrt[4]{x}$

13) $y=\dfrac{\sqrt{x}}{x^2}$

14) $y=\dfrac{\sqrt[3]{x}}{x^2}$

15) $y=\dfrac{2}{x^{100}}$

16) $y=-2x^2+3x^{-2}$

17) $y=-2+3x^3+x\sqrt{x}$

18) $y=x+\dfrac{1}{2x}+\dfrac{1}{3x^2}$

19) $y=\dfrac{2}{x^2+2x}$

20) $y=\dfrac{1}{x^2-x}$

21) $y=-\dfrac{2}{x}-\dfrac{3}{x\sqrt{x}}-\dfrac{1}{x^2\sqrt{x}}$

22) $y=3+\dfrac{x}{\sqrt[4]{x}}-\dfrac{2\sqrt{x}}{\sqrt[5]{x^2}}$

7.2 여러 가지 함수의 미분

1. 합성함수의 미분

함수 $y=(2x+1)^{100}$ 을 미분하는 문제에 대하여 생각해보자. 이항정리를 이용하여 주어진 함수를 전개한 후 7.1절에서 소개한 미분의 성질을 이용하여 미분을 할 수도 있을 것이다. 하지만 그것은 많은 시간을 필요로 한다. 만일 $z=f(x)=2x+1$, $y=g(x)=x^{100}$ 이라 놓으면 주어진 함수는 합성함수 $y=g(z)=(g\circ f)(x)=g(f(x))=(2x+1)^{100}$ 로 표현할 수 있다.

다음은 합성함수의 미분에 관한 공식이다.

> ■ **합성함수의 미분**
>
> $y=g(z)$ 이고 $z=f(x)$ 일 때, 합성함수 $y=g(z)=g\circ f(x)=g(f(x))$의 미분은 다음과 같다.
>
> $$\frac{dy}{dx}=\frac{dy}{dz}\cdot\frac{dz}{dx}=\frac{dg}{dz}\cdot\frac{df}{dx}=g'(z)f'(x)=g'(f(x))f'(x)$$

이를 **연쇄법칙(chain rule)**이라고 한다.

예제 7.11

$y=(2x+1)^{100}$ 의 미분을 구하여라.

풀이 $z=2x+1$ 이라 놓으면, $y=z^{100}$ 이므로 $\frac{dy}{dz}=100z^{99}$ 이고 $\frac{dz}{dx}=2$ 이다. 따라서

$$\frac{dy}{dx}=\frac{dy}{dz}\cdot\frac{dz}{dx}=100z^{99}\cdot 2=200(2x+1)^{99}$$

를 얻는다. 또는 연쇄법칙을 다음과 같이 표현하여 합성함수의 미분을 얻을 수도 있다.

$$\begin{array}{ccccc} x & \rightarrow & 2x+1 & \rightarrow & (2x+1)^{100} \\ \downarrow & & \downarrow & & \downarrow\ (\text{미분}) \\ 1 & \times & 2 & \times & 100(2x+1)^{99} \quad =200(2x+1)^{99} \end{array}$$

따라서 $\frac{dy}{dx}=200(2x+1)^{99}$ 을 얻을 수 있다.

■

예제 7.12

$y=\frac{x}{(2x+1)^{100}}$ 의 미분을 구하여라.

풀이 미분의 성질과 예제 7.11을 이용하면

$$\begin{aligned}\frac{dy}{dx}&=\frac{(x)'(2x+1)^{100}-x((2x+1)^{100})'}{(2x+1)^{200}}=\frac{(2x+1)^{100}-200x(2x+1)^{99}}{(2x+1)^{200}}\\&=\frac{(2x+1)-200x}{(2x+1)^{101}}=\frac{-198x+1}{(2x+1)^{101}}\end{aligned}$$

를 얻는다.

■

예제 7.13

$y=x^2(2x+1)^{100}$ 의 미분을 구하여라.

풀이 미분의 성질과 예제 7.11을 이용하면,

$$\frac{dy}{dx}=(x^2)'(2x+1)^{100}+x^2((2x+1)^{100})'=2x(2x+1)^{100}+200x^2(2x+1)^{99}$$

를 얻는다.

익힘문제 7.4

주어진 함수의 미분을 구하여라.

1) $(2x-1)^2$

2) $(x^2-1)^2(x^3+1)^3$

3) $\dfrac{x^3-2x}{2x+1}$

4) $(2x^3+2x^2-1)^2$

5) $\left(\dfrac{1}{2}x^2+\dfrac{1}{2}\right)^{-2}$

6) $x^3(x^2+2)^2$

7) $\dfrac{1}{(x^2-3)^2}$

8) $\dfrac{x}{4+x^4}$

2. 음함수의 미분

함수의 표현법은 크게 두 가지로 나뉜다. 예를 들어 $y=\sqrt{1-x^2}$ 의 형태와 $x^2+y^2=1$ 의 형태가 그것이다. 전자를 **양함수(explicit function)**, 후자를 **음함수(implicit function)** 라고 한다. 양함수는 입력(독립)변수와 출력(종속)변수의 구별이 용이하고 음함수인 경우는 특별히 이 두 변수를 구별 없이 표현한 함수이다.

양함수 : $y=f(x)$ 형태의 함수 예) $y=3x+1$, $y=\sqrt{x^2+1}$, $y=e^x$, $\cdots$

음함수 : $f(x,y)=0$ 형태의 함수 예) $x^2-3xy+\sin y=1$, $y+e^{xy}=4$, $\cdots$

이처럼 모든 함수가 양함수로 표현될 수 없으므로 음함수의 미분을 생각해볼 필요가 있다. 이때 가장 중요한 것은 입력(독립)변수를 정해야 한다는 것이다.

■ **음함수 미분**

함수 $f(x,y)=0$ 에 대하여, y 는 x 에 관한 함수로 표현 가능(즉, $y=g(x)$ 로 표현 가능)하고 미분할 수 있다고 가정하자. y 는 x 에 관한 함수이므로 연쇄법칙에 의하여 미분할 때, $y' = \frac{dy}{dx}$ 를 써주는 것이 **음함수 미분**이다.

예제 7.14

다음 함수의 미분을 구하여라.

1) xy　　2) y^2　　3) $\sqrt{y}$

4) x^2y　　5) xy^2

풀이 1) $\frac{d}{dx}(xy) = (x)'y + x(y)' = y + xy'$ 이다.

2) y 는 x 에 관한 함수이므로 y^2 을 그림으로 표현해보면,

$$\begin{array}{ccccc} x & \rightarrow & y & \rightarrow & y^2 \\ \downarrow & & \downarrow & & \downarrow (\text{미분}) \\ 1 & \times & y' & \times & 2y \;\; = 2yy' \end{array}$$

따라서 $\frac{d}{dx}(y^2) = 2yy'$ 을 얻을 수 있다.

3) y 는 x 에 관한 함수이므로 $\sqrt{y}$ 을 그림으로 표현해보면,

$$\begin{array}{ccccc} x & \rightarrow & y & \rightarrow & \sqrt{y} \\ \downarrow & & \downarrow & & \downarrow (\text{미분}) \\ 1 & \times & y' & \times & \frac{1}{2\sqrt{y}} \;\; = \frac{y'}{2\sqrt{y}} \end{array}$$

따라서 $\frac{d}{dx}(\sqrt{y}) = \frac{y'}{2\sqrt{y}}$ 을 얻을 수 있다.

4) $\frac{d}{dx}(x^2y) = (x^2)'y + x^2(y)' = 2xy + x^2y'$ 이다.

5) $\frac{d}{dx}(xy^2) = (x)'y^2 + x(y^2)' = y^2 + 2xyy'$ 이다.

익힘문제 7.5

주어진 함수를 미분하여라.

1) $(2y-1)^2$

2) $(x^2-1)^2(y^3+1)^2$

3) $\dfrac{x^3}{2y+1}$

4) $(2x+y-1)^2$

예제 7.15

$\dfrac{dy}{dx}$ 을 구하여라.

1) $xy+x=3$

2) $y^2+xy=2$

3) $\sqrt{y}+xy^2=0$

풀이 1) 양변을 각각 미분하면,

$$\frac{d}{dx}(xy+x)=\frac{d}{dx}(3) \Rightarrow \frac{d}{dx}(xy)+\frac{d}{dx}(x)=0 \Rightarrow y+xy'+1=0$$

이므로 이를 정리하면 $y'=-\dfrac{1+y}{x}$ 을 얻을 수 있다.

2) 1)과 같은 방법으로 풀면,

$$\frac{d}{dx}(y^2+xy)=\frac{d}{dx}(2) \Rightarrow \frac{d}{dx}(y^2)+\frac{d}{dx}(xy)=0 \Rightarrow 2yy'+y+xy'=0$$

이므로 이를 정리하면, $y'=-\dfrac{y}{x+2y}$ 을 얻을 수 있다.

3) $\dfrac{d}{dx}(\sqrt{y}+xy^2)=\dfrac{d}{dx}(0)$

$$\Rightarrow \frac{d}{dx}(\sqrt{y})+\frac{d}{dx}(xy^2)=0$$

$$\Rightarrow \frac{y'}{2\sqrt{y}}+y^2+2xyy'=0$$

이므로 이를 정리하면 $\dfrac{dy}{dx}$ 을 얻을 수 있다.

예제 7.16

$y=x^r$ (단, r은 유리수)의 미분을 구하여라.

풀이 다음은 7.1절에서 언급한 미분공식이다.

$$y = x^n\ (n \neq -1,\ 정수) \Rightarrow y' = \frac{dy}{dx} = nx^{n-1}$$

r은 유리수이므로 $r = \frac{p}{q}$ (p, q은 정수, $q \neq 0$)로 표현할 수 있다. $y = x^r = x^{p/q}$ 이므로 $y^q = x^p$을 얻는다. 이제 음함수 미분을 이용하면,

$$\frac{d}{dx}(y^q) = \frac{d}{dx}(x^p) \Rightarrow qy^{q-1}y' = px^{p-1} \Rightarrow y' = \frac{p}{q}y^{1-q}x^{p-1}$$

$$= \frac{p}{q}(x^{p/q})^{1-q}x^{p-1} = \frac{p}{q}x^{p/q-1}$$

따라서 원하는 결과를 얻을 수 있다.

■

> $y = x^r$ (r은 유리수) 이면 $y' = \frac{dy}{dx} = rx^{r-1}$ 이다.

익힘문제 7.5

주어진 함수의 미분을 구하여라.

1) $y = x\sqrt{x}$

2) $y = \frac{x^2 - 1}{x\sqrt{x}}$

3) $y = x^{1/5}$

4) $y = x^2 - x^{-1/3}$

3. 역함수의 미분

함수 $y = f(x)$가 역함수를 가질 때, 역함수 $y = f^{-1}(x)$의 미분에 대하여 알아보자. 앞에서 배운 음함수 미분을 이용하면 이를 쉽게 유도할 수 있다.$y = f^{-1}(x)$의 미분이 존재하고, $f'(y) \neq 0$ 라 하자.

$$y = f^{-1}(x) \Leftrightarrow x = f(y)$$

이므로 양변을 각각 미분하면

$$1 = \frac{d}{dx}(f(y)) = f'(y)y' \text{ 또는} 1 = f'(y)\frac{dy}{dx}$$

을 얻는다. 따라서 이를 정리하면 역함수의 미분을 얻을 수 있다.

■ **역함수 미분**

$$y' = \frac{1}{f'(y)} = \frac{1}{f'(f^{-1}(x))} \quad \text{또는} \quad \frac{dx}{dy} = f'(y)$$

역함수의 미분은 역삼각함수의 미분에서 중요하게 쓰일 것이다.

4. 삼각함수의 미분

삼각함수의 미분을 구하기 위하여 2.3절에서 언급한 가법정리가 이용된다.

■ **가법정리**

$$\sin(A \pm B) = \sin A \cos B \pm \cos A \sin B$$
$$\cos(A \pm B) = \cos A \cos B \mp \sin A \sin B$$

예제 7.17

$y = \sin x$의 미분을 구하여라.

풀이 미분의 정의, 예제 5.12와 5.13을 이용하면,

$$\begin{aligned}\frac{d}{dx}(\sin x) &= \lim_{h \to 0} \frac{\sin(x+h) - \sin x}{h} \\ &= \lim_{h \to 0} \frac{\sin x \cos h + \cos x \sin h - \sin x}{h} \\ &= \sin x \lim_{h \to 0} \frac{\cos h - 1}{h} + \cos x \lim_{h \to 0} \frac{\sin h}{h} \\ &= \cos x\end{aligned}$$

을 얻는다.

■

익힘문제 7.7

$y = \cos x$ 의 미분을 구하여라.

다음은 삼각함수의 미분공식이다.

■ **삼각함수 미분**

$$\frac{d}{dx}(\sin x) = \cos x \qquad \frac{d}{dx}(\cos x) = -\sin x$$

나머지 삼각함수들의 미분은 미분의 성질을 이용하여 쉽게 구할 수 있다.

예제 7.18

$y = \sec x$ 의 미분을 구하여라.

풀이 $y = \sec x = \dfrac{1}{\cos x}$ 이므로

$$y' = \frac{(1)' \cos x - 1 \cdot (\cos x)'}{\cos^2 x} = \frac{\sin x}{\cos^2 x} = \tan x \sec x$$

을 얻는다.

익힘문제 7.8

주어진 함수를 미분하여라.

1) $y = \tan x$ 2) $y = \cot x$ 3) $y = \csc x$

이제 역 삼각함수의 미분에 대해 알아보자.

예제 7.19

$y = \sin^{-1}x \ (-1 < x < 1)$의 미분을 구하시오.

풀이 $f^{-1}(x) = \sin^{-1}x$ 라 놓으면, $f(x) = \sin x$ 이고 $f'(x) = \cos x$ 가 된다. 역함수의 미분공식을 이용하면

$$\frac{d}{dx}(\sin^{-1}x) = \frac{1}{f'(f^{-1}(x))} = \frac{1}{\cos y}$$

을 얻을 수 있다.

$\cos^2 y = 1 - \sin^2 y$ 이므로 $\cos y = \pm\sqrt{1-\sin^2 y}$ 이다.

한편 $-\pi/2 < y < \pi/2$ 이므로 $\cos y > 0$ 이 되고

$$\frac{d}{dx}(\sin^{-1}x) = \frac{1}{\cos y} = \frac{1}{\sqrt{1-\sin^2 y}} = \frac{1}{\sqrt{1-x^2}}$$

을 얻는다.

다른 방법으로 음함수 미분을 이용하면

$$y = \sin^{-1}x \ \Leftrightarrow \ x = \sin y \ \ (\text{여기서 } y \text{는 } -\frac{\pi}{2} < y < \frac{\pi}{2})$$

양변을 각각 음함수 미분하면

$$1 = \frac{dy}{dx}\cos y \ \Rightarrow \ \frac{dy}{dx} = \frac{1}{\cos y} = \frac{1}{\sqrt{x^2-1}}$$

을 얻는다.

■

익힘문제 7.9

$y = \cos^{-1}x$ 의 미분을 구하여라.

5. 지수, 로그함수의 미분

주어진 점에서의 미분은 그 점에서의 접선의 기울기임을 상기하자. 오일러 상수 e 는 지수 함수 $y = a^x \ (a > 0, \ a \neq 1)$ 위의 점 $(0, 1)$ 에서 그은 접선이 정확히 1 을 갖는 수이다. 다시 말해서, $x = 0$ 에서의 미분은

$$\lim_{h \to 0}\frac{a^{0+h} - a^0}{h} = \lim_{h \to 0}\frac{a^h - 1}{h} = 1$$

을 만족하는 수이다.

■ **오일러 상수** e

$\lim_{h \to 0} \frac{e^h - 1}{h} = 1$ 을 만족하는 수를 **오일러 상수** e 라고 한다.

예제 7.20

$y = e^x$ 의 미분을 구하여라.

풀이 e 의 정의와 미분의 정의를 이용하면,

$$\frac{d}{dx}(e^x) = \lim_{h \to 0} \frac{e^{x+h} - e^x}{h} = e^x \lim_{h \to 0} \frac{e^h - 1}{h} = e^x$$

을 얻는다.

■

예제 7.21

$y = \ln|x|$ 의 미분을 구하여라.

풀이 $x > 0$ 인 경우, $y = \ln x$ 는 $y = e^x$ 의 역함수이므로, $f(x) = e^x$ 라 놓으면 $f^{-1}(x) = \ln x$ 임을 알 수 있다. 역함수 미분을 이용하면

$$\frac{d}{dx}(\ln x) = \frac{1}{f'(f^{-1}(x))} = \frac{1}{e^{\ln x}} = \frac{1}{x}$$

을 얻는다. $x < 0$ 인 경우에는 위의 결과와 합성함수 미분을 이용하면

$$\frac{d}{dx}(\ln|x|) = \frac{d}{dx}(\ln(-x)) = \frac{1}{-x} \cdot (-1) = \frac{1}{x}$$

을 얻는다.

■

예제 7.22

$y = a^x \ (a > 0,\ a \neq 1)$의 미분을 구하여라.

풀이 $y = a^x$ 이므로, $x = \log_a y = \dfrac{\ln y}{\ln a}$ 로 표현된다. 음함수 미분을 이용하면

$$1 = \frac{1}{\ln a}\frac{1}{y}\frac{dy}{dx} \Rightarrow \frac{dy}{dx} = y\ln a = a^x \ln a$$

을 얻는다.

예제 7.23

$y = \log_a x \ (a > 0,\ a \neq 1)$의 미분을 구하여라.

풀이 $y = \log_a x$ 이므로, $x = a^y$ 로 표현된다. 음함수 미분을 이용하면

$$1 = a^y \ln a \frac{dy}{dx} \Rightarrow \frac{dy}{dx} = \frac{1}{a^y \ln a} = \frac{1}{x\ln a}$$

을 얻는다.

■ **지수함수와 로그함수의 미분**

$$\frac{d}{dx}(e^x) = e^x \qquad \frac{d}{dx}(a^x) = a^x \ln a$$

$$\frac{d}{dx}(\ln|x|) = \frac{1}{x} \qquad \frac{d}{dx}(\log_a x) = \frac{1}{x\ln a}$$

다음과 같이 복잡한 분수 형태의 함수를 미분할 때, 로그 미분법을 이용한다.

예제 7.24

$y = \dfrac{(x^2+1)(x+1)^3}{(x-2)^2}$ 의 미분을 구하여라.

풀이 양변에 자연로그를 취하면

$$\begin{aligned}\ln y &= \ln(x^2+1) + \ln(x+1)^3 - \ln(x-2)^2 \\ &= \ln(x^2+1) + 3\ln(x+1) - 2\ln(x-2)\end{aligned}$$

이므로, 양변을 미분하면

$$\frac{y'}{y} = \frac{2x}{x^2+1} + \frac{3}{x+1} - \frac{2}{x-2} \Rightarrow y' = y\left(\frac{2x}{x^2+1} + \frac{3}{x+1} - \frac{2}{x-2}\right)$$

을 얻는다. 이제 $y = \dfrac{(x^2+1)(x+1)^3}{(x-2)^2}$ 를 대입하면 답을 얻을 수 있다.

■

예제 7.25

$y = x^{\alpha}$ (단, $x > 0$, α은 실수)의 미분을 구하여라.

풀이 로그 미분법을 이용하면, $\ln y = \alpha \ln x$ 이므로

$$\frac{y'}{y} = \frac{\alpha}{x} \Rightarrow y' = \alpha \frac{y}{x} \Rightarrow y' = \alpha \frac{x^{\alpha}}{x} = \alpha x^{\alpha-1}$$

을 얻는다.

■

■ **미분 공식**

$y = x^{\alpha}$ (단, $x > 0$, α은 실수) 이면 $y' = \dfrac{dy}{dx} = \alpha x^{\alpha-1}$ 이다.

연습문제 7.2 Exercises

1. 다음을 미분하여라.

1) $y = x \tan x$

2) $y = \dfrac{1}{x} \sin x$

3) $y = \dfrac{1}{x^2} \cos x$

4) $y = x^2 \ln x$

5) $y = e^x \sin x$

6) $y = \sin x \cos x$

7) $y=\cos x \ln x$

8) $y=\dfrac{1}{x}\ln x$

9) $y=\dfrac{x^2}{\sin x}$

10) $y=\dfrac{\ln x}{e^x}$

11) $y=\dfrac{\sin x}{\tan x}$

12) $y=x\tan^{-1}x$

13) $y=\dfrac{\sin^{-1}x}{x^2}$

14) $y=\dfrac{e^x}{x\ln x}$

15) $y=\dfrac{x\sin x}{e^x\cos x}$

16) $y=\dfrac{1+\ln x}{1-\ln x}$

17) $y=\dfrac{\cos x}{x}+\dfrac{x}{\cos x}$

18)$y=\ln\dfrac{10}{x}$

19) $y=3^t$

20) $y=n^x$ (단, n은 양수)

2. 합성함수의 미분을 이용하여 $\dfrac{dy}{dx}$ 를 구하여라.

1) $y=(x^2-3x)^{50}$

2) $y=3\sqrt{x^2-2x}$

3) $y=e^{\sqrt{x}}$

4) $y=\sin 2x$

5) $y=\ln(x^5-2x)$

6) $y=\ln 3x^2$

7) $y=\sin(\ln x)$

8) $y=\dfrac{\tan x+2x}{x^2-3x}$

9) $y=\sec\sqrt{x}$

10) $y=-2\tan\sqrt[4]{x}$

11) $y=\sqrt{-x^3+2x^2}$

12) $y=\dfrac{\cos x^2}{x^2}$

13) $y=-2\cos\sqrt[3]{x}$

14) $y=\sin^{-1}\sqrt{x}$

15) $y=\tan^{-1}(\sqrt{x})$

16) $y=\tan(\ln(x^2+1))$

17) $y=\sin(e^{x^2})$

18) $y=e^{\sin(x^2+1)}$

19) $y=\ln(\ln x)$

20) $y=\ln\dfrac{1}{x\sqrt{x+1}}$

21) $y=\ln(\tan(\ln x)+\cos(\ln x))$

22) $y=\tan^{-1}(x+\ln x)$

23) $y=\ln(\cos^2 x)$

24) $y=\sin^{-1}(\tan^{-1}x)$

25) $y=\left(\dfrac{x^3}{3}+2x-\dfrac{1}{x^3}\right)^{-1}$

26) $y=\tan\left(\dfrac{x}{\sqrt{x^2+1}}\right)$

27) $y=\sec\left(\dfrac{1}{x}\right)\tan\left(\dfrac{1}{x}\right)$

28) $y=(1-\sqrt{x}\,)^{-1}$

29) $y=x\tan(2\sqrt{x}\,)+7$

30) $y=\dfrac{1}{21}(3x-2)^7+\left(4-\dfrac{1}{2x^2}\right)^{-1}$

3. 음함수의 미분을 이용하여 $\dfrac{dy}{dx}$ 를 구하여라.

1) $xy+y^2=3$

2) $\sqrt{y}+x^2=e^y$

3) $x\sqrt{y}+\sin y=6$

4) $\tan y=xy^2-x^2$

5) $x+\ln y=\sin y$

6) $xy=\tan xy+y^2$

7) $x^2y-\sec y=2x$

8) $\ln xy-e^y=2$

9) $\sqrt{y}+x\cos y=0$

10) $y^2=\dfrac{x-y}{x+y}$

11) $x+\cos e^y+y=0$

12) $x\cos y+y\sin y=2$

13) $e^{\sqrt{y}}=3$

14) $xy=\cot(xy)$

15) $y e^{\tan^{-1}x}=7x$

4. 로그함수의 미분을 이용하여 $\dfrac{dy}{dx}$ 를 구하여라.

1) $y=x^x$

2) $y=x^{\sqrt{x}}$

3) $y=x^{x^x}$

4) $y=(\sin x)^x$

5) $y=(\ln x)^{2\ln x}$

6) $y=e^{x^{\sqrt{x}}}$

7) $y=x^{x\cos x}$

8) $y=\dfrac{(x^2+3x-1)^2(x-1)^3}{\sqrt{x}\,(-x^3-1)^3(2x+3)}$

9) $y=\sqrt{\dfrac{x^2(x^2+1)(x-2)}{(x^2+1)^3(2x+3)}}$

7.3 고계 미분

1. 고계 미분의 정의

함수 $y=f(x)$ 에서 한 번 미분한 $y'=f'(x)$ 를 **1계 미분**(또는 **도함수**)이라고 한다. 이를 한 번 더 미분하면,

$$y''=f''(x)=\frac{d}{dx}\left(\frac{dy}{dx}\right)=\frac{d^2y}{dx^2} \quad : \textbf{2계 미분}$$

$$y^{(3)}=f^{(3)}(x)=\frac{d}{dx}\left(\frac{d^2y}{dx^2}\right)=\frac{d^3y}{dx^3} : \textbf{3계 미분}$$

$$\vdots$$

$$y^{(n)}=f^{(n)}(x)=\frac{d}{dx}\left(\frac{d^{n-1}y}{dx^{n-1}}\right)=\frac{d^ny}{dx^n} : n\textbf{계 미분}$$

$n \geq 2$ 인 경우를 **고계 미분**이라고 한다.

예제 7.26

$y=\sin x$ 의 2계 미분을 구하여라.

풀이 $y'=\cos x$ 이므로 $y''=-\sin x$ 이다.

익힘문제 7.10

다음 함수의 2계 미분을 구하여라.

1) $y=\cos x$　　2) $y=\ln x$

3) $y=e^x$　　4) $y=\tan x$

예제 7.27

$x^2+y^2+xy=1$ 의 2계 미분을 구하여라.

풀이 양변을 미분하면,

$$\frac{d}{dx}(x^2+y^2+xy)=\frac{d}{dx}(1) \;\Rightarrow\; 2x+2y\frac{dy}{dx}+y+x\frac{dy}{dx}=0$$

을 얻을 수 있다. 따라서 한 번 더 x에 대하여 미분하면,

$$\frac{d}{dx}\left(2x+2y\frac{dy}{dx}+y+x\frac{dy}{dx}\right)=\frac{d}{dx}(0)$$

$$\Rightarrow \frac{d}{dx}(2x)+\frac{d}{dx}\left(2y\frac{dy}{dx}\right)+\frac{d}{dx}(y)+\frac{d}{dx}\left(x\frac{dy}{dx}\right)=0$$

$$\Rightarrow 2+2\left(\frac{dy}{dx}\right)^2+2y\frac{d}{dx}\left(\frac{dy}{dx}\right)+\frac{dy}{dx}+\frac{dy}{dx}+x\frac{d}{dx}\left(\frac{dy}{dx}\right)=0$$

$$\Rightarrow 2+2\left(\frac{dy}{dx}\right)^2+2y\frac{d^2y}{dx^2}+2\frac{dy}{dx}+x\frac{d^2y}{dx^2}=0$$

■

익힘문제 7.10

다음 함수의 2계 미분을 구하여라.

1) $y=\cos xy$ 2) $y^2=\ln xy$

3) $y=e^{xy}$ 4) $xy=\tan y$

2. 페이저의 미분

제4장에서 정현파 $x(t)=A\cos(\omega t+\phi)$ 의 페이저는 $\boldsymbol{X}=Ae^{j\phi}$가 됨을 알았다. 이제 정현파의 미분의 페이저는 어떻게 표시되는지를 살펴보자.

$\dfrac{dx(t)}{dt}=-\omega A\sin(\omega t+\phi)=\omega A\cos(\omega t+\phi+\dfrac{\pi}{2})$ 이므로

$\dfrac{dx(t)}{dt}$ 의 페이저는 $\omega Ae^{j(\phi+\frac{\pi}{2})}=\omega Ae^{j\phi}e^{j\frac{\pi}{2}}=j\omega Ae^{j\phi}=j\omega\boldsymbol{X}$가 된다.

즉 정현파를 미분한 파형의 페이저는 본래의 정현파의 페이저에 $j\omega$를 곱하면 되고 따라서 n번 미분한 정현파의 페이저는 $(j\omega)^n$을 곱하면 된다.

■ **미분한 정현파의 페이저**

$x(t)=A\cos(\omega t+\phi) \;\Leftrightarrow\; \boldsymbol{X}=Ae^{j\phi}$

$$\frac{dx(t)}{dt} \Leftrightarrow j\omega \boldsymbol{X}$$

$$\frac{d^n x(t)}{dt^n} \Leftrightarrow (j\omega)^n \boldsymbol{X}$$

페이저의 이 같은 성질은 교류회로 해석에 아주 유용하다.

예제 7.28

$L\dfrac{d^2 i(t)}{dt^2} + R\dfrac{di(t)}{dt} + \dfrac{1}{C}i(t) = 0$ 에서 $i(t)$의 페이저를 $\boldsymbol{I}$라 할 때 이 수식을 페이저로 나타내어 보라.

풀이 $i(t) \Leftrightarrow \boldsymbol{I}$, $\dfrac{di(t)}{dt} \Leftrightarrow j\omega\boldsymbol{I}$, $\dfrac{d^2 i(t)}{dt^2} \Leftrightarrow (j\omega)^2\boldsymbol{I} = -w^2\boldsymbol{I}$ 이므로

$$-w^2 L\boldsymbol{I} + j\omega R\boldsymbol{I} + \frac{1}{C}\boldsymbol{I} = 0$$

이 된다.

연습문제 7.3 Exercises

1. 다음 함수의 2계 미분을 구하여라.

1) $y = \cos^2 x$

2) $y = \ln(x+2)$

3) $y = \sqrt{x}$

4) $y = \dfrac{x}{x+1}$

5) $y = \sin(\ln x)$

6) $y = x^x$

7) $y = \sin^{-1}\sqrt{x}$

8) $y = \ln 3x^2$

9) $y = \dfrac{\ln x}{e^x}$

10) $y = e^{\sqrt{x}}$

2. $\dfrac{d^2y}{dx^2}$ 를 구하여라.

1) $y=\cos 3x$
2) $y=x^3-3x+2$
3) $y=xe^x$
4) $y=\sin^2 x$

3. 다음 음함수의 2계 도함수를 구하여라.

1) $xy+y^2=3$
2) $\sqrt{y}+x^2=e^y$
3) $x\sqrt{y}+\sin y=6$
4) $x^2y-\sec y=2x$
5) $\ln xy-e^y=2$
6) $\sqrt{y}+x\cos y=0$

7.4 편미분

음파나 전자기파가 매질을 통하여 전달될 때 그것의 세기는 위치뿐만 아니라 시간에 따라 달라지기 때문에 함수로 나타내면 공간의 변수뿐만 아니라 시간의 변수를 가지게 된다. 이렇게 공학에서는 많은 현상들이 하나 이상의 변수를 갖는 이른바 다변수 함수로 모델링된다. 이때까지 우리는 1변수 함수의 미분에 대하여 논의 했으나 여기서는 다변수 함수의 미분을 소개 한다. 이 미분은 나머지 변수들은 상수로 취급하고 한 번에 하나의 변수에 대한 미분을 하게 되는데 이를 **편미분(partial differentiation)**이라 한다.

1. 다변수 함수

다변수 함수(multipliable function)는 둘 이상의 변수를 가지는 함수로서 공학에서 많이 만나게 된다. 반지름이 r, 높이가 h 인 원통의 부피를 V라 하면 $V=\pi r^2 h$ 가 된다. 여기서 V는 종속변수, r과 h는 독립변수가 되어 $V=V(r,h)$로 나타내어지는 다변수 함수가 된다. 또 방안의 어떤 위치의 온도 T는 위치와 시간의 함수가 된다. 직교좌표 (x,y,z)와 시간 t에 의존하는 함수가 되어 $T=T(x,y,z,t)$로 나타내어지는 다변수함수가 된다.

2. 1계 편미분 함수

독립변수가 x, y 인 다변수 함수 $z=f(x,y)$를 생각해보자. 변수 y를 상수로 취급하고 변수 x 에 대하여 미분한 것을 우리는 변수 x 에 대한 편미분이라 하고 다음과 같이 나타낸다.

$$\frac{\partial z}{\partial x} = \frac{\partial f}{\partial x} = \left[\frac{df}{dx}\right]_{y=const} = \lim_{\Delta x \to 0} \frac{f(x+\Delta x, y) - f(x, y)}{\Delta x}$$

읽을 때는 "라운드 (디) z 라운드 (디) x"라 하며 y 에 대한 편미분은 $\frac{\partial z}{\partial y}$ 로 나타낸다.

어떤 특별한 점 (x_0, y_0) 에서의 x 에 대한 편미분은

$\frac{\partial f}{\partial x}(x_0, y_0)$ 또는 $\left.\frac{\partial f}{\partial x}\right|_{(x_0, y_0)}$ 로 나타낸다.

보기

밑면의 반지름이 r, 높이가 h 인 원뿔의 부피 V는 다음과 같다.

$$V(r, h) = \frac{\pi r^2 h}{3}$$

여기서 V를 r 에 대하여 편미분하면 다음식이 얻어지고

$$\frac{\partial V}{\partial r} = \frac{2\pi r h}{3}$$

V를 h 에 대하여 편미분하면 다음식이 얻어진다.

$$\frac{\partial V}{\partial h} = \frac{\pi r^2}{3}$$

예제 7.29

$f(x, y) = 3x^2 + 2xy + y^3$ 일 때 $\frac{\partial f}{\partial x}$ 와 $\frac{\partial f}{\partial y}$ 를 구하여라.

풀이

$$\frac{\partial f}{\partial x} = \frac{\partial}{\partial x}(3x^2) + \frac{\partial}{\partial x}(2xy) + \frac{\partial}{\partial x}(y^3)$$

$$= 6x + 2y$$

마찬가지 방법으로

$$\frac{\partial f}{\partial y} = \frac{\partial}{\partial y}(3x^2) + \frac{\partial}{\partial y}(2xy) + \frac{\partial}{\partial y}(y^3)$$

$$= 3\frac{\partial}{\partial x}(x^2) + 2y\frac{\partial}{\partial x}(x) + 0$$

$$= 0 + 2x\frac{\partial}{\partial y}(y) + \frac{\partial}{\partial y}(y^3)$$

$$= 2x + 3y^2$$

가 된다.

익힘문제 7.11

다음 다변수함수의 1계 편미분을 구하여라.

1) $f(x, y) = (x + y^2)e^{-xy}$

2) $f(x, y) = \sin(x^2 - 3y)$

3) $E(z, t) = E_0 \cos(\omega t + kz + \phi)$

3. 고계 편미분 함수

다변수 함수 $z = f(x, y)$에서 1계 편미분 함수는 $\frac{\partial z}{\partial x}$, $\frac{\partial z}{\partial y}$이다. 이 1계 편미분 함수의 편미분 함수가 또 다시 존재하면, 이것을 주어진 함수의 2계 편미분 함수라고 하며 다음 기호로 나타낸다.

$$\frac{\partial}{\partial x}\left(\frac{\partial z}{\partial x}\right) = \frac{\partial^2 z}{\partial x^2}$$

$$\frac{\partial}{\partial y}\left(\frac{\partial z}{\partial x}\right) = \frac{\partial^2 z}{\partial y \partial x}$$

$$\frac{\partial}{\partial x}\left(\frac{\partial z}{\partial y}\right) = \frac{\partial^2 z}{\partial x \partial y}$$

$$\frac{\partial}{\partial y}\left(\frac{\partial z}{\partial y}\right) = \frac{\partial^2 z}{\partial y^2}$$

이와 유사한 방법으로 n계 편미분 함수도 구할 수 있다.

예제 7.30

$f(x, y) = \dfrac{x-y}{x+y}$ 일 때 $\dfrac{\partial^2 f}{\partial x^2}$, $\dfrac{\partial^2 f}{\partial x \partial y}$, $\dfrac{\partial^2 f}{\partial y^2}$ 을 구하여라.

풀이

$$\frac{\partial f}{\partial x} = \frac{(x+y)-(x-y)}{(x+y)^2} = \frac{2y}{(x+y)^2}$$

$$\frac{\partial f}{\partial y} = \frac{-(x+y)-(x-y)}{(x+y)^2} = \frac{-2x}{(x+y)^2}$$ 이므로

$$\frac{\partial^2 f}{\partial x^2} = \frac{\partial}{\partial x}\left(\frac{\partial f}{\partial x}\right) = \frac{-4y(x+y)}{(x+y)^4} = \frac{-4y}{(x+y)^3}$$

$$\frac{\partial^2 f}{\partial x \partial y} = \frac{\partial}{\partial x}\left(\frac{\partial f}{\partial y}\right) = \frac{-2(x+y)^2+4x(x+y)}{(x+y)^4} = \frac{2(x-y)}{(x+y)^3}$$

$$\frac{\partial^2 f}{\partial y^2} = \frac{\partial}{\partial y}\left(\frac{\partial f}{\partial y}\right) = \frac{4x(x+y)}{(x+y)^4} = \frac{4x}{(x+y)^3}$$ 이다.

익힘문제 7.12

$f(x,y) = 3xy^2 + 2xy + \cos x$ 의 2계 편미분을 구하여라.

익힘문제 7.13

$f(x,y) = e^x \sin y + \ln xy$ 의 2계 편미분을 구하여라.

연습문제 7.4 Exercises

1. 다음 함수의 2계 편미분을 구하여라.

1) $V(r,h) = \dfrac{4\pi r^3 h}{3}$

2) $f(x,y) = \sin(x-3y)$

3) $f(x,y) = 4\sqrt{x}\,y$

4) $f(x,y) = \dfrac{x+1}{y}$

5) $f(x,y) = xe^y$

6) $f(x,y) = \cos(xy)$

7) $f(x,y) = e^{-x}\sin y$

8) $f(x,y) = \dfrac{x^2}{y+1}$

9) $f(x,y) = \ln(2x+3y)$

2. $u(x,t) = \sin(x+2t)$ 일 때 $\dfrac{\partial^2 u}{\partial t^2}$ 와 $\dfrac{\partial^2 u}{\partial x^2}$ 를 구하여라.

3. $\phi = \dfrac{1}{\sqrt{x^3+y^3+z^3}}$ 일 때 $\dfrac{\partial^2 \phi}{\partial x^2}$, $\dfrac{\partial^2 \phi}{\partial y^2}$, $\dfrac{\partial^2 \phi}{\partial z^2}$ 를 구하여라.

7.5 벡터의 미분

벡터의 미분은 물리학이나 공학적 현상의 모델링과 해석에 광범위하게 이용된다. 이런 현상들에는 전자기장의 분포, 비행 물체주변의 공기흐름, 선박주위의 유체의 흐름, 공간에 따른 중력의 분포, 물체 내에서 열전도 등이 있다. 이 절에서는 벡터의 미분과 그와 관련된 구배(기울기, gradient), 발산(divergence), 회전(curl) 등을 소개한다.

1. 벡터의 시간에 대한 미분

시간 t 에 대한 벡터함수 $\boldsymbol{v}(t)$ 의 미분은 다음과 같이 정의된다.

$$\frac{d\boldsymbol{v}}{dt} = \lim_{\Delta t \to 0} \frac{\boldsymbol{v}(t+\Delta t) - \boldsymbol{v}(t)}{\Delta t}$$

따라서 $\boldsymbol{v}(t) = f(t)\boldsymbol{i} + g(t)\boldsymbol{j} + h(t)\boldsymbol{k}$ ($f(t)$, $g(t)$, $h(t)$ 는 실함수)로 주어지면

$$\frac{d\boldsymbol{v}}{dt} = f'(t)\boldsymbol{i} + g'(t)\boldsymbol{j} + h'(t)\boldsymbol{k}$$

$$\frac{d^2\boldsymbol{v}}{dt^2} = f''(t)\boldsymbol{i} + g''(t)\boldsymbol{j} + h''(t)\boldsymbol{k}$$

가 된다. 여기서, $\boldsymbol{i}$ 는 시점이 원점이고 종점이 $(1, 0, 0)$, $\boldsymbol{j}$ 는 시점이 원점이고 종점이 $(0, 1, 0)$, $\boldsymbol{k}$ 는 시점이 원점이고 종점이 $(0, 0, 1)$ 인 벡터들이다.

벡터함수의 시간에 대한 미분은 다음과 같이 나타내기도 한다.

$$\frac{d\boldsymbol{v}}{dt}=\dot{\boldsymbol{v}},\quad \frac{d^2\boldsymbol{v}}{dt^2}=\ddot{\boldsymbol{v}},\quad \cdots$$

벡터의 미분에 대한 정의로 부터 다음의 결과를 얻을 수 있다.

■ **벡터함수의 미분**

$$\frac{d}{dt}\{\boldsymbol{u}(t)+\boldsymbol{v}(t)\}=\frac{d\boldsymbol{u}}{dt}+\frac{d\boldsymbol{v}}{dt}$$

$$\frac{d}{dt}\{\lambda(t)\boldsymbol{v}(t)\}=\frac{d\lambda}{dt}\boldsymbol{v}(t)+\lambda(t)\frac{d\boldsymbol{v}}{dt}$$ (단, $\lambda(t)$는 스칼라 함수)

$$\frac{d}{dt}\{\boldsymbol{u}(t)\cdot\boldsymbol{v}(t)\}=\frac{d\boldsymbol{u}}{dt}\cdot\boldsymbol{v}(t)+\boldsymbol{u}(t)\cdot\frac{d\boldsymbol{v}}{dt}$$

$$\frac{d}{dt}\{\boldsymbol{u}(t)\times\boldsymbol{v}(t)\}=\frac{d\boldsymbol{u}}{dt}\times\boldsymbol{v}(t)+\boldsymbol{u}(t)\times\frac{d\boldsymbol{v}}{dt}$$ (순서에 주의)

예제 7.31

$\boldsymbol{v}(t)=t\boldsymbol{i}+e^t\boldsymbol{j}+3\boldsymbol{k}$의 미분을 구하여라.

풀이 벡터미분의 정의에 의하여, $\frac{d}{dt}(\boldsymbol{v}(t))=\boldsymbol{i}+e^t\boldsymbol{j}$ 을 얻는다.

익힘문제 7.14

다음 벡터함수의 미분을 구하여라.

1) $\boldsymbol{v}(t)=e^{2t}\boldsymbol{i}-\cos\omega t\,\boldsymbol{j}+t^3\boldsymbol{k}$

2) $\boldsymbol{v}(t)=t^2\boldsymbol{i}+\sin t e^t\boldsymbol{j}+\ln t\,\boldsymbol{k}$

3) $\boldsymbol{v}(t)=t\boldsymbol{i}+t^2\boldsymbol{j}+3t^3\boldsymbol{k}$

익힘문제 7.15

$\boldsymbol{v}(t)=\sin t\,\boldsymbol{i}+\cos t\,\boldsymbol{j}$일 때, 다음을 구하여라.

1) $\dfrac{d\boldsymbol{v}}{dt}$　　2) $\dfrac{d^2\boldsymbol{v}}{dt^2}$

3) $\left|\dfrac{d\boldsymbol{v}}{dt}\right|$　　4) $\dfrac{d}{dt}(|\boldsymbol{v}|)$

2. 벡터의 공간에 대한 편미분

공간에서의 벡터함수 $\boldsymbol{v}(x,y,z)=f(x,y,z)\boldsymbol{i}+g(x,y,z)\boldsymbol{j}+h(x,y,z)\boldsymbol{k}$의 x, y, z에 관한 각각의 편미분은 다음과 같이 정의된다.

■ 공간 벡터함수의 편미분

$$\frac{\partial \boldsymbol{v}}{\partial x}=\frac{\partial f}{\partial x}\boldsymbol{i}+\frac{\partial g}{\partial x}\boldsymbol{j}+\frac{\partial h}{\partial x}\boldsymbol{k}$$

$$\frac{\partial \boldsymbol{v}}{\partial y}=\frac{\partial f}{\partial y}\boldsymbol{i}+\frac{\partial g}{\partial y}\boldsymbol{j}+\frac{\partial h}{\partial y}\boldsymbol{k}$$

$$\frac{\partial \boldsymbol{v}}{\partial z}=\frac{\partial f}{\partial z}\boldsymbol{i}+\frac{\partial g}{\partial z}\boldsymbol{j}+\frac{\partial h}{\partial z}\boldsymbol{k}$$

이것은 $\boldsymbol{v}$와는 크기와 방향이 다른 새로운 벡터이다.

예제 7.32

$\boldsymbol{v}=x^2yz\boldsymbol{i}+xy^2z\boldsymbol{j}-x^4y^2\boldsymbol{k}$ 일 때 $\dfrac{\partial \boldsymbol{v}}{\partial x}$, $\dfrac{\partial \boldsymbol{v}}{\partial y}$, $\dfrac{\partial \boldsymbol{v}}{\partial z}$를 구하여라.

풀이

$$\frac{\partial \boldsymbol{v}}{\partial x}=2xyz\boldsymbol{i}+y^2z\boldsymbol{j}-4x^3y^2\boldsymbol{k}$$

$$\frac{\partial \boldsymbol{v}}{\partial y}=x^2z\boldsymbol{i}+2xyz\boldsymbol{j}-2x^4y\boldsymbol{k}$$

$$\frac{\partial \boldsymbol{v}}{\partial z}=x^2y\boldsymbol{i}+xy^2\boldsymbol{j}$$

■

익힘문제 7.16

예제 7.29에서 $\dfrac{\partial^2 \boldsymbol{v}}{\partial x \partial y}$, $\dfrac{\partial^2 \boldsymbol{v}}{\partial y^2}$, $\dfrac{\partial^2 \boldsymbol{v}}{\partial x \partial z}$ 를 구하여라.

익힘문제 7.17

$\boldsymbol{v} = 3xyz\,\boldsymbol{i} + (x^2 - y^2 + z^2)\,\boldsymbol{j} + (x + y^2)\,\boldsymbol{k}$일 때

$\dfrac{\partial \boldsymbol{v}}{\partial x}$, $\dfrac{\partial \boldsymbol{v}}{\partial y}$, $\dfrac{\partial \boldsymbol{v}}{\partial z}$, $\dfrac{\partial^2 \boldsymbol{v}}{\partial x \partial y}$, $\dfrac{\partial^2 \boldsymbol{v}}{\partial y^2}$, $\dfrac{\partial^2 \boldsymbol{v}}{\partial x \partial z}$를 구하여라.

3. 구배

■ **구배**

스칼라 함수 $\phi(x, y, z)$에 대하여

$$\mathrm{grad}\phi = \nabla\phi = \frac{\partial \phi}{\partial x}\boldsymbol{i} + \frac{\partial \phi}{\partial y}\boldsymbol{j} + \frac{\partial \phi}{\partial z}\boldsymbol{k}$$

로 정의하고 이를 $\phi(x, y, z)$의 **구배(기울기, gradient)**라 한다.

여기서 ∇는 다음과 같이 정의하고 del 또는 nabla라고 읽는다.

■ **∇의 정의**

$$\nabla = \frac{\partial}{\partial x}\boldsymbol{i} + \frac{\partial}{\partial y}\boldsymbol{j} + \frac{\partial}{\partial z}\boldsymbol{k}$$

구배는 주어진 스칼라 함수의 x, y, z 방향에 대한 변화율을 나타낸다.

예제 7.33

$\phi = 3x^2ye^z$ 일 때 $\nabla\phi$를 구하여라.

풀이 $\dfrac{\partial\phi}{\partial x} = 6xye^z$, $\dfrac{\partial\phi}{\partial y} = 3x^2e^z$, $\dfrac{\partial\phi}{\partial z} = 3x^2ye^z$ 이므로

$$\nabla\phi = 6xye^z\,\boldsymbol{i} + 3x^2e^z\,\boldsymbol{j} + 3x^2ye^z\,\boldsymbol{k}$$

■

익힘문제 7.18

$\phi = x^3y + xy^2 + 2y$ 일 때, 다음을 구하여라.

1) $\nabla\phi$ 2) $\nabla\phi|_{(0,0,0)}$ 3) $|\nabla\phi|_{(1,1,1)}$

4. 발산

일반적으로 물리학이나 공학의 실제 문제에서 벡터함수의 정의역은 3차원 공간, 곡면 혹은 곡선 등으로 나타나는데 이 경우 벡터함수를 주어진 정의역에서의 **벡터장(vector field)**이라 한다. 중력장, 전자기장 등이 이에 속한다.

벡터장 $\boldsymbol{D}(x,y,z) = D_x(x,y,z)\boldsymbol{i} + D_y(x,y,z)\boldsymbol{j} + D_z(x,y,z)\boldsymbol{k}$ 에 대하여 **발산(divergence)**은 다음과 같이 정의된다.

■ **발산**

$$\begin{aligned}\mathrm{div}\boldsymbol{D} &= \nabla \cdot \boldsymbol{D} \left(\frac{\partial}{\partial x}\boldsymbol{i} + \frac{\partial}{\partial y}\boldsymbol{j} + \frac{\partial}{\partial z}\boldsymbol{k}\right) \cdot (D_x\boldsymbol{i} + D_y\boldsymbol{j} + D_z\boldsymbol{k}) \\ &= \frac{\partial D_x}{\partial x} + \frac{\partial D_y}{\partial y} + \frac{\partial D_z}{\partial z}\end{aligned}$$

벡터장의 임의의 한 점에서 발산은 단위 체적당 유출되는 유량을 뜻한다. 벡터장 $\boldsymbol{D}$가 주어졌을 때 $\nabla \cdot \boldsymbol{D} > 0$이면 벡터장은 외부로 흘러 나가는 **소스(source)**이며 $\nabla \cdot \boldsymbol{D} < 0$ 이면 내부로 흘러 들어오는 **싱크(sink)**가 된다. 그리고 $\nabla \cdot \boldsymbol{D} = 0$인 경우

에는 유입되거나 유출되는 유량이 없다는 것을 뜻한다.

예제 7.34

$\boldsymbol{F} = x\sin y\,\boldsymbol{i} + y\sin x\,\boldsymbol{j} - z(\sin x + \sin y)\boldsymbol{k}$일 때 $\nabla \cdot \boldsymbol{F}$를 구하여라.

풀이 $\dfrac{\partial F_x}{\partial x} = \sin y$, $\dfrac{\partial F_y}{\partial y} = \sin x$, $\dfrac{\partial F_z}{\partial z} = -(\sin x + \sin y)$ 이므로

$$\nabla \cdot \boldsymbol{F} = \frac{\partial F_x}{\partial x} + \frac{\partial F_y}{\partial y} + \frac{\partial F_z}{\partial z} = 0$$

■

익힘문제 7.19

다음 각 벡터장에 대한 발산을 구하여라.

1) $\boldsymbol{D} = x^2\boldsymbol{i} + y^2\boldsymbol{j} + z^2\boldsymbol{k}$

2) $\boldsymbol{V} = xy\boldsymbol{i} - 2yz\,\boldsymbol{j} + \boldsymbol{k}$

3) $\boldsymbol{F} = 3yz\,\boldsymbol{i} + 2xy\,\boldsymbol{j} + xyz\,\boldsymbol{k}$

5. 회전

벡터장 $\boldsymbol{A}(x,y,z) = A_x(x,y,z)\boldsymbol{i} + A_y(x,y,z)\boldsymbol{j} + A_z(x,y,z)\boldsymbol{k}$에 대하여 **회전(curl)**은 다음과 같이 정의된다.

■ **회전**

$$\mathrm{curl}\boldsymbol{A} = \nabla \times \boldsymbol{A} = \begin{vmatrix} \boldsymbol{i} & \boldsymbol{j} & \boldsymbol{k} \\ \dfrac{\partial}{\partial x} & \dfrac{\partial}{\partial y} & \dfrac{\partial}{\partial z} \\ A_x & A_y & A_z \end{vmatrix}$$

$$= \left(\frac{\partial A_z}{\partial y} - \frac{\partial A_y}{\partial z}\right)\boldsymbol{i} + \left(\frac{\partial A_x}{\partial z} - \frac{\partial A_z}{\partial x}\right)\boldsymbol{j} + \left(\frac{\partial A_y}{\partial x} - \frac{\partial A_x}{\partial y}\right)\boldsymbol{k}$$

벡터장 $\boldsymbol{A}$가 유체의 운동을 나타낼 때 $\nabla\times\boldsymbol{A}$는 유체의 각 입자의 회전하는 정도를 나타낸다. 더 자세한 물리적인 해석은 이 책의 범위를 벗어나므로 생략한다.

예제 7.35

$\boldsymbol{A}=x^2yz\,\boldsymbol{i}-2xy\boldsymbol{j}+yz\,\boldsymbol{k}$일 때 $\nabla\times\boldsymbol{A}$를 구하여라.

풀이

$$\nabla\times\boldsymbol{A}=\begin{vmatrix}\boldsymbol{i} & \boldsymbol{j} & \boldsymbol{k}\\ \dfrac{\partial}{\partial x} & \dfrac{\partial}{\partial y} & \dfrac{\partial}{\partial z}\\ A_x & A_y & A_z\end{vmatrix}=\begin{vmatrix}\boldsymbol{i} & \boldsymbol{j} & \boldsymbol{k}\\ \dfrac{\partial}{\partial x} & \dfrac{\partial}{\partial y} & \dfrac{\partial}{\partial z}\\ x^2yz & -2xy & yz\end{vmatrix}=z\boldsymbol{i}+x^2y\boldsymbol{j}-(2y+x^2z)\boldsymbol{k}$$

익힘문제 7.20

다음 각 벡터장에 대한 회전을 구하여라.

1) $\boldsymbol{D}=ye^{xy}\boldsymbol{i}+x\,e^{xy}\boldsymbol{j}$

2) $\boldsymbol{V}=x^2y\boldsymbol{i}-6xyz\,\boldsymbol{j}+3x^3\,\boldsymbol{k}$

3) $\boldsymbol{F}=\sin x\,\boldsymbol{i}+\cos x\,\boldsymbol{j}+2xyz\,\boldsymbol{k}$

연습문제 7.5

Exercises

1. $v=(t,t^2,t^3)$일 때 $\dot{v}$ 와 $\ddot{v}$를 구하여라.

2. $v(t)=(t^3+2t)\boldsymbol{i}-3e^{-2t}\boldsymbol{j}+2\sin 5t\,\boldsymbol{k}$이다. 다음을 구하여라.

1) $\dfrac{dv}{dt}$

2) $\dfrac{d^2v}{dt^2}$

3) $\left|\dfrac{dv}{dt}\right|$

4) $\dfrac{d}{dt}(|v|)$

5) $\left|\dfrac{d^2v}{dt^2}\right|$

3. $\phi = x^2yz$ 이고 $\boldsymbol{V} = 3x^2y\boldsymbol{i} + yz^2\boldsymbol{j} - xz\,\boldsymbol{k}$일 때 $\dfrac{\partial^2}{\partial y \partial z}(\phi\,\boldsymbol{V})$를 구하여라.

4. 다음에서 $\nabla\phi$를 구하여라.

1) $\phi = e^x \sin y$　　　　2) $\phi = x^2 + y^3 + z$

3) $\phi = \dfrac{1}{2}\ln(x^2 + y^2)$　　　　4) $\phi = \cos x + \sin y + xyz$

5. $\phi = x^2yz^3$ 일 때 다음을 구하여라.

1) $\nabla\phi$　　　　2) $\nabla\phi|_{(1,2,1)}$　　　　3) $|\nabla\phi|_{(1,2,1)}$

6. 다음에서 $\nabla\cdot\boldsymbol{D}$를 구하여라.

1) $\boldsymbol{D} = 3xy\boldsymbol{i} + yz^2\boldsymbol{j} - xz\,\boldsymbol{k}$

2) $\boldsymbol{D} = xy\boldsymbol{i} - yz\boldsymbol{j} - xyz\,\boldsymbol{k}$

3) $\boldsymbol{D} = (3x^2 - z)\boldsymbol{i} + (2x + y)\boldsymbol{j} + (x + 3yz)\,\boldsymbol{k}$

7. 다음에서 $\nabla\times\boldsymbol{A}$를 구하여라.

1) $\boldsymbol{A} = xyz\boldsymbol{i} + xy\boldsymbol{j} + yz\boldsymbol{k}$

2) $\boldsymbol{A} = \cos x\,\boldsymbol{i} + \sin x\boldsymbol{j} + xyz\boldsymbol{k}$

3) $\boldsymbol{A} = x\boldsymbol{i} - y\boldsymbol{j} + z\boldsymbol{k}$

8. $\phi = x^2yz^3$ 이고 $\boldsymbol{A} = xz\boldsymbol{i} - y^2\boldsymbol{j} + 2x^2y\boldsymbol{k}$ 일 때, 다음을 구하여라.

1) $\nabla\phi$　　　　2) $\nabla\cdot\boldsymbol{A}$

3) $\nabla\times\boldsymbol{A}$　　　　4) $\nabla\cdot(\phi\boldsymbol{A})$

5) $\nabla\times(\phi\boldsymbol{A})$

7.6 테일러 정리

1. 테일러 다항식

특정한 점 $x=a$ 에서 주어진 함수 $y=f(x)$ 를 n 개의 다항식으로 표현하는 방법에 대하여 알아보자. 만일 $f(x)$ 를 $x=a$ 에서 n 개의 다항식으로 표현할 수 있다고 가정하면, $f(x)$ 는 다음과 같이 쓸 수 있다.

$$f(x)=a_0+a_1(x-a)+a_2(x-a)^2+a_3(x-a)^3+\cdots+a_n(x-a)^n$$

a_n 을 구하기 위하여 $f(x)$ 의 고계 미분을 구해보자.

$$f'(x)=1a_1+2a_2(x-a)+3a_3(x-a)^2+\cdots+na_n(x-a)^{n-1}$$
$$f''(x)=2\cdot 1a_2+3\cdot 2a_3(x-a)+\cdots+n\cdot(n-1)a_n(x-a)^{n-2}$$
$$f'''(x)=3\cdot 2\cdot 1a_3+\cdots+n\cdot(n-1)\cdot(n-2)a_n(x-a)^{n-3}$$
$$\vdots$$
$$f^{(n)}(x)=n\cdot(n-1)\cdot\cdots\cdot 2\cdot 1a_n$$

이제 $x=a$ 를 대입하면

$$f(a)=a_0,\ f'(a)=a_1,\ f''(a)=2\cdot 1a_2=2!a_2,\ f^{(3)}(a)=3\cdot 2\cdot 1a_3=3!a_3,\ \cdots$$
$$f^{(n)}(a)=n\cdot(n-1)\cdot\cdots\cdot 2\cdot 1a_n=n!a_n$$

을 얻을 수 있다. 따라서 $x=a$ 에서 $y=f(x)$ 를 n 개의 다항으로 표현하면

$$a_0+a_1(x-a)+a_2(x-a)^2+a_3(x-a)^3+\cdots+a_n(x-a)^n+$$
$$=\sum_{k=0}^{n}a_k(x-a)^k=\sum_{k=0}^{n}\frac{f^{(k)}(a)}{k!}(x-a)^k$$

이 되고 이를 n 차 테일러 다항식(nth Taylor's polynomial)이라 한다.

■ **n차 테일러 다항식**

$x=a$ 에서 함수 $y=f(x)$ 의 **n 차 테일러 다항식**은

$$\sum_{k=0}^{n}\frac{f^{(k)}(a)}{k!}(x-a)^k$$

이다.

예제 7.36

$x=0$ 에서 $f(x)=e^x$ 의 n 차 테일러 다항식을 구하여라.

풀이 $f(x)$ 의 고계미분은 자기 자신이므로 $f^{(n)}(x)=e^x$ 이고 $f^{(n)}(0)=1$ 임을 알 수 있다. 따라서 $x=0$ 근처에서 $f(x)=e^x$ 의 n 차 테일러 다항식은 $\sum_{k=0}^{n}\frac{1}{k!}x^k$ 을 얻는다. ■

예제 7.37

$x=0$ 에서 $f(x)=\sin x$ 의 4 차 테일러 다항식을 구하여라.

풀이 $f(x)$ 의 고계 미분을 구해보자.

$f'(x)=\cos x$, $f''(x)=-\sin x$, $f^{(3)}(x)=-\cos x$, $f^{(4)}(x)=\sin x$, $\cdots$

이므로

$f(0)=0$, $f'(0)=\cos 0=1$, $f''(0)=-\sin 0=0$, $f^{(3)}(0)=-\cos 0=-1$,

$f^{(4)}(0)=\sin 0=0$.

따라서

$$f(0)+\frac{f'(0)}{1!}x+\frac{f''(0)}{2!}x^2+\frac{f^{(3)}(0)}{3!}x^3+\frac{f^{(4)}(0)}{4!}x^4=x-\frac{1}{3!}x^3$$

을 얻는다. ■

익힘문제 7.21

$x=0$ 에서 $f(x)=\cos x$ 의 5 차 테일러 다항식을 구하여라.

2. 테일러 공식

앞에서 $x=a$ 에서 주어진 함수 $y=f(x)$ 를 n 개의 다항식으로 표현하는 방법으로 n 차 테일러 다항식을 소개하였다. $x=a$ 에서 $y=f(x)$ 의 n 차 테일러 다항식을 $P_n(x)$ 라 하자. 여기서는 $x=a$ 에 아주 가까이 있는 점 z 에 대하여, $f(z)$ 와 $P_n(z)$ 의 오차와

n 이 커질 경우 오차가 줄어들 수 있는 지에 대하여 생각해보자. 이를 위하여 테일러 공식을 소개하자.

$x=a$ 에서 $y=f(x)$ 의 n 차 테일러 다항식 $P_n(x)$ 을

$$P_n(x)=\sum_{k=0}^{n}\frac{f^{(k)}(a)}{k!}(x-a)^k$$

라 하면, $x=a$ 의 근처에 있는 점 x 에 대한 **테일러 공식(Taylor's formula)**은 다음과 같다.

■ **테일러 공식**

$$f(x)=P_n(x)+R_n(x)$$

여기서, $R_n(x)=\dfrac{f^{(n+1)}(c)}{(n+1)!}(x-a)^{n+1}$ (단, c 는 a 와 x 사이에 있는 수)으로 n 차 나머지 항 또는 오차라고 부른다. 직관적으로 $\lim_{n\to\infty}R_n(x)=0$ 이 된다면 $f(x)=\lim_{n\to\infty}P_n(x)$ 가 됨을 알 수 있다. 이때 $\lim_{n\to\infty}P_n(x)=\sum_{n=0}^{\infty}\dfrac{f^{(n)}(a)}{n!}(x-a)^n$ 를 $f(x)$ 의 **테일러 급수**(Taylor series)라고 한다. 특히 $a=0$ 인 경우 $\sum_{n=0}^{\infty}\dfrac{f^{(n)}(a)}{n!}x^n$ 을 $f(x)$ 의 **맥클로린 급수**(Maclaurin series)라고 한다.

■ **테일러 정리**

$x=a$ 의 근처에 있는 점 x 에 대하여 만일 $\lim_{n\to\infty}R_n(x)=0$ 이면

$$f(x)=\lim_{n\to\infty}P_n(x)=\sum_{n=0}^{\infty}\frac{f^{(n)}(a)}{n!}(x-a)^n$$

이다.

예를 들어 e^x, $\sin x$, $\cos x$ 의 경우 모든 x 에 대하여 $\lim_{n\to\infty}R_n(x)=0$ 이 됨을 보일 수 있다. 따라서 이 세 함수들은 모든 점에서 자기 자신과 테일러 급수가 정확히 일치함

을 알 수 있다.

예제 7.38

$f(x)=e^x$ 의 맥클로린 급수를 구하여라.

풀이 예제 7.36에 의하여,

$$e^x = \lim_{n\to\infty}\sum_{k=0}^{n}\frac{1}{k!}x^k = \frac{1}{0!}+\frac{x}{1!}+\frac{x^2}{2!}+\frac{x^3}{3!}+\cdots+\frac{x^n}{n!}+\cdots$$

을 얻는다.

■

예제 7.39

오일러 상수 e 를 급수로 표현하여라.

풀이 예제 7.38에 의하여,

$$e^x = \frac{1}{0!}+\frac{x}{1!}+\frac{x^2}{2!}+\frac{x^3}{3!}+\cdots+\frac{x^n}{n!}+\cdots$$

이므로, $x=1$ 을 대입하면

$$e = \frac{1}{0!}+\frac{1}{1!}+\frac{1}{2!}+\frac{1}{3!}+\cdots+\frac{1}{n!}+\cdots$$

얻는다.

■

예제 7.40

맥클로린 급수를 이용하여 오일러 공식 $e^{j\theta}=\cos\theta+j\sin\theta$ 가 성립함을 보여라.

풀이 예제 7.38으로부터

$$\begin{aligned}
e^{j\theta} &= 1+j\theta+\frac{(j\theta)^2}{2!}+\frac{(j\theta)^3}{3!}+\cdots+\frac{(j\theta)^n}{n!}+\cdots \\
&= \left(1-\frac{\theta^2}{2!}+\frac{\theta^4}{4!}-\frac{\theta^6}{6!}+\cdots\right)+j\left(\theta-\frac{\theta^3}{3!}+\frac{\theta^5}{5!}-\frac{\theta^7}{7!}+\cdots\right) \\
&= \cos\theta+j\sin\theta
\end{aligned}$$

■

예제 7.41

$f(x)=\sin x$ 의 맥클로린 급수를 구하여라.

풀이 예제 7.37에 의하여,

$$\sin x = x-\frac{x^3}{3!}+\frac{x^5}{5!}-\frac{x^7}{7!}+\cdots$$

을 얻는다. ■

익힘문제 7.22

$f(x)=\cos x$ 의 맥클로린 급수를 구하여라.

다음은 자주 이용되는 맥클로린 급수이다.

■ **기본 함수의 맥클로린 급수**

모든 x 에 대하여,

$$e^x = 1+x+\frac{x^2}{2!}+\frac{x^3}{3!}+\cdots$$

$$\sin x = x-\frac{x^3}{3!}+\frac{x^5}{5!}-\frac{x^7}{7!}+\cdots$$

$$\cos x = 1-\frac{x^2}{2!}+\frac{x^4}{4!}-\frac{x^6}{6!}+\cdots$$

예제 7.42

$f(x)=x\sin x$ 의 맥클로린 급수를 구하여라.

풀이 예제 7.41에 의하여 $\sin x$ 의 맥클로린 급수는

$$\sin x = x-\frac{x^3}{3!}+\frac{x^5}{5!}-\frac{x^7}{7!}+\cdots$$

임을 알 수 있다. 양변에 x 를 곱하면, $x\sin x$ 의 맥클로린 급수는

$$x\sin x = x^2 - \frac{x^4}{3!} + \frac{x^6}{5!} - \frac{x^8}{7!} + \cdots$$

을 얻는다.

■

익힘문제 7.23

$f(x) = x\cos x$ 의 맥클로린 급수를 구하여라.

예제 7.43

$f(x) = \dfrac{1}{1-x}$ 의 맥클로린 급수를 구하여라.

풀이 $f(x) = \dfrac{1}{1-x}$ 은 예제 6.12에서 $a = 1$ 이고 $r = x$ 인 기하급수이므로

$$\frac{1}{1-x} = 1 + x + x^2 + x^3 + \cdots + x^n + \cdots \quad (\text{단}, \ -1 < x < 1)$$

으로 쓸 수 있다. 따라서 $\dfrac{1}{1-x}$ 의 맥클로린 급수는

$$\frac{1}{1-x} = 1 + x + x^2 + x^3 + \cdots + x^n + \cdots = \sum_{n=0}^{\infty} x^n \quad (\text{단}, \ -1 < x < 1)$$

임을 알 수 있다.

■

익힘문제 7.23

$f(x) = \dfrac{1}{1+x}$ 의 맥클로린 급수를 구하여라.

연습문제 7.6 Exercises

1. 다음 함수의 맥클로린 급수를 구하여라.

1) $y = \sin 2x$ 2) $y = e^{-x}$

3) $y = \cos 2x$ 4) $y = xe^{x}$

2. 다음 함수의 맥클로린 급수를 구하여라.

1) $f(x) = \dfrac{1}{1+x^2}$ 2) $f(x) = \dfrac{1}{1-x^2}$ 3) $f(x) = \dfrac{x}{1-x}$

7.7 미분의 응용

7.1절에서 미분은 주어진 점에서의 함수의 접선의 기울기를 나타냄을 알 수 있었다. 이를 이용하면 함수의 증가, 감소를 알 수 있고 더 나아가 주어진 함수의 그래프의 개형을 그릴 수 있다. 또한, 미분은 함수의 최댓값과 최솟값 문제에도 응용된다.

1. 그래프의 개형

주어진 함수의 그래프의 개형을 그리기 위하여 함수의 증가와 감소에 대한 용어부터 알아보자.

■ **증가, 감소함수**

구간 I에서 정의된 함수 $y = f(x)$와 임의의 $a, b \in I$에 대하여,

1. $y = f(x)$가 I에서 **증가함수**라 함은 다음을 만족할 때이다.

$$a < b \Rightarrow f(a) < f(b)$$

2. $y = f(x)$가 I에서 **감소함수**라 함은 다음을 만족할 때이다.

$$a < b \Rightarrow f(a) > f(b)$$

미분을 이용하여 함수의 증감을 알아보기 위하여 다음의 롤의 정리와 평균값 정리가 필요하다. 롤의 정리는 양 끝점의 함수 값이 같은 연속이고 미분 가능한 함수는 접선의 기울기가 0 인 점이 반드시 하나 이상 존재한다는 것이다.

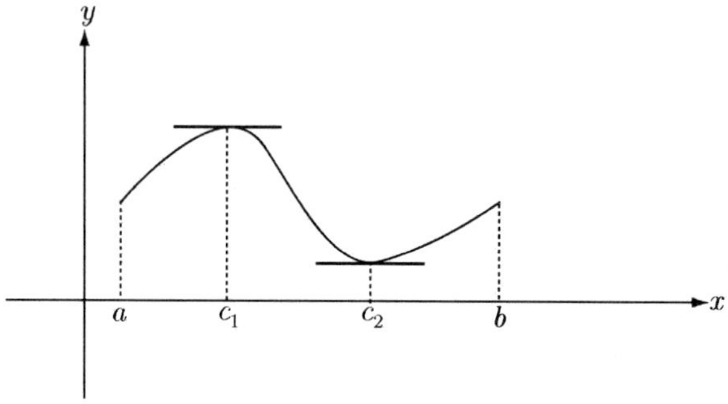

■ 롤의 정리

함수 $y=f(x)$ 가 $[a, b]$ 에서 연속이고, (a, b) 에서 미분 가능할 때, $f(a)=f(b)$ 이면 $f'(c)=0$ 을 만족하는 c 가 (a, b) 사이에 적어도 한 개가 존재한다.

롤의 정리를 이용하면 다음의 정리를 증명할 수 있다. 이 증명은 여러 대학수학 책에서 찾아볼 수 있으므로 여기서는 생략한다.

■ 평균값 정리

함수 $y=f(x)$ 가 $[a, b]$ 에서 연속이고, (a, b) 에서 미분가능하면, 다음을 만족하는 c 가 (a, b) 사이에 적어도 한 개가 존재한다.

$$\frac{f(b)-f(a)}{b-a}=f'(c)$$

이제 미분을 이용하여 함수의 증감 상태를 기술해보자.

■ **함수의 증감**

함수 $y=f(x)$ 가 (a, b) 에서 미분 가능할 때, 임의의 $x\in(a, b)$ 에 대하여,

1. $f'(x)>0$ 이면 f 는 (a, b) 에서 증가함수이다.
2. $f'(x)<0$ 이면 f 는 (a, b) 에서 감소함수이다.
3. $f'(x)=0$ 이면 f 는 (a, b) 에서 상수함수이다.

예제 7.44

평균값 정리를 이용하여 다음을 증명하여라.
함수 $y=f(x)$ 가 (a, b) 에서 미분 가능할 때, 임의의 $x\in(a, b)$ 에 대하여, $f'(x)>0$ 이면 f 는 (a, b) 에서 증가함수이다.

풀이 모든 $x\in(a, b)$ 에 대하여 $f'(x)>0$ 이라 하자. $a<x_1<x_2<b$ 에 대하여 평균값 정리를 적용하면, 다음을 만족하는 $c\,(x_1<c<x_2)$가 존재한다.

$$\frac{f(x_2)-f(x_1)}{x_2-x_1}=f'(c)$$

모든 $x\,(a<x<b)$에 대하여, $f'(x)>0$ 이므로 $f'(c)>0$ 이고 $f(x_1)<f(x_2)$을 얻을 수 있다. 따라서 $x_1<x_2$ 이면 $f(x_1)<f(x_2)$이므로 f 는 (a, b) 에서 증가함수이다.

■

익힘문제 7.23

다음을 증명하여라.
함수 $y=f(x)$ 가 (a, b) 에서 미분 가능할 때, 임의의 $x\in(a, b)$ 에 대하여,

1. $f'(x)<0$ 이면 f 는 (a, b) 에서 감소함수이다.
2. $f'(x)=0$ 이면 f 는 (a, b) 에서 상수함수이다.

■ **극값**

점 a 근처에 있는 모든 x 에 대하여,

1. $f(x)\leq f(a)$ 이면 $f(a)$ 를 **극댓값(maximum balue)**이라 한다.

2. $f(x) \geq f(a)$ 이면 $f(a)$ 를 **극솟값**(minimum value)이라 한다.

극댓값과 극솟값을 **극값**(extremal value)이라고 한다.

보기

다음은 극값을 나타낸다.

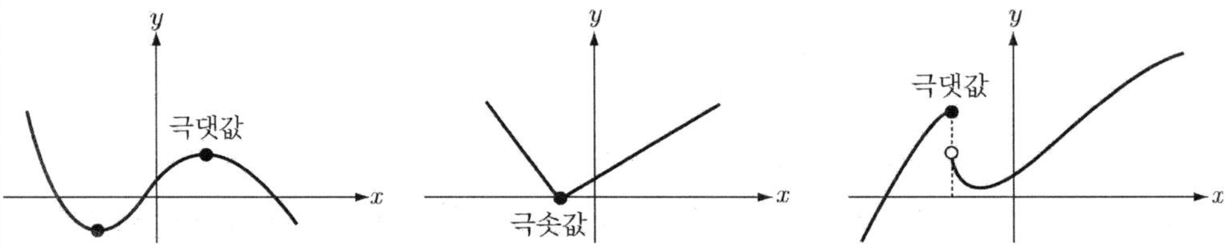

위의 보기의 두 번째 그래프에서 극솟값을 갖는 점은 미분이 불가능한 점이다. 따라서 극값은 다음을 만족한다.

■ **극값의 조건**

미분 가능한 함수 $y=f(x)$ 가 $x=a$ 에서 극값을 가지면 $f'(a)=0$ 이거나 $f'(a)$ 가 존재하지 않는다.

이제 그래프의 개형을 그려보자.

예제 7.45

$y=x^3-3x$ 의 그래프의 개형을 그려라.

풀이 $f(x)=x^3-3x$ 라 놓으면, $f'(x)=3x^2-3=3(x+1)(x-1)$ 이 된다.
즉, $f'(-1)=0$ 이고 $f'(1)=0$ 를 얻는다. 주어진 함수의 증감을 알아보기 위하여 표를 작성해보면 다음과 같다.

x		-1		1	
$f'(x)$	+	0	−	0	+
$f(x)$	↗	2	↘	2	↗

표에 의하여 그래프를 그리면 다음 그래프를 얻을 수 있다.

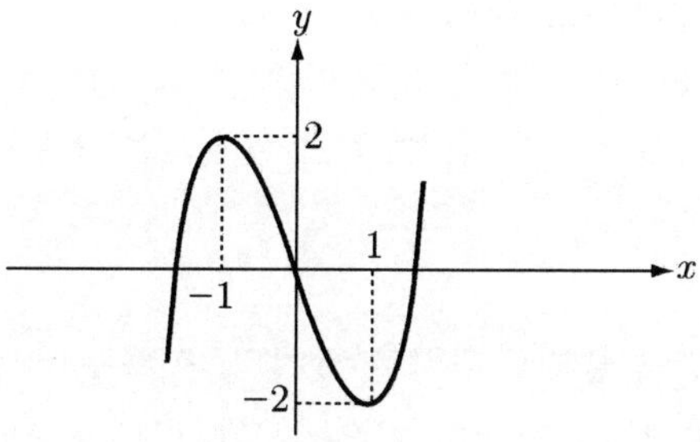

예제 7.46

$y=\dfrac{x}{x^2+2}$ 의 그래프의 개형을 그려라.

풀이 $f(x)=\dfrac{x}{x^2+2}$ 라 놓으면, $f'(x)=\dfrac{-x^2+4}{(x^2+2)^2}=-\dfrac{(x+2)(x-2)}{(x^2+2)^2}$ 이 된다.

즉, $f'(-2)=0$ 이고 $f'(2)=0$ 를 얻는다. 주어진 함수의 증감을 알아보기 위하여 표를 작성해보면 다음과 같다.

x		-2		2	
$f'(x)$	$-$	0	$+$	0	$-$
$f(x)$	↘	극소	↗	극대	↘

표에 의하여 그래프를 그리면 다음 그래프를 얻을 수 있다.

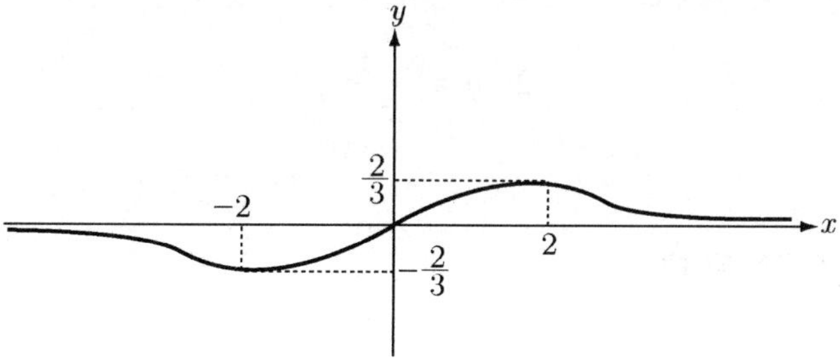

익힘문제 7.24

다음 함수의 그래프의 개형을 그려라.

1) $y=x^3-x^2$　　2) $y=x^4-4x$　　3) $y=\dfrac{x^2}{x^2+1}$

위에서 $f'(x)>0$ 이면 f 는 증가함수임을 알았다. 이로부터, $f''(x)>0$ 라면 f' 이 증가함수임을 유추할 수 있고 f' 이 접선의 기울기를 나타냄을 상기하면 직관적으로 다음을 얻을 수 있다.

■ **2계 미분을 이용한 극값**

$f'(a)=0$ 일 때

1. $f''(a)>0$ 이면 $f(a)$ 는 **극솟값**이다.
2. $f''(a)<0$ 이면 $f(a)$ 는 **극댓값**이다.
3. $f''(a)=0$ 이면 $f(a)$ 는 **변곡점**이다.

변곡점(inflection point)이라 함은 함수의 그래프가 오목에서 볼록으로 변하는 점을 말한다.

익힘문제 7.25

2계 미분을 이용하여 함수의 그래프의 개형을 그려라.

1) $y=x^3-3x$　　2) $y=\dfrac{x}{x^2+2}$

2. 최댓값과 최솟값 문제

예제 7.47

길이가 20cm인 철사로 사각형을 만들려고 한다. 넓이가 최대가 되려면 가로와 세로의 길이를 각각 얼마로 만들어야하는지 구하여라.

풀이 가로를 x , 세로를 y 라 놓으면 $2x+2y=20$ 이므로 $x+y=10$ 을 만족한다. 넓이를
$f(x)=xy=x(10-x)=-x^2+10x$
라 하면, $f'(x)=-2x+10$ 이고 $f'(5)=0$ 이고 $f''(5)<0$ 이므로 $f(5)$ 는 극댓값이 된다. 따라서 $x=5$, $y=15$ 로 놓으면 넓이가 최대가 된다. ■

주어진 함수 $x=f(t)$ 가 시각 t 에 따른 어떤 물체의 위치를 나타낸다면 미분 $x'=f'(t)$ 는 시각 t 에서의 그 물체의 속도를 나타낸다.

■ **속도, 속력, 가속도**

미분 가능한 함수 $x=f(t)$ 에 대하여

1. $v(t)=f'(t)$ 를 **속도(velocity)**라 한다.
2. $|v(t)|$ 를 **속력(speed)**이라 한다.
3. $a(t)=v'(t)=f''(t)$ 를 **가속도(acceleration)**라 한다.

예제 7.48

처음 속도 1/초로 똑바로 던져 올린 물체의 t 초 후의 위치는 다음 식으로 표현된다.

$$x(t)=t-4.9t^2$$

$t=2$ 일 때의 속도와 가속도를 구하여라.

풀이 $x'(t)=1-5.8t$ 이므로 $t=2$ 일 때의 속도는 $x'(2)=-10.6$ 이고 $x''(t)=-5.8$ 이므로 $t=2$ 일 때의 속도는 $x''(2)=-5.8$ 이다. ■

연습문제 7.7 Exercises

1. 다음 함수의 그래프의 개형을 구하여라.

1) $y = x^4 - 2x^2$ 2) $y = x^3 - 3x^2$ 3) $y = \dfrac{x-1}{x^2+3}$

2. 어느 물체의 t 시각에서의 위치가 다음과 같이 주어졌다.

$$s(t) = \sin t + \cos t$$

1) 이 물체의 속도를 구하여라.
2) 이 물체의 가속도를 구하여라.
3) 이 물체의 속력을 구하여라.

3. 겉넓이가 50π 로 일정한 원기둥이 있다. 이 원기둥의 부피가 최대가 되는 원기둥의 높이를 구하여라.

7.8 로피탈 정리

제5장에서 소개되었던 함수의 극한값이 분자와 분모가 모두 0 또는 ∞ 같은 부정형일 경우에는 미분을 이용하면 보다 간단하게 구할 수 있다. 이를 **로피탈 정리**(L'Hôpital theorem)라고 한다. 다음과 같은 형태를 **부정형**이라고 한다.

■ **부정형**

$$\frac{0}{0},\ \frac{\infty}{\infty},\ \infty \cdot 0,\ \infty - \infty$$

이제 각각의 형태에 대하여 극한을 구하는 방법을 알아보자.

1. 부정형 $\frac{0}{0}$

■ **로피탈 정리 1**

연속함수 $f(x)$와 $g(x)$에 대하여 $f(a)=0=g(a)$이고, $f'(a)$와 $g'(a)\neq 0$가 존재하면

$$\lim_{x\to a}\frac{f(x)}{g(x)}=\frac{f'(a)}{g'(a)}$$

가 성립한다.

증명 정의를 이용하면

$$\frac{f'(a)}{g'(a)}=\frac{\lim\limits_{x\to a}\frac{f(x)-f(a)}{x-a}}{\lim\limits_{x\to a}\frac{g(x)-g(a)}{x-a}}=\lim_{x\to a}\frac{\frac{f(x)-f(a)}{x-a}}{\frac{g(x)-g(a)}{x-a}}$$

$$=\lim_{x\to a}\frac{f(x)-f(a)}{g(x)-g(a)}=\lim_{x\to a}\frac{f(x)-0}{g(x)-0}$$

$$=\lim_{x\to a}\frac{f(x)}{g(x)}$$

예제 7.49

다음 함수의 극한을 구하여라.

풀이

1) $\lim\limits_{x\to 0}\frac{\sin x}{x}=\frac{\lim\limits_{x\to 0}\cos x}{1}=1$

2) $\lim\limits_{x\to 0}\frac{1-\cos x}{x}=\frac{\lim\limits_{x\to 0}\sin x}{1}=0$

3) $\lim\limits_{x\to 0}\frac{1-e^{x}}{x}=\frac{\lim\limits_{x\to 0}(-e^{x})}{1}=-1$

익힘문제 7.26

다음 함수의 극한을 구하여라.

1) $\displaystyle\lim_{x \to 2} \frac{x^2 - 7x + 10}{x - 2}$ 2) $\displaystyle\lim_{x \to 0} \frac{\tan x}{\sin 3x}$ 3) $\displaystyle\lim_{x \to 3} \frac{x - 3}{\sqrt{x^2 - 5} - 2}$

2. 부정형 $\frac{\infty}{\infty}$

■ **로피탈 정리 2**

연속함수 $f(x)$와 $g(x)$에 대하여, $x \to a$ (또는 ∞)일 때 $f(x) \to \pm\infty$ 이고 $g(x) \to \pm\infty$ 이면 다음 등식은 우변의 극한이 존재할 경우에 성립한다.

$$\lim_{x \to a} \frac{f(x)}{g(x)} = \lim_{x \to a} \frac{f'(a)}{g'(a)}$$

예제 7.50

다음 함수의 극한을 구하여라.

1) $\displaystyle\lim_{x \to \infty} \frac{\ln x}{x}$ 2) $\displaystyle\lim_{x \to \infty} \frac{e^x}{x}$ 3) $\displaystyle\lim_{x \to \frac{\pi}{2}} \frac{\sec x}{1 + \tan x}$

풀이

1) $\displaystyle\lim_{x \to \infty} \frac{\ln x}{x} = \lim_{x \to \infty} \frac{\frac{1}{x}}{1} = 0$

2) $\displaystyle\lim_{x \to \infty} \frac{e^x}{x} = \lim_{x \to \infty} \frac{e^x}{1} = \infty$

3) $\displaystyle\lim_{x \to \frac{\pi}{2}} \frac{\sec x}{1 + \tan x} = \lim_{x \to \frac{\pi}{2}} \frac{\sec x \tan x}{\sec^2 x} = \lim_{x \to \frac{\pi}{2}} \sin x = 1$

■

익힘문제 7.27

다음 함수의 극한을 구하여라.

1) $\lim_{x \to 0^+} \frac{\ln(x^2+2)}{\ln x}$　　2) $\lim_{x \to \infty} \frac{x^2-3}{-x^2-5x}$　　3) $\lim_{x \to \infty} \frac{e^x-3}{e^x-5x}$

3. 기타 부정형

부정형 $\infty \cdot 0$과 $\infty - \infty$의 형태의 경우 조작을 통해 부정형 $\frac{0}{0}$ 또는 $\frac{\infty}{\infty}$의 형태로 변형이 가능하다.

예제 7.51

$\lim_{x \to 0^+} x \ln x$을 구하여라.

풀이 $x \ln x \to 0 \cdot -\infty$의 형태이므로 $x \ln x = \frac{\ln x}{1/x}$으로 표현할 수 있고 $t = \frac{1}{x}$라 놓으면

$$\lim_{x \to 0^+} \frac{\ln x}{1/x} = \lim_{t \to \infty} \frac{\ln t}{t} = \lim_{t \to \infty} \frac{1}{t} = 0$$

임을 알 수 있다.

익힘문제 7.28

$\lim_{x \to \infty} x \sin \frac{1}{x}$을 구하여라.

예제 7.52

$\lim_{x \to 0^+} \left(\frac{1}{x} + \ln x \right)$을 구하여라.

풀이 $\frac{1}{x} + \ln x \to \infty - \infty$ 의 형태이므로 이를 통분하면

$\frac{1}{x} + \ln x = \frac{1 + x\ln x}{x}$ 이 되고 예제 7.51을 이용하면

$$\lim_{x \to 0^+} \left(\frac{1}{x} + \ln x \right) = \lim_{t \to 0^+} \frac{1 + x\ln x}{x} = \infty$$

임을 알 수 있다.

익힘문제 7.29

$\lim_{x \to 0^+} \left(\frac{x}{x+1} - \frac{1}{\sin x} \right)$ 을 구하여라.

연습문제 7.8 Exercises

로피탈 정리를 이용하여 극한을 계산하여라.

1) $\lim_{x \to 2} \frac{x^2 - 4}{x - 2}$

2) $\lim_{x \to 0} \frac{1 - \cos x}{x^2}$

3) $\lim_{x \to 0} \frac{\sin 5x}{\sin x}$

4) $\lim_{x \to 4} \frac{\sqrt{x} - 2}{x - 4}$

5) $\lim_{x \to 3} \frac{x - 3}{\sqrt{x^2 - 5} - 2}$

6) $\lim_{x \to -3} \frac{2 - \sqrt{x^2 - 5}}{x + 3}$

7) $\lim_{x \to 2} \frac{x^2 - 7x + 10}{x - 2}$

8) $\lim_{x \to \infty} \{ \ln 2x - \ln (x + 2) \}$

9) $\lim_{x \to 0} \frac{x^2}{\ln (\sec x)}$

10) $\lim_{x \to 0} \frac{x 2^x}{2^x - 1}$

11) $\lim_{x \to 0} \frac{x - \sin x}{x^2}$

12) $\lim_{x \to \infty} x^2 e^{-x}$

13) $\lim_{x \to 0} \frac{1 - (1/3)^x}{x}$

14) $\lim_{x \to 0} \frac{1 - 2^x}{3^x - 1}$

15) $\lim_{x \to 1^+} \left(\frac{1}{x - 1} - \frac{1}{\ln x} \right)$

Chapter 08 적분

적분을 이용하면 곡선과 좌표축으로 둘러싸인 면적을 구할 수도 있고 속도가 주어지면 움직인 거리도 계산 가능하다. 또한 전기회로에서 커패시턴스에 걸리는 전압은 전류의 적분으로 표시된다. 이렇듯 적분은 물리학이나 공학 분야에 널리 이용되고 있다. 제8장에서는 미분을 이용하여 적분공식을 소개하고 다양한 적분방법 및 응용을 소개 한다.

8.1 부정적분과 정적분

1. 부정적분

미분하여 $2x$가 되는 함수 $y=F(x)$에 대하여 생각해보자. 이 경우, $F(x)$는 $x^2,\ x^2-1,\ x^2+100,\cdots$ 등의 함수가 될 수 있다. 즉,

$$\frac{dy}{dx}=F'(x)=2x \qquad \Rightarrow \qquad F(x)=x^2,\ x^2-1,\ x^2+100,\cdots$$

이때 미분하여 $2x$가 되는 함수를 모두 표현한 것을 $2x$의 **부정적분(indefinite integral)**이라 부르고 다음과 같이 표기한다.

$$\int 2x\,dx \ \xleftarrow{\text{적분}} \ 2x \qquad \int 2x\,dx \ \xrightarrow[\text{미분}]{} \ 2x$$

다음은 함수의 부정적분에 관한 정의이다.

■ **부정적분**

$F'(x) = f(x)$ 일 때

$$\int f(x)\,dx = F(x) + C$$

를 $f(x)$의 **부정적분**이라 한다. 이때 상수 C를 적분상수라 한다.

예제 8.1

x 의 부정적분을 구하여라.

풀이 $\frac{d}{dx}(x^2) = 2x$ 이므로, $\int x\,dx = \frac{1}{2}x^2 + C$ 이다. ■

예제 8.2

$\sqrt{x}$ 의 부정적분을 구하여라.

풀이 $\frac{d}{dx}(x^{3/2}) = \frac{3}{2}x^{1/2} = \frac{3}{2}\sqrt{x}$ 이므로, $\int \sqrt{x}\,dx = \frac{2}{3}x^{3/2} + C$ 이다. ■

예제 8.3

e^x 의 부정적분을 구하여라.

풀이 $\frac{d}{dx}(e^x) = e^x$ 이므로, $\int e^x dx = e^x + C$ 이다. ■

예제 8.4

$\cos x$ 의 부정적분을 구하여라.

풀이 $\frac{d}{dx}(\sin x) = \cos x$ 이므로, $\int \cos x\,dx = \sin x + C$ 이다. ■

예제 8.5

$\frac{1}{x}$ 의 부정적분을 구하여라.

풀이 예제 7.21에 의하여 $\frac{d}{dx}(\ln|x|) = \frac{1}{x}$ 임을 알 수 있다. 따라서

$$\int \frac{1}{x} dx = \ln|x| + C$$

이다.

■

예제 8.6

커패시터의 전압

풀이 예제 7.13으로부터 커패시턴스 값이 C인 커패시터에 흐르는 전류 i는 커패시터 양단에 걸리는 전압 v는 다음과 주어짐을 알 수 있다.

$$i(t) = C\frac{dv}{dt} \quad \Leftrightarrow \quad \frac{dv}{dt} = \frac{1}{C}i(t)$$

위의 양변을 적분하면 다음과 같이 전압 v를 구할 수 있다.

$$v(t) = \frac{1}{C}\int i(t)\,dt$$

■

〈표 8-1〉 적분공식

$f(x)$	$\int f(x)\,dx$	$f(x)$	$\int f(x)\,dx$
k (상수)	$kx + C$	$\sin kx$ (k:상수)	$-\frac{1}{k}\cos kx + C$
x^n $(n \neq -1)$	$\frac{1}{n+1}x^{n+1} + C$	$\cos kx$ (k:상수)	$\frac{1}{k}\sin kx + C$
$\frac{1}{x}$	$\ln\|x\| + C$	$\frac{1}{k^2+x^2}$ (k:상수)	$\frac{1}{k}\tan^{-1}\frac{x}{k} + C$
e^{kx} (k:상수)	$\frac{1}{k}e^{kx} + C$	$\frac{1}{\sqrt{k^2-x^2}}$ $(k>0)$	$\sin^{-1}\frac{x}{k} + C$

익힘문제 8.1

주어진 함수의 부정적분을 구하여라.

1) $2x$　　2) $x\sqrt{x}$　　3) $\frac{1}{2x}$

4) e^{3x}　　5) $\sin(\frac{1}{2}x)$　　6) $-\sqrt{5}$

7) $\frac{1}{x^2}$　　8) $e^{-\frac{1}{2}x}$　　9) $\cos(-4x)$

10) $\frac{1}{4+x^2}$　　11) $\sin^{-1}\frac{1}{2}x$　　12) $\tan^{-1}\frac{1}{2}x$

부정적분은 다음과 같은 성질을 가지고 있다. 이를 부정적분의 선형성이라 부른다.

■ 부정적분의 선형성

1. $\int f(x) + g(x)\,dx = \int f(x)\,dx + \int g(x)\,dx$
2. $\int kf(x)\,dx = k\int f(x)\,dx$ (단, k: 상수)

예제 8.7

$3+x^2$ 의 부정적분을 구하여라.

풀이 부정적분의 성질에 의하여, $\int 3+x^2\,dx = \frac{1}{3}x^3 + 3x + C$이다. ■

예제 8.8

$x+e^x+\cos x$ 의 부정적분을 구하여라.

풀이 부정적분의 성질에 의하여, $\int x + e^x + \cos x \ dx = \frac{1}{2}x^2 + e^x + \sin x + C$이다.

■

2. 정적분

$y = f(x) \geq 0 \ (a \leq x \leq b)$와 x축으로 둘러싸인 도형의 넓이를 구하는 문제에 대하여 생각해보자.

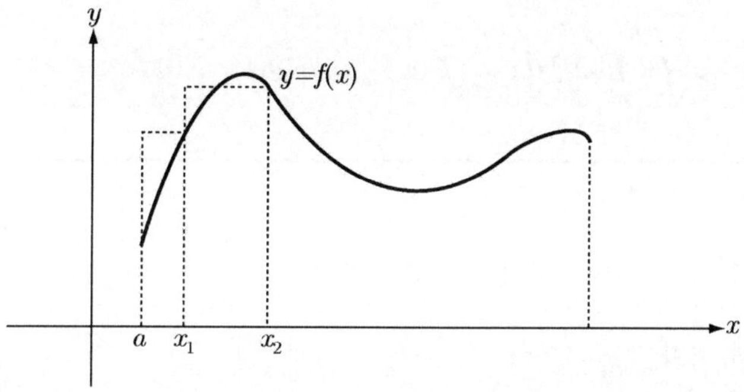

[그림 8.1] $y = f(x) \geq 0$, $a \leq x \leq b$ 로 둘러싸인 도형의 넓이

위 도형의 넓이를 구하기 위하여 주어진 도형을 n개의 직사각형으로 분할하자. 그러면 직사각형들의 넓이의 합은 주어진 도형의 넓이의 근삿값이 될 것이다. 즉

$$\text{주어진 도형의 넓이} \approx n\text{개의 직사각형들의 넓이의 합}$$

n의 값이 커질수록 직사각형들의 넓이의 합은 주어진 도형의 넓이와 더 근사한 값을 갖게 될 것이다.

$$\text{주어진 도형의 넓이} = \lim_{n \to \infty} (n\text{개의 직사각형들의 넓이의 합})$$

따라서 다음과 같이 **정적분(definite integral)**을 정의할 수 있다.

■ **정적분**

$y = f(x) \geq 0 \ (a \leq x \leq b)$와 x축으로 둘러싸인 도형의 넓이를

$$\int_a^b f(x)\,dx$$

로 표현하고, 이를 함수 $f(x)$의 정적분이라 한다.

미적분학의 기본정리(Funelamental theorem of calculus)를 이용하면 정적분의 계산은 다음과 같이 계산할 수 있다. 여기서 자세한 증명은 생략하기로 한다.

■ **정적분 계산**

$\int f(x)\,dx = F(x) + C$일 때,

$$\int_a^b f(x)\,dx = [F(x)]_a^b = F(b) - F(a)$$

예제 8.9

$\int_1^2 x\,dx$ 을 구하여라.

풀이 예제 8.1에 의하여, $\int_1^2 x\,dx = \left[\frac{1}{2}x^2\right]_1^2 = \frac{1}{2}(2^2 - 1^2) = \frac{3}{2}$ 이다.

■

예제 8.10

$\int_1^4 \sqrt{x}\,dx$ 을 구하여라.

풀이 예제 8.2에 의하여, $\int_1^4 \sqrt{x}\,dx = \left[\frac{2}{3}x^{3/2}\right]_1^4 = \frac{2}{3}(\sqrt[3]{4} - 1)$ 이다.

■

예제 8.11

$\int_0^1 e^x\,dx$ 을 구하여라.

풀이 예제 8.3에 의하여, $\int_0^1 e^x\,dx = [e^x]_0^1 = e^1 - e^0 = e-1$이다.

예제 8.12

$\int_0^\pi \cos x\,dx$을 구하여라.

풀이 예제 8.4에 의하여, $\int_0^\pi \cos x\,dx = [\sin x]_0^\pi = \sin(\pi) - \sin(0) = 0$이다.

정적분은 다음과 같은 성질을 가진다.

■ **정적분의 성질**

1. $\int_b^a f(x)\,dx = -\int_a^b f(x)\,dx$
2. $\int_a^a f(x)\,dx = 0$
3. $\int_a^b kf(x)\,dx = k\int_a^b f(x)\,dx$ (단, k는 임의의 상수)
4. $\int_a^b f(x) + g(x)\,dx = \int_a^b f(x)\,dx + \int_a^b g(x)\,dx$

예제 8.13

$\int_1^2 3+2x\,dx$을 구하여라.

풀이 표 8.1에 의하여, $\int_1^2 3+2x\,dx = [3x+x^2]_1^2 = (3\cdot 2 - 3\cdot 1) + (1^2 - 1) = 3$이다.

예제 8.14

$\int_0^{\pi/2} \cos x + \sin x \, dx$ 을 구하여라.

풀이 표 8.1에 의하여

$$\begin{aligned}\int_0^{\pi/2} \cos x + \sin x \, dx &= [\sin x - \cos x]_0^{\pi/2} \\ &= (\sin(\pi/2) - \sin 0) - (\cos(\pi/2) - \cos 0) \\ &= 1 - (-1) = 2\end{aligned}$$

이다.

익힘문제 8.2

다음을 구하여라.

1) $\int_1^2 2x \, dx$

2) $\int_1^2 x\sqrt{x} \, dx$

3) $\int_1^3 \frac{1}{2x} \, dx$

4) $\int_0^1 e^{3x} \, dx$

5) $\int_0^{\pi} \sin\left(\frac{1}{2}x\right) dx$

6) $\int_0^1 -\sqrt{5} \, dx$

7) $\int_1^2 \frac{1}{x^2} \, dx$

8) $\int_0^1 e^{-\frac{1}{2}x} \, dx$

9) $\int_0^{\pi/2} \cos(-4x) \, dx$

10) $\int_0^{\pi/2} \frac{1}{4+x^2} \, dx$

3. 우함수와 기함수의 적분

대칭으로 주어진 적분 구간에서 우함수와 기함수의 정적분에 대하여 알아보자.

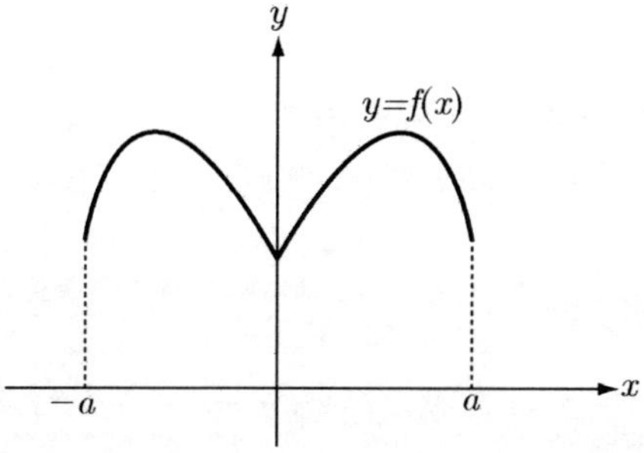

[그림 8.2] $[-a, a]$ **에서 우함수의 정적분**

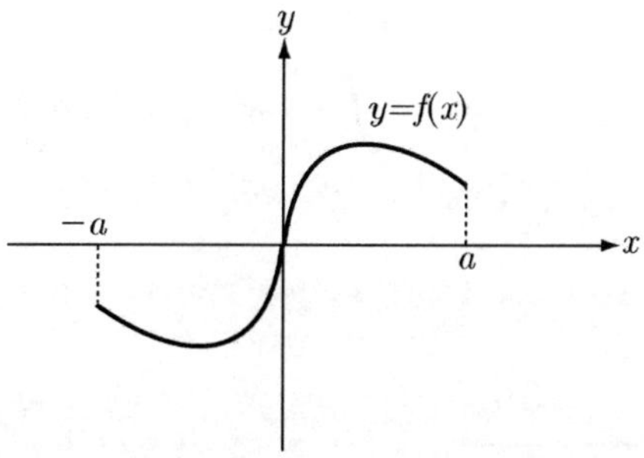

[그림 8.3] $[-a, a]$ **에서 기함수의 정적분**

[그림 8.2]와 [그림 8.3]에서와 같이 우함수의 그래프는 y 축 대칭이고 기함수의 그래프는 원점 대칭이므로 다음과 같은 성질을 가진다.

■ **우함수와 기함수의 정적분**

$$\int_{-a}^{a} (\text{우함수})\,dx = 2\int_{0}^{a} (\text{우함수})\,dx$$

$$\int_{-a}^{a} (\text{기함수})\,dx = 0$$

예제 8.15

$\int_{-1}^{1} x\,dx$ 을 구하여라.

풀이 x 는 기함수이므로 $\int_{-1}^{1} x\,dx = 0$ 을 얻는다.

예제 8.16

$\int_{-\pi/2}^{\pi/2} \cos x\,dx$ 를 구하여라.

풀이 $\cos x$ 는 우함수이므로

$$\int_{-\pi/2}^{\pi/2} \cos x\, dx = 2\int_{0}^{\pi/2} \cos x\, dx = 2[\sin x]_0^{\pi/2} = 2$$

을 얻는다.

익힘문제 2.1

다음을 구하여라.

1) $\int_{-\pi}^{\pi} \sin x\, dx$ 2) $\int_{-2}^{2} x^2\, dx$ 3) $\int_{-\pi/2}^{\pi/2} \tan x\, dx$

4. 페이저의 적분

제7장에서 정현파를 미분한 파형의 페이저는 본래의 정현파의 페이저에 $j\omega$ 를 곱하면 되고 n 번 미분한 정현파의 페이저는 $(j\omega)^n$ 을 곱하면 된다는 사실을 알았다. 이제 정현파를 적분할 때의 페이저는 어떻게 표시되는지를 살펴보자.

정현파 $x(t) = A\cos(\omega t + \phi)$ 의 페이저는 $\boldsymbol{X} = Ae^{j\phi}$ 이고 이 정현파를 적분하면

$$\int x(t)dt = \frac{1}{\omega}A\sin(\omega t + \phi) = \frac{1}{\omega}A\cos\left(\omega t + \phi - \frac{\pi}{2}\right)$$

이므로 $\int x(t)dt$ 의 페이저는

$$\frac{1}{\omega}Ae^{j(\phi - \frac{\pi}{2})} = \frac{1}{\omega}Ae^{j\phi}e^{-j\frac{\pi}{2}} = \frac{1}{j\omega}Ae^{j\phi} = \frac{1}{j\omega}\boldsymbol{X}$$

가 된다.

즉 정현파를 적분한 파형의 페이저는 본래의 정현파의 페이저에 $\frac{1}{j\omega}$ 를 곱하면 되고 따라서 n 번 적분한 정현파의 페이저는 $\frac{1}{(j\omega)^n}$ 을 곱하면 된다.

■ **적분한 정현파의 페이저**

$$x(t) = A\cos(\omega t + \phi) \iff \boldsymbol{X} = Ae^{j\phi}$$

$$\int x(t)dt \Leftrightarrow \frac{1}{j\omega}\boldsymbol{X}$$

$$\int x^n(t)dt \Leftrightarrow \frac{1}{(j\omega)^n}\boldsymbol{X}$$

예제 8.17

$L\dfrac{di(t)}{dt}+Ri(t)+\dfrac{1}{C}\displaystyle\int i(t)dt=0$ 에서 $i(t)$ 의 페이저를 $\boldsymbol{I}$ 라 할 때 이 수식을 페이저로 나타내어라.

풀이 $i(t) \Leftrightarrow \boldsymbol{I}$, $\dfrac{di(t)}{dt} \Leftrightarrow j\omega\boldsymbol{I}$, $\displaystyle\int i(t)dt \Leftrightarrow \frac{1}{j\omega}\boldsymbol{I}$ 이므로

$j\omega L\boldsymbol{I} + R\boldsymbol{I} + \dfrac{1}{j\omega C}\boldsymbol{I}=0$ 이 된다.

연습문제 8.1 Exercises

1. 다음 부정적분을 구하여라.

1) $\int x^3 dx$

2) $\int \frac{1}{x^3} dx$

3) $\int \sin(-2x)dx$

4) $\int e^{-3x}dx$

5) $\int \sec^2 x\, dx$

6) $\int \csc^2 x\, dx$

7) $\int \sec x \tan x\, dx$

8) $\int 2^x dx$

9) $\int \sqrt[3]{x}\, dx$

10) $\int \frac{1}{\sqrt{4-x^2}} dx$

11) $\int \cosh x\, dx$

12) $\int \frac{1}{2+x^2} dx$

13) $\int \sec^2 4x\, dx$

14) $\int \frac{3}{x}\, dx$

15) $\int \frac{1}{1+4x^2}\, dx$

16) $\int \frac{\sqrt{x}+x^3}{x}\, dx$

17) $\int \sqrt{2x}\, dx$

18) $\int \frac{1}{1+\frac{x^2}{4}}\, dx$

19) $\int \sec 4x \tan 4x\, dx$

20) $\int \frac{3}{x\sqrt{x}}\, dx$

2. 다음 정적분을 구하여라.

1) $\int_0^1 x^3\, dx$

2) $\int_1^2 \frac{1}{x^3}\, dx$

3) $\int_{-\pi/2}^{\pi/2} \sin(-2x)\, dx$

4) $\int_0^1 e^{-3x}\, dx$

5) $\int_0^{\pi/4} (1+\tan^2 x)\, dx$

6) $\int_0^{\pi} \sin x \cos x\, dx$

7) $\int_0^{\frac{\pi}{4}} \sec^2 x\, dx$

8) $\int_{-1}^{1} \frac{1}{x^2}\, dx$

9) $\int_0^{\frac{\pi}{6}} \sec 4x \tan 4x\, dx$

8.2 여러 가지 적분법

1. 치환 적분(substitution)

주어진 적분이 직접 계산하기 어려운 경우에 적절한 치환을 통해 쉽게 계산할 수 있다. 다음은 치환 적분 공식이다. 이는 미분의 연쇄법칙으로부터 쉽게 유도된다.

■ **치환 적분**

$$\int f(g(x))g'(x)\,dt = \int f(u)\,du$$

예제를 통하여 치환 적분을 익혀보자.

예제 8.18

$\int (x+2)^2\,dx$ 을 구하여라.

풀이 $u = x+2$ 라 치환하면, $\frac{du}{dx} = 1$ 이므로 $dx = du$ 이다. 따라서

$$\int (x+2)^2\,dx = \int u^2\,du = \frac{1}{3}u^3 + C = \frac{1}{3}(x+2)^3 + C$$

를 얻는다. ■

예제 8.19

$\int \sqrt{2x-1}\,dx$ 을 구하여라.

풀이 $u = 2x-1$ 라 치환하면, $\frac{du}{dx} = 2$ 이므로 $dx = \frac{1}{2}du$ 이다. 따라서

$$\int \sqrt{2x-1}\,dx = \int \sqrt{u}\,\frac{1}{2}du = \frac{1}{3}u^{3/2} + C = \frac{1}{3}(2x-1)^{3/2} + C$$

를 얻는다. ■

예제 8.20

$\int xe^{x^2}\,dx$ 을 구하여라.

풀이 $u = x^2$ 라 치환하면, $\dfrac{du}{dx} = 2x$ 이므로 $dx = \dfrac{1}{2x}du$ 이다. 따라서

$$\int xe^{x^2}dx = \int x e^u \frac{1}{2x}du = \frac{1}{2}\int e^u\,du = \frac{1}{2}e^u + C = \frac{1}{2}e^{x^2} + C$$

를 얻는다.

■

예제 8.21

$\displaystyle\int x\cos x^2\,dx$ 을 구하여라.

풀이 $u = x^2$ 라 치환하면, $\dfrac{du}{dx} = 2x$ 이므로 $dx = \dfrac{1}{2x}du$ 이다. 따라서

$$\int x\cos x^2\,dx = \int x\cos u\,\frac{1}{2x}du = \frac{1}{2}\int \cos u\,du$$

$$= \frac{1}{2}\sin u + C = \frac{1}{2}\sin x^2 + C$$

를 얻는다.

■

예제 8.22

$\displaystyle\int_0^{\sqrt{\frac{\pi}{2}}} x\cos x^2\,dx$ 을 구하여라.

풀이 예제 8.16에 의하여 다음을 얻을 수 있다.

$$\int x\cos x^2\,dx = \frac{1}{2}\sin x^2 + C$$

$u = x^2$ 라 치환했으므로 $0 \le u \le \dfrac{\pi}{2}$ 이므로

$$\int_0^{\sqrt{\frac{\pi}{2}}} x\cos x^2\,dx = \left[\frac{1}{2}\sin x^2\right]_0^{\sqrt{\frac{\pi}{2}}} = \frac{1}{2}$$

를 얻는다.

■

익힘문제 8.4

주어진 함수의 부정적분을 구하여라.

1) $(2x-1)^2$　　2) $x\sqrt{x^2+1}$　　3) $\frac{1}{2x-1}$

4) e^{3x-2}　　5) $\sin\left(\frac{1}{2}x+\frac{1}{2}\right)$　　6) $\csc x$

7) $\frac{1}{(x-3)^2}$　　8) $x e^{-\frac{1}{2}x^2-1}$　　9) $\frac{x}{4+x^4}$

10) $\sec x$

2. 부분 적분(integration by parts)

주어진 적분이 두 함수의 곱으로 표현된 경우 부분 적분을 생각해볼 수 있다. 부분 적분은 두 함수의 곱의 미분으로부터 얻어진다.

$(fg)' = f'g + fg' \quad \Rightarrow \quad f'g = (fg)' - fg'$ 　또는　 $fg' = (fg)' - f'g$

양변을 적분하면,

$$f'g = (fg)' - fg \quad \Rightarrow \quad \int f'g\,dx = fg - \int fg'dx$$

$$fg' = (fg)' - f'g \quad \Rightarrow \quad \int fg'dx = fg - \int f'g\,dx$$

따라서 다음과 같은 부분 적분 공식을 얻는다.

■ **부분 적분**

$$\int f'g\,dx = fg - \int fg'dx$$

$$\int fg'dx = fg - \int f'g\,dx$$

예제 8.23

$\int xe^x\,dx$ 을 구하여라.

풀이 $f = x$, $g' = e^x$ 라 놓으면 $f' = 1$, $g = e^x$ 이므로

$$\int xe^x\,dx = x\,e^x - \int e^x\,dx = x\,e^x - e^x + C$$

를 얻는다.

■

예제 8.24

$\int x\cos\,x\,dx$ 을 구하여라.

풀이 $f = x$, $g' = \cos\,x$ 라 놓으면 $f' = 1$, $g = \sin x$ 이므로

$$\int x\cos\,x\,dx = x\sin\,x - \int \sin\,x\,dx = x\sin\,x + \cos\,x + C$$

를 얻는다.

■

예제 8.25

$\int \ln x\,dx$ 을 구하여라.

풀이 $f' = 1$, $g = \ln x$ 라 놓으면 $f = x$, $g' = \dfrac{1}{x}$ 이므로

$$\int \ln\,x\,dx = x\ln x - \int 1\,dx = x\ln x - x + C$$

를 얻는다.

■

예제 8.26

$\int e^x \sin x\,dx$ 을 구하여라.

풀이 $f' = e^x$, $g = \sin x$ 라 놓으면 $f = e^x$, $g' = \cos\,x$ 이므로,

$$\int e^x \sin x\,dx = e^x \sin\,x - \int e^x \cos x\,dx$$

를 얻는다. $\int e^x \cos x\,dx$ 을 구하기 위하여, 다시 한 번 부분 적분을 이용하자.

$f' = e^x$, $g = \cos x$ 라 놓으면 $f = e^x$, $g' = -\sin x$ 이므로,

$$\int e^x \cos x \, dx = e^x \cos x - \int -e^x \sin x \, dx$$

를 얻을 수 있다. 이를 위의 식에 대입하면

$$\begin{aligned}
\int e^x \sin x \, dx &= e^x \sin x - \int e^x \cos x \, dx \\
&= e^x \sin x - \left(e^x \cos x - \int -e^x \sin x \, dx \right) \\
&\Rightarrow \ 2 \int e^x \sin x \, dx = e^x \sin x - e^x \cos x + C_1 \\
&\Rightarrow \ \int e^x \sin x \, dx = \frac{1}{2}(e^x \sin x - e^x \cos x) + C
\end{aligned}$$

를 얻는다.

■

익힘문제 8.5

주어진 함수의 부정적분을 구하여라.

1) $x \sin 2x$　　2) xe^{2x}　　3) $\ln(2+x)$

4) $x \cos(-x)$　　5) $e^{-x} \sin x$　　6) $(x-1)e^x$

7) $x \sin(-x)$　　8) $e^x \cos x$

3. 부분 분수를 이용한 유리함수의 적분

유리함수의 적분을 **부분 분수(partial fraction)**를 이용하여 구할 수 있다. 예제를 통하여 이를 익혀보자.

예제 8.27

$\int \frac{1}{x^2+x} dx$ 을 구하여라.

풀이 적분할 함수 $\frac{1}{x^2+x}$ 를 부분 분수 $\frac{1}{x^2+x} = \frac{1}{x(x+1)} = \frac{A}{x} + \frac{B}{x+1}$ 의 형태로 표현해보자. A, B를 구하기 위하여 양변에 $x(x+1)$을 곱하면

$$1 = A(x+1) + Bx \quad \Rightarrow \quad A+B=0,\ A=1 \quad \Rightarrow \quad A=1,\ B=-1$$

을 얻는다. 따라서

$$\int \frac{1}{x^2+x}dx = \int \frac{1}{x}dx + \int \frac{-1}{x+1}dx = \ln|x| - \ln|x+1| + C$$

■

예제 8.28

$\int \frac{1}{x^2-1}dx$ 을 구하여라.

풀이 적분할 함수 $\frac{1}{x^2-1}$ 를 부분 분수 $\frac{1}{x^2-1} = \frac{1}{(x-1)(x+1)} = \frac{A}{x-1} + \frac{B}{x+1}$ 의 형태로 표현해보자. A, B를 구하기 위하여 양변에 $(x-1)(x+1)$을 곱하면

$$1 = A(x+1) + B(x-1) \quad \Rightarrow \quad A+B=0,\ A-B=1 \quad \Rightarrow \quad A=\frac{1}{2},\ B=-\frac{1}{2}$$

을 얻는다. 따라서

$$\int \frac{1}{x^2-1}dx = \int \frac{1/2}{x-1}dx + \int \frac{-1/2}{x+1}dx = \frac{1}{2}\ln|x-1| - \frac{1}{2}\ln|x+1| + C$$

■

예제 8.29

$\int \frac{1}{x^3+x}dx$ 을 구하여라.

풀이 적분할 함수 $\frac{1}{x^3+x}$ 를 부분 분수 $\frac{1}{x^3+x} = \frac{1}{x(x^2+1)} = \frac{A}{x} + \frac{Bx+D}{x^2+1}$ 의 형태로 표현해보자. A, B를 구하기 위하여 양변에 $x(x^2+1)$을 곱하면

$$1 = A(x^2+1) + (Bx+D)x$$
$$\Rightarrow \quad A+B=0,\ D=0,\ A=1$$
$$\Rightarrow \quad A=1,\ B=-1,\ D=0$$

을 얻는다. 따라서

$$\int \frac{1}{x^3+x}dx = \int \frac{1}{x}dx + \int \frac{-1}{x^2+1}dx = \ln|x| - \tan^{-1}x + C$$

■

예제 8.30

$\int \frac{x^3}{x^2+x}\,dx$ 을 구하여라.

풀이 적분할 함수 $\frac{x^3}{x^2+x}$ 를 살펴보면 분자의 차수가 분모의 차수보다 크므로 분자를 분모로 나눌 수가 있다. 즉,

$$\frac{x^3}{x^2+x}=x-1+\frac{x}{x^2+x}=x-1+\frac{1}{x+1}$$

로 표현할 수 있다. 따라서

$$\int \frac{x^3}{x^2+x}\,dx=\int x-1\,dx+\int \frac{1}{x+1}\,dx=\frac{1}{2}x^2-x+\ln|x+1|+C$$

을 얻는다.

익힘문제 8.6

주어진 함수의 부정적분을 구하여라.

1) $\frac{1}{x^2-x-6}$ 2) $\frac{x+2}{x^2-1}$

3) $\frac{x^3}{x^3+x}$ 4) $\frac{x+2}{x^3-x}$

4. 삼각함수의 적분

8.1절에서 삼각함수의 기본적인 적분을 다뤘다. 여기서는 삼각함수의 변형 적분을 다뤄보도록 하자. 제2장에서 소개되었던 다음 공식들을 복습해보자.

■ **반각 공식**

$$\sin^2 x=\frac{1-\cos 2x}{2} \qquad \cos^2 x=\frac{1+\cos 2x}{2}$$

위의 공식들을 이용하여 다음의 적분을 해보자.

예제 8.31

$\int \cos^2 x\, dx$ 을 구하여라.

풀이 $\cos^2 x = \dfrac{1+\cos^2 x}{2}$ 이므로

$$\int \cos^2 x\, dx = \int \frac{1+\cos 2x}{2}\, dx = \frac{1}{2}x + \frac{1}{4}\sin 2x + C$$

을 얻는다.

■

익힘문제 8.7

$\int \sin^2 x\, dx$ 을 구하여라.

다음은 삼각함수의 곱에 대한 공식이다.

■ **곱을 합, 차로 나타내는 공식**

$$\sin x \cos y = \frac{1}{2}\{\sin(x+y) + \sin(x-y)\}$$
$$\cos x \sin y = \frac{1}{2}\{\sin(x+y) - \sin(x-y)\}$$
$$\cos x \cos y = \frac{1}{2}\{\cos(x+y) + \cos(x-y)\}$$
$$\sin x \sin y = -\frac{1}{2}\{\cos(x+y) - \cos(x-y)\}$$

위의 공식들을 이용하여 다음 적분을 구해보자.

예제 8.32

$\int \cos 2x \sin x\, dx$ 을 구하여라.

풀이 $\cos 2x \sin x = \frac{1}{2}\{\sin(2x+x) - \sin(2x-x)\}$ 이므로,

$$\int \cos 2x \sin x \, dx = \frac{1}{2}\int (\sin 3x - \sin x) dx = \frac{1}{2}\left(-\frac{1}{3}\cos 3x + \cos x\right) + C$$

을 얻는다.

■

익힘문제 8.8

다음을 구하여라.

1) $\int \sin x \cos x \, dx$

2) $\int \cos x \cos 3x \, dx$

3) $\int \sin x \sin 2x \, dx$

다음 적분은 11장의 삼각 푸리에 급수를 정의할 때 유용하다.

■ 삼각함수의 정적분

1. $\int_{-a}^{a} \sin\left(\frac{m\pi}{a}x\right)\sin\left(\frac{n\pi}{a}x\right)dx = \begin{cases} a, & m = n \\ 0, & m \neq n \end{cases}$

2. $\int_{-a}^{a} \sin\left(\frac{m\pi}{a}x\right)\cos\left(\frac{n\pi}{a}x\right)dx = 0$

3. $\int_{-a}^{a} \cos\left(\frac{m\pi}{a}x\right)\cos\left(\frac{n\pi}{a}x\right)dx = \begin{cases} a, & m = n \\ 0, & m \neq n \end{cases}$

예제 8.33

$\int_{-a}^{a} \sin\left(\frac{m\pi}{a}x\right)\sin\left(\frac{n\pi}{a}x\right)dx$ 임을 증명하여라.

풀이 $\sin\left(\frac{m\pi}{a}x\right)\sin\left(\frac{n\pi}{a}x\right) = -\frac{1}{2}\left\{\cos\frac{(m+n)\pi}{a}x - \cos\frac{(m-n)\pi}{a}x\right\}$ 이고

$\int_{-a}^{a}(\text{우함수})\,dx = 2\int_{0}^{a}(\text{우함수})\,dx$ 을 이용하면

만일 $m \neq n$ 이면

$$\int_{-a}^{a}\sin\left(\frac{m\pi}{a}x\right)\sin\left(\frac{n\pi}{a}x\right)dx = -\int_{0}^{a}\cos\frac{(m+n)\pi}{a}x - \cos\frac{(m-n)\pi}{a}x\,dx$$

$$= -\left[\frac{a}{(m+n)\pi}sin\frac{(m+n)\pi}{a}x - \frac{a}{(m-n)\pi}sin\frac{(m-n)\pi}{a}x\right]_{0}^{a}$$

$$= 0$$

이고, $m = n$ 이면

$$\int_{-a}^{a}\sin\left(\frac{m\pi}{a}x\right)\sin\left(\frac{n\pi}{a}x\right)dx = -\int_{0}^{a}\left\{\cos\frac{2m\pi}{a}x - 1\right\}dx$$

$$= -\left[\frac{a}{2m\pi}\sin\frac{2m\pi}{a}x - x\right]_{0}^{a}$$

$$= a$$

을 얻는다.

■

익힘문제 8.9

다음을 증명하여라.

1) $\int_{-a}^{a}\sin\left(\frac{m\pi}{a}x\right)\cos\left(\frac{n\pi}{a}x\right)dx = 0$

2) $\int_{-a}^{a}\cos\left(\frac{m\pi}{a}x\right)\cos\left(\frac{n\pi}{a}x\right)dx = \begin{cases} a, & m = n \\ 0, & m \neq n \end{cases}$

다음은 $\sin x$ 와 $\cos x$ 의 거듭제곱의 곱으로 표시된 부정적분에 대하여 다뤄보자. 즉,

$$\int \sin^m x \cos^n x\,dx \ (m, n \text{ 은 음이 아닌 정수들})$$

이를 다루기 위해서 다음 성질들을 생각해보자.

$$\frac{d}{dx}\sin x = \cos x\,,\ \frac{d}{dx}\cos x = \sin x$$

$$\sin^2 x + \cos^2 x = 1,\ \sin x\cos x = \frac{1}{2}\sin 2x\ .$$

예제 8.34

$\int \cos^2 x \sin x\, dx$ 을 구하여라.

풀이 $u = \cos x$ 라 치환하면, $du = -\sin x\, dx$ 이므로

$$\int \cos^2 x \sin x\, dx = -\int u^2 du = -\frac{1}{3}u^3 + C = -\frac{1}{3}\sin^3 x + C$$

을 얻는다.

■

예제 8.35

$\int \cos^2 x \sin^2 x\, dx$ 을 구하여라.

풀이 $\sin x \cos x = \frac{1}{2}\sin 2x$ 이므로 $\sin^2 x \cos^2 x = \frac{1}{4}\sin^2 2x = \frac{1}{4}\frac{1-\cos 4x}{2}$ 이다.

따라서

$$\int \cos^2 x \sin^2 x\, dx = \frac{1}{8}\int 1 - \cos 4x\; dx = \frac{1}{8}\left(x - \frac{1}{4}\sin 4x\right) + C$$

을 얻는다.

■

예제 8.36

$\int \cos^3 x \sin^2 x\, dx$ 을 구하여라.

풀이 $\frac{d}{dx}\sin x = \cos x$ 이므로

$\cos^3 x \sin^2 x = \cos^2 x \sin^2 x \cos x = (1-\sin^2 x)\sin^2 x \cos x$ 이다.

따라서

$$\int \cos^3 x \sin^2 x\, dx = \int (1-\sin^2 x)\sin^2 x \cos x\; dx$$

$u = \sin x$ 라 치환하면 $du = \cos x\, dx$ 이므로,

$$\int \cos^3 x \sin^2 x\, dx = \int (1-\sin^2 x)\sin^2 x \cos x\; dx = \int (1-u^2)u^2 du$$

$$= \frac{1}{3}u^3 - \frac{1}{5}u^5 + C$$

을 얻는다. u를 $\sin x$로 환원하면 답을 얻는다.

■

익힘문제 8.10

다음을 구하여라.

1) $\int \sin^3 x \cos x \, dx$

2) $\int \cos^3 x \, dx$

3) $\int \cos^2 x \sin^3 x \, dx$

이제 $\tan x$와 $\sec x$의 거듭제곱의 곱의 적분에 대해서 생각해보자. 즉

$$\int \tan^m x \sec^n x \, dx \ (m, n \text{은 음이 아닌 정수들})$$

이를 다루기 위해서 다음 성질들을 생각해보자.

$$\frac{d}{dx}\tan x = \sec^2 x, \quad \frac{d}{dx}\sec x = \sec x \tan x$$
$$1 + \tan^2 x = \sec^2 x$$

예제 8.37

$\int \sec^3 x \, dx$을 구하여라.

풀이 $\int \tan^m x \sec^n x \, dx$에서 $m = 0$이고 n이 홀수인 경우에는 부분 적분을 이용한다.

즉 $\sec^3 x = \sec x \sec^2 x$ 이므로 $f = \sec x$, $g' = \sec^2 x$라 놓으면

$f' = \sec x \tan x$, $g = \tan x$가 된다. 부분 적분을 이용하면

$$\begin{aligned}\int \sec^3 x \, dx &= \sec x \tan x - \int \sec x \tan^2 x \, dx \\ &= \sec x \tan x - \int \sec x (\sec^2 x - 1) dx \\ &= \sec x \tan x - \int \sec^3 x \, dx + \int \sec x \, dx\end{aligned}$$

이므로

$$2\int \sec^3 x \, dx = \sec x \tan x + \int \sec x \, dx = \sec x \tan x + \ln|\sec x + \tan x| + C_1$$

이고 따라서

$$\int \sec^3 x\, dx = \frac{1}{2}(\sec x \tan x + \ln|\sec x + \tan x|) + C$$

을 얻는다.

■

예제 8.38

$\int \sec^2 x \tan x\, dx$ 을 구하여라.

풀이 $u = \tan x$ 라 치환하면 $du = \sec^2 x\, dx$ 이므로,

$$\int \sec^2 x \tan x\, dx = \int u\, du = \frac{1}{2}u^2 + C = \frac{1}{2}\tan^2 x + C$$

을 얻는다.

■

예제 8.39

$\int \sec^3 x \tan x\, dx$ 을 구하여라.

풀이 $\frac{d}{dx}\sec x = \sec x \tan x$ 이므로 $\sec^3 x \tan x = \sec^2 x \sec x \tan x$ 로 표현하고 $u = \sec x$ 로 치환하면

$$\int \sec^3 x \tan x\, dx = \int \sec^2 x \sec x \tan x\, dx = \int u^2\, du = \frac{1}{3}u^3 + C$$

u 를 $\sec x$ 로 환원하면 답을 얻을 수 있다.

■

익힘문제 8.11

다음을 구하여라.

1) $\int \sec^2 x \tan^2 x\, dx$

2) $\int \tan^2 x\, dx$

3) $\int \sec x \tan^2 x\, dx$

5. 삼각치환 적분(Trigonometric substitution)

$\sqrt{a^2-x^2}$, $\sqrt{a^2+x^2}$ 와 $\sqrt{x^2-a^2}$ $(a>0)$을 포함한 적분을 할 때, 삼각치환을 이용한다.

예제를 통하여 이를 알아보자.

예제 8.40

$\int \frac{dx}{\sqrt{4-x^2}}$ 을 구하여라.

풀이 $x=2\sin\theta\,(-\frac{\pi}{2}<\theta<\frac{\pi}{2})$라 치환하면, $dx=2\cos\theta\,d\theta$ 이다. 또한 $-\frac{\pi}{2}<\theta<\frac{\pi}{2}$ 이므로 $\cos\theta\geq 0$ 을 얻는다. 따라서

$$\sqrt{4-4x^2}=\sqrt{4(1-\sin^2\theta)}=2\sqrt{\cos^2\theta}=2|\cos\theta|=2\cos\theta$$

(여기서 또한 $-\frac{\pi}{2}<\theta<\frac{\pi}{2}$ 이므로 $\cos\theta>0$)

이므로

$$\int \frac{dx}{\sqrt{4-x^2}}=\int \frac{2\cos\theta}{2\cos\theta}d\theta=\theta+C$$

을 얻는다. $x=2\sin\theta\,(-\frac{\pi}{2}<\theta<\frac{\pi}{2})$에서 $\sin\theta=\frac{x}{2}$ 이므로 $\theta=\sin^{-1}\frac{x}{2}$을 얻는다. 이를 위 식에 대입하면 답을 얻을 수 있다.

■

예제 8.41

$\int \frac{dx}{\sqrt{4+x^2}}$ 을 구하여라.

풀이 $x=2\tan\theta\,(-\frac{\pi}{2}<\theta<\frac{\pi}{2})$라 치환하면, $dx=2\sec^2\theta\,d\theta$ 이다. 따라서

$$\sqrt{4+x^2}=\sqrt{4(1+\tan^2\theta)}=2\sqrt{\sec^2\theta}=2|\sec\theta|=2\sec\theta$$

(여기서, 또한 $-\frac{\pi}{2}<\theta<\frac{\pi}{2}$ 이므로 $\sec\theta>0$ 을 얻는다.)

이므로

$$\int \frac{dx}{\sqrt{4+x^2}} = \int \frac{2\sec^2\theta}{2\sec\theta}d\theta = \int \sec\theta\, d\theta = \ln|\tan\theta + \sec\theta| + C$$

을 얻는다. $x = 2\tan\theta\,(-\frac{\pi}{2} < \theta < \frac{\pi}{2})$에서

$\tan\theta = \frac{x}{2}$ 이므로 $\sec\theta = \frac{\sqrt{4+x^2}}{2}$

따라서

$$\int \frac{dx}{\sqrt{4+x^2}} = \ln\frac{x+\sqrt{4+x^2}}{2} + C$$

을 얻는다.

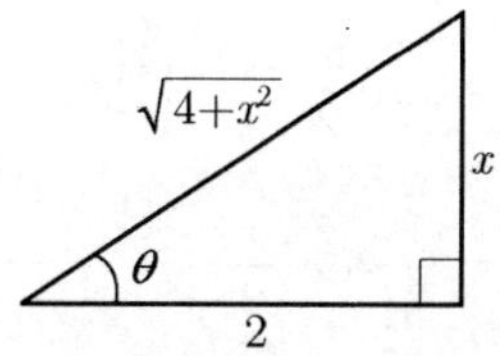

[그림 8.4] $x = 2\tan\theta$ 의 삼각형

■

예제 8.42

$\int \frac{dx}{\sqrt{x^2-4}}$ 을 구하여라.

풀이 $x = 2\sec\theta\,(0 < \theta < \frac{\pi}{2})$라 치환하면, $dx = 2\sec\theta\tan\theta\, d\theta$ 이다. 따라서

$$\sqrt{x^2-4} = \sqrt{4(\sec^2\theta - 1)} = 2\sqrt{\tan^2\theta} = 2|\tan\theta| = 2\tan\theta$$

(여기서, 또한 $0 < \theta < \frac{\pi}{2}$ 이므로 $\tan\theta > 0$을 얻는다.)

이므로

$$\int \frac{dx}{\sqrt{x^2-4}} = \int \frac{2\sec\theta\tan\theta}{2\tan\theta}d\theta = \int \sec\theta\, d\theta = \ln|\tan\theta + \sec\theta| + C$$

을 얻는다. $x = 2\sec\theta\,(0 < \theta < \frac{\pi}{2})$에서

$\sec\theta = \frac{x}{2}$ 이므로 $\tan\theta = \frac{\sqrt{x^2-4}}{2}$

따라서

$$\int \frac{dx}{\sqrt{x^2-4}} = \ln\frac{|x+\sqrt{x^2-4}|}{2} + C$$

을 얻는다.

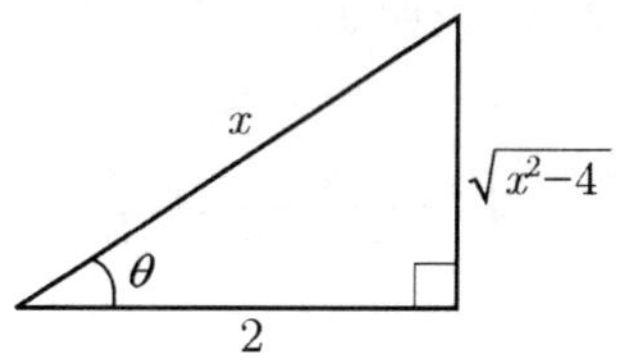

[그림 8.5] $x = 2\sec\theta$ 의 삼각형

■

6. 반각치환 적분

$\sin x$ 와 $\cos x$ 에 관한 유리함수의 적분에 관하여 생각해 보자.

$u=\tan\dfrac{x}{2}$ 로 치환하면 $x=2\tan^{-1}u$ 이고

$$\frac{du}{dx}=\frac{1}{2}\sec^2\frac{x}{2} \Rightarrow dx=2\cos^2\frac{x}{2}du=\frac{2}{u^2+1}du$$

가 된다. [그림 8.6]을 이용하면

$$\sin\frac{x}{2}=\frac{u}{\sqrt{u^2+1}},\quad \cos\frac{x}{2}=\frac{1}{\sqrt{u^2+1}}$$

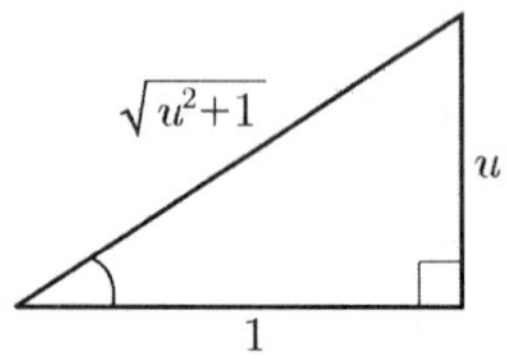

[그림 8.6] $u=\tan\dfrac{x}{2}$ **의 삼각형**

이다. 이제 u 를 이용하여 $\sin x$ 와 $\cos x$ 를 나타내면

$$\begin{aligned}\sin x &= 2\sin\frac{x}{2}\cos\frac{x}{2}\\ &=2\frac{u}{\sqrt{u^2+1}}\frac{1}{\sqrt{u^2+1}}=\frac{2u}{u^2+1}\\ \cos x &= \cos^2\frac{x}{2}-\sin^2\frac{x}{2}\\ &=\left(\frac{1}{\sqrt{u^2+1}}\right)^2-\left(\frac{u}{\sqrt{u^2+1}}\right)^2=\frac{1-u^2}{u^2+1}\end{aligned}$$

임을 알 수 있다.

위의 식들을 이용하여 다음을 풀어보자.

예제 8.43

$\displaystyle\int\frac{dx}{2+\cos x}$ 을 구하여라.

풀이

$$\begin{aligned}\int\frac{dx}{2+\cos x} &= \int\frac{1}{2+\dfrac{1-u^2}{u^2+1}}\frac{2}{u^2+1}du\\ &=\int\frac{2}{u^2+3}du=\frac{2}{\sqrt{3}}\tan^{-1}\frac{u}{\sqrt{3}}+C\end{aligned}$$

이고 u 를 환원하면

$$\int \frac{dx}{2+\cos x} = \frac{2}{\sqrt{3}} \tan^{-1}\left(\frac{1}{\sqrt{3}} \tan \frac{x}{2}\right) + C$$

을 얻는다.

익힘문제 2.1

다음을 구하여라.

1) $\int \frac{dx}{1+2\cos x}$

2) $\int \frac{dx}{2+\sin x}$

3) $\int \frac{dx}{1-\sec x}$

4) $\int \frac{dx}{3-\cos x}$

연습문제 8.2 Exercises

1. 치환을 이용하여 다음을 구하여라.

1) $\int \frac{x}{x^2+2} dx$

2) $\int 3x^2 \sqrt{x^3+1}\, dx$

3) $\int 2x \sec^2(x^2-3)\, dx$

4) $\int \frac{1}{\sqrt{x}-x} dx$

5) $\int \tan x\, dx$

6) $\int \frac{3^{\ln x}}{x} dx$

7) $\int \frac{1}{1+(x+2)^2} dx$

8) $\int \frac{1}{x} \ln x\, dx$

9) $\int \frac{x}{\sqrt{x^2+1}} dx$

10) $\int \frac{\sin x}{1-\sin^2 x} dx$

11) $\int \frac{x}{1-4x^2} dx$

12) $\int x^5 \sqrt{1+x^2}\, dx$

13) $\int x^2 \sqrt{x^3+1}\, dx$

14) $\int 2x(x^2+3)^4\, dx$

15) $\int (3x-2)^{20}\,dx$

16) $\int \frac{\cos\sqrt{x}}{\sqrt{x}}\,dx$

17) $\int \frac{z^2}{\sqrt[3]{1+z^3}}\,dz$

18) $\int \sqrt{\cot x}\csc^2 x\,dx$

19) $\int \frac{(\ln x)^2}{x}\,dx$

20) $\int e^x\sqrt{1+e^x}\,dx$

21) $\int \frac{1}{x\ln x}\,dx$

22) $\int \frac{e^{\frac{1}{x}}}{x^2}\,dx$

23) $\int \frac{e^{\sqrt{x}}}{\sqrt{x}}\,dx$

24) $\int \frac{\sin^{-1}x}{\sqrt{1-x^2}}\,dx$

25) $\int \frac{x+9}{x^2+9}\,dx$

26) $\int \frac{1}{\sqrt{x}(1+x)}\,dx$

27) $\int \tan x\ln(\cos x)\,dx$

28) $\int 2^{\tan\theta}\sec^2\theta\,d\theta$

29) $\int \sqrt{\frac{x-1}{x^5}}\,dx$

30) $\int \frac{\sinh\sqrt{x}}{\sqrt{x}}\,dx$

2. 부분 적분을 이용하여 다음을 구하여라.

1) $\int x\ln x\,dx$

2) $\int x\sec^2 x\,dx$

3) $\int x\sin\frac{x}{2}\,dx$

4) $\int x^2e^x\,dx$

5) $\int \tan^{-1}x\,dx$

6) $\int \sin^{-1}x\,dx$

7) $\int xe^{-x}\,dx$

8) $\int x^2\ln x\,dx$

9) $\int \sin\sqrt{x}\,dx$

10) $\int t^2e^t\,dt$

11) $\int x\ln\frac{1}{1-x^2}\,dx$

12) $\int \ln(2x+1)\,dx$

13) $\int \theta^3\cos\theta^2\,d\theta$

14) $\int 2x\sin^{-1}x^2\,dx$

15) $\int \frac{\ln x}{x^2}\,dx$

16) $\int \frac{x}{e^{2x}}\,dx$

17) $\int \cos(\ln x)\,dx$

18) $\int (x^2+x+1)e^x\,dx$

19) $\int \log_2 x\,dx$

20) $\int x\ln(x^2+2)\,dx$

3. 부분 분수를 이용하여 다음을 구하여라.

1) $\displaystyle\int \frac{x}{x^2+x-6}\,dx$

2) $\displaystyle\int \frac{x^2+2}{x^2-1}\,dx$

3) $\displaystyle\int \frac{x^2}{x^3+x}\,dx$

4) $\displaystyle\int \frac{x}{x^3-x}\,dx$

5) $\displaystyle\int \frac{x^3+2}{x^2-1}\,dx$

6) $\displaystyle\int \frac{x^2+2}{x^2-x-6}\,dx$

7) $\displaystyle\int \frac{x^3+x^2-2}{x^2-4}\,dx$

8) $\displaystyle\int \frac{2}{x-x^3}\,dx$

9) $\displaystyle\int \frac{x^2}{1-x^2}\,dx$

10) $\displaystyle\int \frac{x^3+x}{x-1}\,dx$

11) $\displaystyle\int \frac{x^2+2x-1}{2x^3+3x^2-2x}\,dx$

12) $\displaystyle\int \frac{2x^2-x+4}{x^3+4x}\,dx$

13) $\displaystyle\int \frac{4x^2-3x+2}{4x^2-4x-3}\,dx$

14) $\displaystyle\int \frac{1-x+2x^2-x^3}{x(x^2+1)^2}\,dx$

15) $\displaystyle\int \frac{-x+4}{x^3+x}\,dx$

4. 다음을 구하여라.

1) $\displaystyle\int \sin^3 x\cos^2 x\,dx$

2) $\displaystyle\int \cos^5 x\,dx$

3) $\displaystyle\int \sqrt{1+\cos 4x}\,dx$

4) $\displaystyle\int \cos 2x\sin 5x\,dx$

5) $\displaystyle\int \frac{x}{\sqrt{x^2-4}}\,dx$

6) $\displaystyle\int \frac{x^2}{\sqrt{9-x^2}}\,dx$

7) $\displaystyle\int x^4(\ln x)^2\,dx$

8) $\displaystyle\int \frac{1}{\sqrt{x^2-1}}\,dx$

9) $\displaystyle\int (2-\sqrt{x})^2\,dx$

10) $\displaystyle\int \frac{1+4x}{\sqrt{1+x+2x^2}}\,dx$

11) $\displaystyle\int \sqrt{\frac{5}{x}}\,dx$

12) $\displaystyle\int \frac{1+\cos^2\theta}{\cos^2\theta}\,d\theta$

13) $\displaystyle\int \frac{1}{x\sqrt{\ln x}}\,dx$

14) $\displaystyle\int \frac{e^x+1}{e^x}\,dx$

15) $\displaystyle\int \frac{1}{e^x+e^{-x}}\,dx$

16) $\displaystyle\int \frac{1}{\sqrt{x}(1+\sqrt{x})^2}\,dx$

17) $\displaystyle\int \frac{1}{1+e^x}\,dx$

18) $\displaystyle\int (\ln x)^2\,dx$

19) $\displaystyle\int \frac{t^2}{\sqrt{1-t^6}}\,dt$

20) $\displaystyle\int \frac{3}{\sqrt{1-t^2}}\,dt$

21) $\displaystyle\int \frac{1}{x^2}\cos^2\frac{1}{x}\,dx$

22) $\displaystyle\int \frac{e^x}{1-e^{2x}}\,dx$

23) $\displaystyle\int \frac{1+x}{1+x^2}\,dx$

24) $\displaystyle\int \frac{\sec\theta\tan\theta}{1+\sec\theta}\,d\theta$

25) $\displaystyle\int x^3\cos(x^4+2)\,dx$

26) $\displaystyle\int \frac{x}{\sqrt[4]{x+2}}\,dx$

27) $\displaystyle\int \sec^3 x\tan x\,dx$

28) $\displaystyle\int \frac{1+\sqrt[3]{x}}{\sqrt{x}}\,dx$

29) $\displaystyle\int \cos\theta\sin^6\theta\,d\theta$

30) $\displaystyle\int \sin^3 3x\,dx$

31) $\displaystyle\int \sin^4 3x\,dx$

32) $\displaystyle\int \frac{x}{x^3-1}\,dx$

33) $\displaystyle\int \sin^5 x\cos^3 x\,dx$

34) $\displaystyle\int (1+\cos x)^2\,dx$

35) $\displaystyle\int \sin^3 x\sqrt{\cos x}\,dx$

36) $\displaystyle\int \tan^3 x\,dx$

37) $\displaystyle\int \tan^4 x\,dx$

38) $\displaystyle\int \frac{\tan^3 x}{\cos^4 x}\,dx$

39) $\displaystyle\int \frac{1-\tan^2 x}{\sec^2 x}\,dx$

40) $\displaystyle\int \frac{\sqrt{x}}{x-4}\,dx$

41) $\displaystyle\int \frac{1}{\sqrt{x}-\sqrt[3]{x}}$

42) $\displaystyle\int \frac{e^{2x}}{e^{2x}+3e^x+2}\,dx$

43) $\displaystyle\int \frac{\sqrt{9-x^2}}{x^2}\,dx$

44) $\displaystyle\int \frac{1}{x^2\sqrt{x^2+4}}\,dx$

45) $\displaystyle\int \frac{4x^2-3x+2}{4x^2-4x+3}\,dx$

46) $\displaystyle\int \frac{dx}{5\sec x-3}$

47) $\displaystyle\int \frac{dx}{1+\sin x+\cos x}$

48) $\displaystyle\int \frac{dx}{1+\tan x}$

49) $\displaystyle\int \frac{1+\sin x}{1+\cos x}\,dx$

50) $\displaystyle\int \frac{\sec x}{2\tan x+\sec x-1}\,dx$

8.3 이상적분

8.1절에서 정의한 정적분은 주어진 범위 내에서 함수의 아래 부분과 x 축 사이에 만들어지는 도형의 넓이를 의미했다. 이 때, 주어지는 범위는 유계이며 그 범위 내에서의 주어진 함수 또한 유한한 함수 값을 갖는 경우였다. 만약 범위가 유계가 아니거나 주어진 범위에서 함수 값이 무한 값을 가질 경우, 이러한 적분을 **이상적분(improper integral)**이라 한다.

1. 적분의 무한 극한

곡선 $y = \dfrac{1}{x^2}\ (1 \le x < \infty)$와 x 축 사이에 만들어지는 도형의 넓이에 대하여 생각해보자.

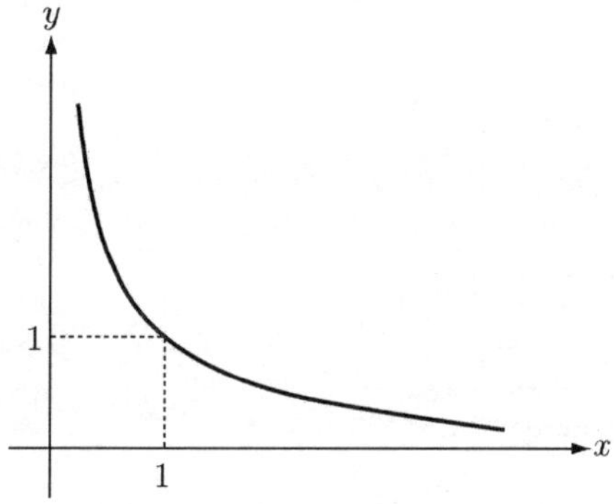

[그림 8.7] $y = \dfrac{1}{x^2}$ **의 그래프**

위 도형의 넓이를 적분으로 표시하면, $\displaystyle\int_1^{\infty} \frac{1}{x^2}\,dx$ 이 될 것이다. 그러나 적분 범위는 유계가 아니다. 따라서 이러한 적분을 이상적분이라 부르고 다음과 같이 정의한다.

■ **적분범위가 유계가 아닌 경우**

1. $\displaystyle\int_a^{\infty} f(x)\,dx = \lim_{t\to\infty}\int_a^t f(x)\,dx$ (단, $a < t < \infty$)

2. $\displaystyle\int_{-\infty}^{b} f(x)\,dx = \lim_{s\to -\infty}\int_s^b f(x)\,dx$ (단, $-\infty < s < b$)

3. $\int_{-\infty}^{\infty} f(x)\,dx = \int_{-\infty}^{a} f(x)\,dx + \int_{a}^{\infty} f(x)\,dx$ (단, $-\infty < a < \infty$)

예제 8.44

이상적분 $\int_1^{\infty} \frac{dx}{x^2}$ 의 값을 구하여라.

풀이 이상적분의 정의에 의하여,

$$\int_1^{\infty} \frac{dx}{x^2} = \lim_{t\to\infty}\int_1^{t} \frac{dx}{x^2} = \lim_{t\to\infty}[-x^{-1}]_1^t = \lim_{t\to\infty}\left(-\frac{1}{t}+1\right) = 1$$

을 얻는다.

■

예제 8.45

이상적분 $\int_1^{\infty} \frac{dx}{x}$ 의 값을 구하여라.

풀이 이상적분의 정의에 의하여

$$\int_1^{\infty} \frac{dx}{x} = \lim_{t\to\infty}\int_1^{t} \frac{dx}{x} = \lim_{t\to\infty}[\ln|x|]_1^t = \lim_{t\to\infty}(\ln t - \ln 1) = \infty$$

을 얻는다.

■

예제 8.46

이상적분 $\int_{-\infty}^{0} e^x\,dx$ 의 값을 구하여라.

풀이 이상적분의 정의에 의하여

$$\int_{-\infty}^{0} e^x\,dx = \lim_{s\to-\infty}[e^x]_s^0 = \lim_{s\to-\infty}(e^0 - e^s) = 1$$

을 얻는다.

■

예제 8.47

이상적분 $\int_{-\infty}^{\infty} \frac{dx}{1+x^2}$ 의 값을 구하여라.

풀이 이상적분의 정의에 의하여,

$$\begin{aligned}\int_{-\infty}^{\infty} \frac{dx}{1+x^2} &= \int_{-\infty}^{0} \frac{dx}{1+x^2} + \int_{0}^{\infty} \frac{dx}{1+x^2} \\ &= \lim_{s \to -\infty} \int_{s}^{0} \frac{dx}{1+x^2} + \lim_{t \to \infty} \int_{0}^{t} \frac{dx}{1+x^2} \\ &= \lim_{s \to -\infty} [\tan^{-1} x]_s^0 + \lim_{t \to \infty} [\tan^{-1} x]_0^t \\ &= \lim_{s \to -\infty} (\tan^{-1} 0 - \tan^{-1} s) + \lim_{t \to \infty} (\tan^{-1} t - \tan^{-1} 0) \\ &= 0 - \left(-\frac{\pi}{2}\right) + \left(\frac{\pi}{2} - 0\right) = \pi\end{aligned}$$

을 얻는다.

■

2. 무한 값을 갖는 함수의 적분

이제 주어진 적분 범위 내에서 함수가 무한의 값을 갖는 경우를 살펴보자. $0 \le x \le 1$ 에 대하여, 함수 $y = \frac{1}{x}$ 를 고려해보자. 범위는 유한하지만 주어진 함수는 $x = 0$ 에 함수가 무한 값을 갖는 경우이다.

다음은 주어진 구간에서 무한 값을 갖는 함수의 이상적분에 대하여 정의해 보자.

■ 무한 값을 갖는 함수의 적분

$a \le x \le b$ 에 대하여 함수 $y = f(x)$ 가 주어져 있다. (단, $a < c < b$)

1. $f(a)$ 가 정의되지 않는 경우: $\int_a^b f(x)\,dx = \lim_{s \to a^+} \int_s^b f(x)\,dx$

2. $f(b)$ 가 정의되지 않는 경우: $\int_a^b f(x)\,dx = \lim_{t \to b^-} \int_a^t f(x)\,dx$

3. $f(c)$ 가 정의되지 않는 경우: $\int_a^b f(x)\,dx = \int_a^c f(x)\,dx + \int_c^b f(x)\,dx$

예제 8.48

적분 $\int_0^1 \frac{dx}{x}$ 의 값을 구하여라.

풀이 함수 $y=\frac{1}{x}$ 은 $x=0$ 에서 정의되지 않으므로 주어진 적분은 이상적분이다.

따라서 이상적분의 정의에 의하여,

$$\int_0^1 \frac{dx}{x} = \lim_{s\to 0^+}\int_s^1 \frac{dx}{x} = \lim_{s\to 0^+}[\ln x]_s^1 = \lim_{s\to 0^+}(\ln s - \ln 1) = -\infty$$

■

예제 8.49

적분 $\int_0^1 \frac{dx}{1-x^2}$ 의 값을 구하여라.

풀이 함수 $y=\frac{1}{1-x^2}$ 은 $x=1$ 에서 정의되지 않으므로 주어진 적분은 이상적분이다.

따라서 이상적분의 정의와 예제 8.28 에 의하여,

$$\begin{aligned}\int_0^1 \frac{dx}{1-x^2} &= \lim_{t\to 1^-}\int_0^t \frac{dx}{1-x^2} = \lim_{t\to 1^-}\left[\frac{1}{2}(\ln|x-1| - \ln|x+1|)\right]_0^t \\ &= \frac{1}{2}\lim_{t\to 1^-}(\ln|t-1| - \ln|t+1|) \\ &= -\infty\end{aligned}$$

■

예제 8.50

적분 $\int_1^4 \frac{dx}{x^2-x-6}$ 의 값을 구하여라.

풀이 함수 $y=\frac{1}{x^2-x-6}=\frac{1}{(x+2)(x-3)}$ 은 $x=3$ 에서 정의되지 않으므로 주어진 적분은 이상적분이다. 따라서 이상적분의 정의에 의하여

$$\int_1^4 \frac{dx}{x^2-x-6} = \int_1^3 \frac{dx}{(x+2)(x-3)} + \int_3^4 \frac{dx}{(x+2)(x-3)}$$

$$= \lim_{t \to 3^-} \frac{dx}{(x+2)(x-3)} + \lim_{s \to 3^+} \frac{dx}{(x+2)(x-3)}$$

$$= \lim_{t \to 3^-} \left[\frac{1}{5}(\ln|x-3| - \ln|x+2|) \right]_1^t +$$

$$\lim_{s \to 3^+} \left[\frac{1}{5}(\ln|x-3| - \ln|x+2|) \right]_s^4$$

위 식을 계산하면 극한값이 존재하지 않음을 알 수 있다.

연습문제 8.3 Exercises

1. 다음 적분을 구하여라.

1) $\int_1^{\infty} \frac{dx}{x^3}$ 2) $\int_{-\infty}^{-1} \frac{dx}{x^2}$ 3) $\int_{-\infty}^{\infty} \frac{dx}{4+x^2}$

2. 다음 적분을 구하여라.

1) $\int_0^1 \frac{dx}{x^2}$ 2) $\int_0^1 \frac{dx}{1-x}$ 3) $\int_{-1}^1 \frac{dx}{\sqrt{1-x^2}}$

8.4 벡터함수의 적분

시간 t 에 대한 벡터함수 $v(t) = f(t)\boldsymbol{i} + g(t)\boldsymbol{j} + h(t)\boldsymbol{k}$ ($f(t)$, $g(t)$, $h(t)$ 는 실함수)가 있다. 여기서

$\boldsymbol{i}$ 는 시점이 원점이고 종점이 $(1, 0, 0)$

$\boldsymbol{j}$ 는 시점이 원점이고 종점이 $(0, 1, 0)$

$\boldsymbol{k}$ 는 시점이 원점이고 종점이 $(0, 0, 1)$

인 상수 벡터들이다.

이 함수가 어떤 물체의 속도 벡터라면 적분을 통해 이 물체의 이동거리를 구할 수 있을 것이다. 벡터 적분은 다음과 같이 정의한다.

■ **벡터함수의 적분**

$$\int v(t)\,dt = \left(\int f(t)\,dt\right)\boldsymbol{i} + \left(\int g(t)\,dt\right)\boldsymbol{j} + \left(\int h(t)\,dt\right)\boldsymbol{k}$$

예제 8.51

$\int_0^1 (t\boldsymbol{i} + e^t\boldsymbol{j} + 3\boldsymbol{k})\,dt$을 구하여라.

풀이 벡터적분의 정의에 의하여

$$\begin{aligned}\int_0^1 (t\boldsymbol{i} + e^t\boldsymbol{j} + 3\boldsymbol{k})\,dt &= \left(\int_0^1 t\ dt\right)\boldsymbol{i} + \left(\int_0^1 e^t\ dt\right)\boldsymbol{j} + \left(\int_0^1 3\ dt\right)\boldsymbol{k} \\ &= \left[\frac{1}{2}t^2\right]_0^1\boldsymbol{i} + [e^t]_0^1\boldsymbol{j} + [3t]_0^1\boldsymbol{k} \\ &= \frac{1}{2}\boldsymbol{i} + (e-1)\boldsymbol{j} + 3\boldsymbol{k}\end{aligned}$$

을 얻는다.

연습문제 8.4 Exercises

1. 다음 벡터적분을 구하여라.

1) $\int_0^{\pi/2} (t^2\boldsymbol{i} + \cos t\boldsymbol{j} + 3\boldsymbol{k})\,dt$

2) $\int_1^2 \left(t\boldsymbol{i} + \frac{1}{t}\boldsymbol{j} + 2t\boldsymbol{k}\right)dt$

3) $\int_{-\pi}^{\pi} (\sin t\boldsymbol{i} - \cos t\boldsymbol{j} + \boldsymbol{k})\,dt$

4) $\int_{-1}^{1} (t^3\boldsymbol{i} + 34^4\boldsymbol{j} + 2t^6\boldsymbol{k})\,dt$

8.5 적분의 응용

적분을 이용하면 연속적인 변량의 평균, 교류회로의 회로소자에서 소비된 전력 등을 구할 수 있다. 이 절에서는 특히 공학 분야에서 널리 이용되고 있는 델타 함수와 그와 관련된 적분을 소개한다.

1. 연속함수의 평균값

이산적인 변량의 평균값(mean value)을 구할 때는 각 변량의 값을 전부 더하여 변량의 수로 나누어주면 된다. 그러나 공학 응용에서 많이 요구되는 연속적인 변량의 평균을 구할 때는 이러한 방법을 쓸 수 없지만 적분을 이용하면 가능해진다.

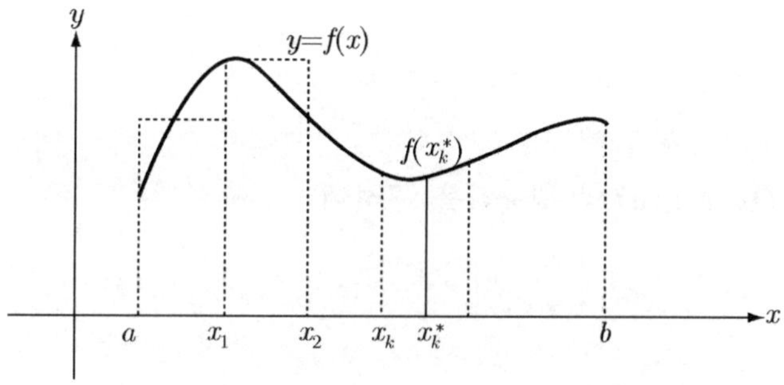

[그림 8.8] 구간 $[a,b]$ 에서 $y=f(x)$ 의 평균

[그림 8.8] 에서 $f(x)$를 구간 $[a,b]$ 에서 정의된 함수라 하자. 구간 $[a,b]$ 를 폭이 h 인 n 개의 소구간으로 나누면 $nh=b-a$ 가 성립한다. $x_k=a+kh$ 를 k번째 소구간이라 하면 $f(x_k^*)$는 $x_k^*=x_k+\dfrac{h}{2}$, 즉 k 번째 소구간의 중간에서의 함수 값이다. 따라서 n 개의 함수 값의 평균은

$$\text{m.v.}(f(x)) \approx \frac{1}{n}\sum_{k=0}^{n-1} f(x_k^*) = \frac{1}{b-a}\sum_{k=0}^{n-1} f(x_k^*)h$$

가 되고 $n \to \infty$ $(h \to 0)$ 이면 위의 식은 아래와 같은 정적분이 된다.

■ **연속함수의 평균값**

$$\mathbf{m.v.}(f(x)) = \frac{1}{b-a}\int_a^b f(x)dx$$

예제 8.52

다음 구간에서 $f(x)=x^2$의 평균값을 구하여라.

1) $[0,1]$ 2) $[1,2]$ 3) $[2,4]$ 4) $[3,5]$

풀이

■

익힘문제 8.13

다음 구간에서 $f(t)=\sin t$의 평균값을 구하여라.

1) $\left[0,\frac{\pi}{4}\right]$ 2) $\left[\frac{\pi}{4},\frac{\pi}{2}\right]$ 3) $[\pi,2\pi]$

익힘문제 8.14

다음 구간에서 $f(t)= V_0\cos(\omega t+\phi)$의 평균값을 구하여라.

1) $\left[0,\frac{T}{4}\right]$ 2) $\left[0,\frac{T}{2}\right]$ 3) $[0, T]$

2. 실효값

정현파로 표시되는 교류전압의 한 주기 동안 평균값은 0이 되지만 그렇다고 전력이 0이라는 의미는 아니다. 따라서 교류에서는 평균값의 의미가 없어진다. 이런 문제를 해결하기 위해 우리는 $f(t)$에 대하여 구간 $[a,b]$ 상에서 **실효값**(root-mean-square value,

RMS)을 다음과 같이 정의한다.

■ **실효값**

$$f(t)_{RMS} = \sqrt{\frac{1}{b-a}\int_a^b (f(t))^2 dt}$$

교류전압 혹은 전류의 실효값은 그것과 같은 전력을 낼 수 있는 등가의 직류전압 혹은 전류를 의미한다. 또, 통계학에서는 연속확률분포의 표준편차에 해당한다.

예제 8.53

$f(t) = V_0 \cos t$의 구간 $[0, 2\pi]$에서 실효값을 구하여라.

풀이

$$f(t)_{\mathrm{RMS}} = \sqrt{\frac{1}{2\pi}\int_0^{2\pi} V_0^2 \cos^2 t dt} = \sqrt{\frac{V_0^2}{2\pi}\int_0^{2\pi} \frac{1+\cos 2t}{2} dt}$$

$$= \sqrt{\frac{V_0^2}{4\pi}\left[t + \frac{\sin 2t}{2}\right]_0^{2\pi}} = \sqrt{\frac{V_0^2 2\pi}{4\pi}} = \frac{V_0}{\sqrt{2}} = 0.707\,V_0$$

따라서 정현파의 실효값은 최대 진폭의 0.707배이다.

익힘문제 8.15

$f(t) = V_0 \cos(\omega t + \phi)$의 구간 $[0, T]$에서 실효값을 구하여라.

익힘문제 8.16

주기함수 $f(t) = 20e^{-t}\,(0 \le t \le 10)$, $T = 10$의 구간 $[0, T]$에서

1) 평균값을 구하여라. 2) 실효값을 구하여라.

보기

현재 우리가 가정에서 사용하는 전원의 전압은 220 V이며 이것은 실효값이다. 따라서 최댓값은 $220\times\sqrt{2}\approx 310$ V이다.

3. 델타 함수

기계시스템이나 전기시스템은 아주 짧은 시간 동안에만 작용하는 큰 외력을 받을 수 있다. 이런 외력의 형태는 [그림 8.9]와 같으며 다음과 같이 면적이 1이 되는 함수로 정의할 수 있다.

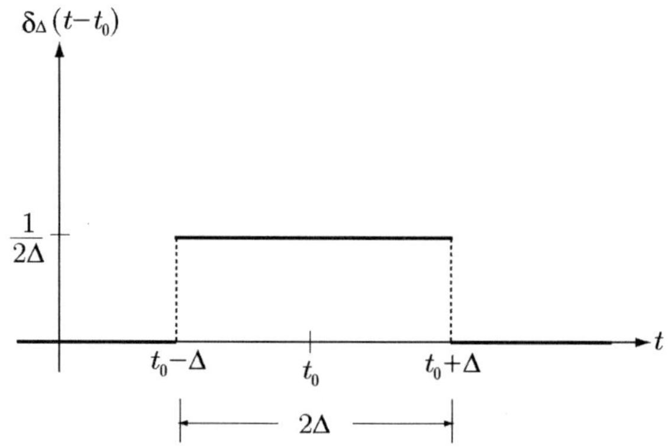

[그림 8.9] $\delta_\triangle(t-t_0)$

■ $\delta_\triangle(t-t_0)$

$$\delta_\triangle(t-t_0)=\begin{cases}\dfrac{1}{2\triangle}, & t_0-\triangle<t<t_0+\triangle\\ 0, & otherwise\end{cases}$$

$$\int_{-\infty}^{\infty}\delta_\triangle(t-t_0)dt=1$$

이 함수에서 $\triangle$의 값이 점점 작아지면 $\delta_\triangle(t-t_0)$는 t_0 근처에서만 점점 큰 값을 가지게 되지만 면적은 1을 계속 유지한다. 이 과정을 [그림 8.10]에 보인다.

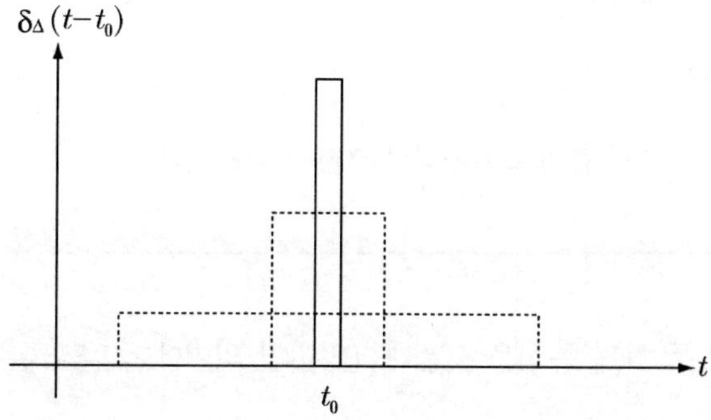

[그림 8.10] $\Delta \to 0$ **일 때** $\delta_\Delta(t-t_0)$**의 특성**

여기서 우리는 **델타 함수(delta function)** 혹은 **단위 충격함수(unit impulse function)** 를 다음과 같이 정의한다.

■ 델타 함수

$$\delta(t-t_0) = \lim_{\Delta \to 0} \delta_\Delta(t-t_0)$$

[그림 8.11]은 델타 함수의 표시법이다. 화살표로 나타내며 화살표의 끝에는 델타 함수의 면적을 나타낸다.

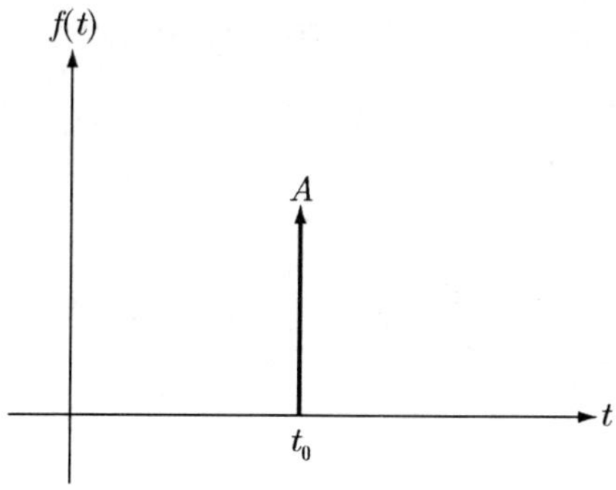

[그림 8.11] $f(t) = A\delta(t-t_0)$**의 그래프**

또한 델타 함수를 다음과 같이 단위계단 함수를 이용하여 나타낼 수도 있다.

■ **델타 함수의 표현**

$$\delta(t)=\lim_{a\to 0}\frac{1}{a}\{u(t)-u(t-a)\}$$

델타 함수는 다음의 두 가지 특성을 갖는다. (엄밀한 의미에서 델타 함수는 함수가 아니다.)

■ **델타 함수의 성질**

$$\delta(t-t_0)=\begin{cases}\infty, & t=t_0\\ 0, & t\neq t_0\end{cases}$$

$$\int_{-\infty}^{\infty}\delta(t-t_0)dt=1$$

이제 다음과 같은 이상적분을 구해 보자.

$$\int_{-\infty}^{\infty}f(t)\delta(t-t_0)dt$$

여기서 $f(t)$는 이미 알고 있는 시간함수이다. $\delta(t-t_0)$는 $t\neq t_0$에서는 0이 되고 $t=t_0$ 일 때 $f(t)$의 값은 $f(t_0)$가 되어 상수가 되므로

$$\int_{-\infty}^{\infty}f(t)\delta(t-t_0)dt=\int_{-\infty}^{\infty}f(t_0)\delta(t-t_0)dt=f(t_0)\int_{-\infty}^{\infty}\delta(t-t_0)dt$$

그런데 $\int_{-\infty}^{\infty}\delta(t-t_0)dt=1$이므로

$$f(t_0)\int_{-\infty}^{\infty}\delta(t-t_0)dt=f(t_0)$$

따라서

$$\int_{-\infty}^{\infty}f(t)\delta(t-t_0)dt=f(t_0)$$

가 된다.

즉 함수 $f(t)$에 $\delta(t-t_0)$를 곱하여 $-\infty$에서 ∞까지 적분하면 $f(t)$로부터 $f(t_0)$값만 걸러져 나온다. 이것은 델타함수의 **샘플링 성질(sampling property, sifting property)**로 알려져 있으며 회로해석이나 신호처리 등에 널리 이용되고 있다.

예제 8.54

다음 적분을 구하여라.

1) $\int_{-\infty}^{\infty} t\delta(t-1)dt$ 2) $\int_{-\infty}^{\infty} e^t\delta(t+1)dt$ 3) $\int_{-\infty}^{-1} \sin t\delta(t)dt$

풀이

1) $\int_{-\infty}^{\infty} f(t)\delta(t-t_0)dt = f(t_0)$에서 $f(t)=t,\ t_0=1$이므로

$$\int_{-\infty}^{\infty} t\delta(t-1)dt = f(t_0) = f(1) = 1$$

2) $f(t)=e^t,\ t_0=-1$이므로

$$\int_{-\infty}^{\infty} e^t\delta(t+1)dt = f(t_0) = f(-1) = e^{-1}$$

3) $t\neq 0$에서는 $\delta(t)=0$이므로

$$\int_{-\infty}^{-1} \delta(t)\sin t\,dt = 0$$

익힘문제 8.17

다음을 구하여라.

1) $\int_{-\infty}^{\infty} e^t\delta(t)\cos t\,dt$ 2) $\int_{-\infty}^{\infty} t\delta(t-2)\sin 2t\,dt$

3) $\int_{0}^{\infty} \delta(t-d)dt$ 4) $\int_{-a}^{a} \delta(t-d)dt$

연습문제 8.5 Exercises

1. 다음 정해진 구간에서 함수의 평균값을 구하여라.

1) $f(x)=\dfrac{1}{x}$, $[2,3]$

2) $f(t)=\sqrt{t}$, $[1,2]$

3) $f(t)=\cos\omega t+\sin\omega t$, $\left[0,\dfrac{T}{4}\right]$

2. 다음 정해진 구간에서 함수의 평균값을 구하여라.

1) $f(t)=\sqrt{t-1}$, $[2,5]$

2) $f(t)=e^{t}$, $[-1,1]$

3) $f(x)=\dfrac{1}{x^{2}}$, $[1,2]$

3. 문제 1의 함수와 구간에 대하여 실효값을 구하여라.

4. 문제 2의 함수와 구간에 대하여 실효값을 구하여라.

5. 다음 구간에서 $a\cos t+b\sin t$의 평균값과 실효값을 구하여라.

1) $[0,\pi]$

2) $[0,2\pi]$

6. 다음 적분을 구하여라.

1) $\displaystyle\int_{-\infty}^{\infty} e^{-kt}\cos t\,\delta(t)dt$

2) $\displaystyle\int_{-\infty}^{\infty} e^{-k(t-d)}\delta(t-d)dt$

3) $\displaystyle\int_{-1}^{1} x^{2}\delta(t+2)dt$

4) $\displaystyle\int_{-\infty}^{0} e^{t}\delta(t+3)dt$

5) $\displaystyle\int_{0}^{7} x^{4}\delta(t-3)dt$

6) $\displaystyle\int_{-\infty}^{\infty} (t+1)\delta(2t)dt$

7) $\displaystyle\int_{-\infty}^{\infty} f(t)\delta(kt)dt$

Chapter 09 미분방정식의 기초

미분방정식(Differential equation)이란 도함수를 포함하는 방정식을 뜻하며 그 해는 하나이상의 함수가 된다. 과학이나 공학 분야에서 중요한 원리나 법칙들이 미분방정식의 형태로 표시되기 때문에 해를 구하는 것이 아주 중요하다. 제9장에서는 이러한 미분방정식의 기본적인 사항들을 소개하고 물리학이나 공학의 실제 시스템에서의 모델들이 거의 상수계수 선형 미분방정식으로 표현되므로 1계 선형 미분방정식과 2계 상수계수 선형미분방정식의해를 구하는 방법을 다루었다.

9.1 개요

미분방정식은 하나이상의 도함수를 포함하는 방정식이며 해를 구성하는 함수의 형태에 따라 **상미분 방정식**(Ordinary differential equation, ODE)과 **편미분 방정식**(Partial differential equation, PDE)으로 분류 할 수 있다. 상미분 방정식의 해는 하나의 독립변수만을 가지고 있는 함수가 되며 편미분 방정식의 경우에는 둘이상의 독립변수를 가진다.

예를 들어, 뉴턴의 제2 운동법칙은 상미분 방정식으로 나타낼 수 있는데, 질량이 m 인 물체에 힘 F가 가해져서 시간 t 동안 이동한 거리가 $x(t)$ 라면 다음과 같이 나타낼 수 있다.

■ **뉴턴의 제2 운동법칙**

$$F(t) = m\frac{d^2x}{dt^2}$$

또 [그림 9.1]과 같은 전기회로에 $v(t)$ 의 전압이 가해 졌을 때 흐르는 전류는 다음과 같은 상미분 방정식을 풀어 구한다.

■ **전기회로의 전압과 전류**

$$L\frac{d^2i(t)}{dt^2}+R\frac{di(t)}{dt}+\frac{1}{C}i(t)=\frac{dv(t)}{dt}$$

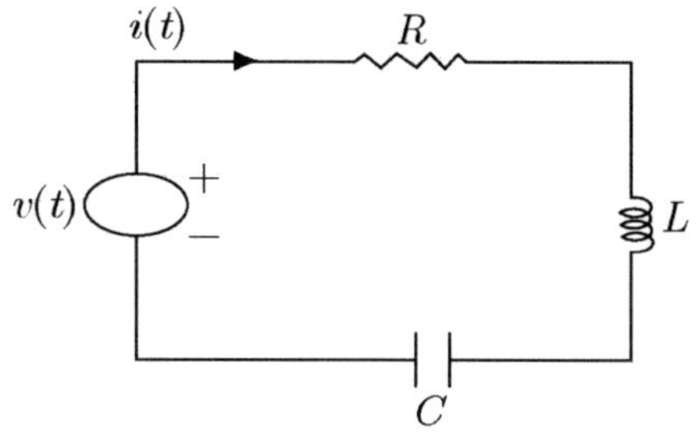

[그림 9.1] RLC 직렬회로

한편 편미분 방정식은 둘 이상의 독립 변수로 구성된 함수와 그 함수의 편미분으로 구성된 방정식으로 각각의 변수들의 상관관계를 고려하지 않고 변화량을 보고 싶을 때 이용할 수 있으며, 소리나 열의 전파 과정, 전자기학, 유체역학, 양자역학 등 수많은 역학계에 관련된 예가 많다. 음파의 전달의 경우 c 를 파동의 진행속도, $u(x,t)$ 를 시각 t , 위치 x 에서의 파의 세기(공기의 압력)를 나타낸다면 파동방정식은 다음과 같은 편미분 방정식으로 주어진다.

■ **파동방정식**

$$\frac{\partial^2 u}{\partial t^2}=c^2\frac{\partial^2 u}{\partial x^2}$$

이렇듯 편미분 방정식은 공학의 많은 분야에서 나타나지만 그 해를 구하는 것은 이 책의 범위를 벗어나기 때문에 여기서는 상미분 방정식만 다루도록 한다.

1. 계수와 차수

미분방정식의 **계수(order)**는 미분방정식에 포함되어 있는 최고계의 도함수의 계수를 뜻하고 **차수(degree)**는 최고계의 도함수의 차수를 의미한다.

보기

1) $\left(\frac{dy}{dx}\right)^2 - y = x$ 의 최고계의 도함수는 $\frac{dy}{dx}$ 이고 1계이다. 그리고 $\frac{dy}{dx}$ 의 최고 차수는 2차이므로 1계 2차 상미분 방정식이다.

2) $\left(\frac{d^2y}{dx^2}\right)^2 - \left(\frac{dy}{dx}\right)^3 + y = 0$ 의 최고계의 도함수는 $\frac{d^2y}{dx^2}$ 이고 2계이다. 그리고 $\frac{d^2y}{dx^2}$ 의 최고 차수는 2차이므로 2계 2차 상미분 방정식이다.

3) $L\frac{d^2i(t)}{dt^2} + R\frac{di(t)}{dt} + \frac{1}{C}i(t) = 0$ 의 도함수는 $\frac{d^2i(t)}{dt^2}$ 이고 2계이다. 그리고 $\frac{d^2i(t)}{dt^2}$ 의 최고 차수는 1차이므로 2계 1차 상미분 방정식이다.

2. 선형과 비선형

미분방정식 $\frac{dy}{dx} - y = x^4$ 에서 x 는 독립변수, y 는 종속변수가 된다. 임의의 미분방정식이 다음과 같은 조건을 만족하면 **선형(linear) 미분방정식**이라고 하며 선형이 아닌 경우에는 **비선형(non-linear) 미분방정식**이라 한다.

- **선형 미분방정식의 조건**
  1. 종속변수와 그 도함수의 차수가 1차이다.
  2. 종속변수와 그 도함수의 곱의 항이 없다.
  3. 종속변수의 비선형함수의 항이 없다.

여기서 비선형 함수란 2차 이상의 다항식이나 삼각함수, 지수함수 같은 초월함수로 구성된 함수를 뜻한다.

예제 9.1

다음 미분방정식의 선형여부를 말하여라.

1) $yy' + 3y = 1 + x$ 2) $y' + y = x^3$

풀이

1) $yy' + 3y = 1 + x$ 은 $y' + 3 = \dfrac{1+x}{y}$ 가 되며 $\dfrac{1}{y}$ 은 종속변수 y 의 비선형함수이므로 비선형이다.

2) $y' + y = x^3$ 은 선형이다.

익힘문제 9.1

다음 미분방정식의 선형여부를 말하여라.

1) $\dfrac{dy}{dx} + \sin x = 0$ 2) $\dfrac{dy}{dx} + \sin y = 0$

3) $L\dfrac{d^2 i(t)}{dt^2} + R\dfrac{di(t)}{dt} + \dfrac{1}{C}i(t) = 0$ 4) $\left(\dfrac{dy}{dx}\right)^2 - y = x$

5) $L\dfrac{d^2 i(t)}{dt^2} + R\dfrac{di(t)}{dt} + \dfrac{1}{C}i(t) = e^{-t}\sin\omega t$

3. 미분방정식의 해

다음과 같은 미분방정식을 생각해 보자.

$$\frac{dy}{dx} = 2x$$

이 방정식을 풀기위해 양변을 x 에 대하여 적분하여 정리하면

$$y = \int x dx = x^2 + C$$

가 된다. 이처럼 주어진 미분방정식에서 특별한 조건이 없는 한 적분상수 C에 따라 무수히 많은 해(solution)가 존재하게 되며 이를 **일반해(general solution)**라 한다.

예제 9.2

다음 미분방정식의 일반해를 구하여라.

1) $\frac{dy}{dx} = e^x$ 2) $\frac{dy}{dx} = \cos x$

풀이

1) $\frac{dy}{dx} = e^x$ 에서 양변을 적분하면 $y = \int e^x dx = e^x + C$

따라서 일반해는 $y = e^x + C$ (C는 임의의 상수)

2) $\frac{dy}{dx} = \sin x$ 에서 양변을 적분하면 $y = \int \sin x dx = -\cos x + C$

따라서 일반해는 $y = -\cos x + C$(C는 임의의 상수)

■

익힘문제 9.2

다음 미분방정식의 일반해를 구하여라.

1) $\frac{dy}{dx} = x$ 2) $\frac{dy}{dx} = \sin x$

3) $\frac{dy}{dx} = e^{-x}$ 4) $\frac{dy}{dx} = 2x + 1$

아래의 미분방정식에서 다음과 같은 조건이 주어졌다고 하자.

$$\frac{dy}{dx} = 2x \quad (x = 1,\ y = 0)$$

이 방정식의 일반해는 앞에서 구한대로 $y = x^2 + C$ 가 되지만 주어진 조건을 만족 시키려면 $0 = 1 + C$ 즉 $C = -1$ 가 되고 해는

$$y = x^2 - 1$$

이 된다.

이렇게 일반해 중에서 특정 조건이 주어 졌을 때 이를 만족하는 해를 **특수해** (particular solution)라 한다. 특수해를 구할 수 있게 하기 위해서는 조건의 개수와 결정해야 할 상수의 개수가 같아야 한다. 미분방정식과 함께 주어진 조건을 **초기조건** (initial condition)이라 한다.

예제 9.3

다음 2계 1차 미분방정식을 생각해 보자

$$\frac{d^2y}{dx^2}+y=0$$

이 미분방정식의 일반해는 $y=C_1\cos x+C_2\sin x$ 가 된다. (C_1, C_2 는 상수)
이때 다음의 초기 조건을 만족하는 특수해를 구하여라.

a) $x=0, y=1$ b) $x=\frac{\pi}{2}, y=-1$

풀이 첫 번째 조건을 일반해에 대입하면

$$1=C_1\cos 0+C_2\sin 0=C_1 \quad 즉\ C_1=1$$

이 되어 해는 $y=\cos x+C_2\sin x$ 로 둘 수 있으며 두 번째 조건을 대입하면

$-1=\cos\frac{\pi}{2}+C_2\sin\frac{\pi}{2}=C_2$ 에서 $C_2=-1$ 이므로 특수해는 $y=\cos x-\sin x$ 가 된다.

■

익힘문제 9.3

예제 9.3에서 초기조건이

a) $x=0, y=0$ b) $x=0, \frac{dy}{dx}=-1$

일 때 특수해를 구하여라.

연습문제 9.1 Exercises

1. $y=C_1e^x+C_2e^{2x}$ 는 미분방정식 $y''-3y'+2y=0$ 의 해임을 보여라.

2. 1번에서 초기조건이 다음과 같이 주어졌을 때 특수해를 구하여라.

a) $x=0,\ y=3$　　　　b) $x=0,\ \dfrac{dy}{dx}=5$

3. 미분방정식 $y''+\omega^2 y=0$ 이 주어져 있다.

1) $y=C_1e^{j\omega x}+C_2e^{-j\omega x}$ 가 해임을 보여라.

2) $y=D_1\cos\omega x+D_2\sin\omega x$ 가 해임을 보여라.

3) 초기조건 $(x=0, y=1)$, $(x=0,\ y'(0)=1)$ 일 때, 1)에서 C_1, C_2 의 값을 구하여라.

4) 초기조건 $(x=0, y=1)$, $(x=0,\ y'(0)=1)$ 일 때, 2)에서 D_1, D_2 의 값을 구하여라.

4. 다음 미분방정식의 선형 비선형 여부와 계수 및 차수를 구하여라.

1) $\dfrac{dy}{dx}+xy=0$　　　　2) $\dfrac{dy}{dx}\dfrac{d^2y}{dx^2}+y=x$

3) $\dfrac{d^2x}{dt^2}+2\dfrac{dx}{dt}=e^{-x}$　　　　4) $t\dfrac{d^2x}{dt^2}+2\dfrac{dx}{dt}=t$

5. $y=\ln(\cos x+C)$ 는 미분방정식 $y'e^y=-\sin x$ 의 일반해임을 보여라.

6. $y=C(x-1)$ 은 미분방정식 $y'=\dfrac{y}{x-1}$ 의 일반해임을 보여라.

9.2 변수 분리형 미분방정식

가장 단순한 미분방정식의 형태는

$$\frac{dy}{dx}=f(x)$$

로 우변은 독립변수만의 함수이다. 이 방정식은 단순히 적분함으로써 해를 구할 수 있다.

$$\frac{dy}{dx} = f(x) \quad \Rightarrow \quad y = \int f(x)dx + C$$

예제 9.4

미분방정식 $y' = 3\sin 2x$ 를 풀어라.

풀이

$$y = \int 3\sin 2x dx + C = -\frac{3}{2}\cos 2x + C$$

익힘문제 9.4

다음 미분방정식을 풀어라.

1) $y' = e^x \sin x$

2) $\frac{dy}{dx} = e^{-x}$

3) $\frac{dx}{dt} = e^{-j\omega t}$

4) $\frac{dx}{dt} = \frac{1}{t}$

다음과 같은 미분방정식을 생각해 보자.

$$\frac{dy}{dx} = f(x)g(y)$$

이런 형태는 우변이 독립변수와 종속변수의 함수로 구성되어 있기 때문에 단순 적분에 의하여 해를 구할 수 없지만 양변을 $g(y)$ 로 나누고 dx 를 곱하면

$$\frac{dy}{g(y)} = f(x)dx$$

가 된다. 이렇게 독립변수와 종속변수의 함수를 양변으로 분리 할 수 있는 방정식을 **변수 분리형 미분방정식(separable equations)** 이라 하며 해는 다음과 같이 양변을 적분하여 구한다.

■ **변수분리형 미분방정식**

$$\frac{dy}{dx} = f(x)g(y) \Rightarrow \frac{dy}{g(y)} = f(x)dx \Rightarrow \int \frac{1}{g(y)}dy = \int f(x)dx$$

예제 9.5

다음 미분방정식을 풀어라.

1) $\frac{dy}{dx} = ky$　　2) $\frac{dy}{dx} = \frac{\cos x}{e^y}$

3) $\frac{dy}{dx} = \frac{e^{-x}}{y}$　　4) $y' = 2xy$

풀이 1) 양변을 y로 나누고 dx를 곱하면 $\frac{dy}{y} = kdx$

적분하면

$$\int \frac{1}{y}dy = \int kdx \Rightarrow \ln y = kx + C$$

$$\therefore y = e^{(kx + C_1)} = Ce^{kx}$$

2) 양변을 $e^y dx$로 곱하면 $e^y dy = \cos x dx$

적분하면

$$\int e^y dy = \int \cos x dx \Rightarrow e^y = \sin x + C$$

$$\therefore y = \ln(\sin x + C)$$

3) 양변을 ydx로 곱하면 $ydy = e^{-x}dx$

적분하면

$$\int ydy = \int e^{-x}dx \Rightarrow \frac{1}{2}y^2 = -e^{-x} + C_1$$

$$y^2 = -2e^{-x} + 2C_1 \Rightarrow y = \pm\sqrt{C - 2e^{-x}}$$

4) 양변을 y로 나누고 dx를 곱하면 $\frac{dy}{y} = 2xdx$

적분하면

$$\int \frac{dy}{y} = \int 2xdx \Rightarrow \ln y = x^2 + C1$$

$$\therefore y = e^{x^2 + C_1} = Ce^{x^2}$$

■

익힘문제 9.5

다음 미분방정식을 풀어라.

1) $y' = -\dfrac{x^2}{y}$, $y(0) = 0$

2) $\dfrac{dy}{dx} = \dfrac{y+1}{x+1}$

3) $y' - y^2 = 0$, $y(0) = 1$

한편 변수분리가 바로 가능하지 않을 때에는 예제 9.6과 같이 적절한 치환을 하여 변수 분리형으로 변환 가능하다.

예제 9.6

$z = \dfrac{y}{x}$ 로 치환하여 다음 미분방정식을 풀어라.

$$2\frac{y}{x}\frac{dy}{dx} + 1 = \left(\frac{y}{x}\right)^2$$

풀이 $y = zx$ 에서 $\dfrac{dy}{dx} = z + x\dfrac{dz}{dx}$ 되어서 본래의 식은

$2z\left(z + x\dfrac{dz}{dx}\right) + 1 = z^2$ 가 되고 정리하면

$2zx\dfrac{dz}{dx} = -(1+z^2)$ 가 되고양변에 $\dfrac{dx}{1+z^2}$ 을 곱하면

$\dfrac{2zdz}{1+z^2} = -\dfrac{dx}{x}$. 양변을 적분하면 $\displaystyle\int \frac{2zdz}{1+z^2} = -\int \frac{dx}{x}$

$$\Rightarrow \ln(1+z^2) = -\ln x + C_1$$

$$\Rightarrow \ln(1+z^2) + \ln x = C_1 \Rightarrow \ln(1+z^2)x = C_1$$

다시 $z = \dfrac{y}{x}$ 를 대입하면

$$\ln\left(\frac{x^2+y^2}{x^2}\right) = C_1 \;\Rightarrow\; \frac{x^2+y^2}{x^2} = e^{C_1} = C$$

$$\therefore (1-C)x^2 + y^2 = 0$$

■

익힘문제 9.5

$z=\frac{y}{x}$ 로 치환하여 다음 미분방정식을 풀어라.

1) $y'=\left(\frac{y}{x}\right)^2+\frac{y}{x}+1$
2) $xy'=y+xe^{\frac{y}{x}}$
3) $y'=\frac{x}{x+y}$

연습문제 9.2

Exercises

1. 다음 미분방정식의 일반해를 구하여라.

1) $\frac{dy}{dx}=1$
2) $\frac{dy}{dx}=x+1$
3) $\frac{dy}{dx}=\frac{x}{y}$
4) $\frac{dy}{dx}=\frac{e^{-2x}}{y}$
5) $y'\frac{y^2}{x}=2+x^2$
6) $\frac{dy}{dx}+y=y(\sin x+1)$
7) $y'e^{x+y}=2x$
8) $y'+y^2=1$
9) $\frac{dy}{dx}=\frac{\cos^2 x}{\cos y}$

2. 다음 미분방정식의 특수해를 구하여라.

1) $\frac{dy}{dx}=2x+1,\ y(0)=0$
2) $\frac{dy}{dx}=\frac{2x}{y},\ y(0)=1$
3) $\frac{dy}{dx}=\frac{e^{-x}}{y},\ y(0)=1$
4) $\frac{dy}{dx}+y=y(\sin x+1),\ y(0)=1$
5) $\frac{dy}{dt}=\frac{3\sin t+4\cos 2t}{y},\ y(0)=2$

3. 다음 미분방정식의 일반해를 구하여라.

1) $\frac{dy}{dx}=\frac{1+y^2}{xy(1+x^2)}$
2) $\frac{dx}{dt}=4xt\ \ (x>0)$
3) $t^2\frac{dx}{dt}=x^2+xt\ \ (t>0,\ x\neq 0)$
4) $\frac{dy}{dx}=ax(x-1)$

4. 다음 미분방정식의 특수해를 구하여라.

1) $\dfrac{dy}{dx}=\dfrac{1+x^2}{y+2}$, $y(0)=-2$

2) $\dfrac{dy}{dx}=\dfrac{\sin x}{y^2}$, $y(0)=4$

3) $\dfrac{dy}{dx}=\dfrac{4\ln x}{y^2}$, $y(1)=0$

4) $\dfrac{dx}{dt}=\dfrac{x^3-xt^2}{t^3}$, $x(1)=2$

5) $x^3t\dfrac{dx}{dt}=t^4+x^4$, $x(1)=4$

9.3 1계 선형 미분방정식

1계 선형 미분방정식에 포함되어 있는 최고계의 도함수가 1계이고 그 도함수의 차수가 1차인 미분방정식을 의미한다. 1계 선형 미분방정식 중에서 양변을 적분하여 풀 수 있는 방정식을 **완전 미분방정식(exact differential equations)**이라 한다. 예를 들면

$\dfrac{dy}{dx}=2x$ 의 해는

$$\frac{dy}{dx}=2x \quad \Rightarrow \quad y=\int 2x\,dx=x^2+C$$

가 되며 좀 더 복잡한 형태의 완전 미분방정식인

$\dfrac{d}{dx}(xy)=\cos x$ 의 해는

$$\frac{d}{dx}(xy)=\cos x \qquad \Rightarrow \qquad xy=\int \cos x\,dx=\sin x+C$$

에서 $y=\dfrac{\sin x}{x}+\dfrac{C}{x}$ 가 된다.

여기서 다음 형태의 1계 선형 미분방정식을 생각해 보자.

■ **1계 선형 미분방정식**

$$\mu\frac{dy}{dx}+\mu' y=f(x),\ \mu=\mu(x)$$

그런데 다음 완전 미분방정식

$$\frac{d}{dx}(\mu y) = f(x)$$

의 좌변을 미분하면

$$\frac{d}{dx}(\mu y) = \mu' y + \mu \frac{dy}{dx} = \mu \frac{dy}{dx} + \mu' y$$

가 되므로
위의 1계 선형 미분방정식과 완전 미분방정식은 동치가 되고 양변을 단순 적분을 하면 일반해는 아래와 같이 된다.

■ **완전 미분방정식**

$$\mu y = \int f(x)dx \quad \Rightarrow \quad y = \frac{1}{\mu}\int f(x)dx$$

따라서 주어진 1계 선형 미분방정식에서 y 의 계수가 $\frac{dy}{dx}$ 의 계수를 미분한 것과 같다면 이 방정식은 완전 미분방정식이 되어 해를 바로 구할 수 있다.

예제 9.7

다음 완전 미분방정식을 풀어라.

1) $x\frac{dy}{dx} + y = 0$　　　　2) $x^2\frac{dy}{dx} + 2xy = e^x$

풀이 1) $x\frac{dy}{dx} + y = 0 \Rightarrow \frac{d}{dx}(xy) = 0 \Rightarrow xy = C$

$$\therefore y = \frac{C}{x}$$

2) $x^2\frac{dy}{dx} + 2xy = e^x \Rightarrow \frac{d}{dx}(x^2 y) = e^x \Rightarrow x^2 y = \int e^x dx = e^x + C$

$$\therefore y = \frac{e^x}{x^2} + \frac{C}{x^2}$$

익힘문제 9.6

다음 완전 미분방정식을 풀어라.

1) $\frac{1}{x^2}\frac{dy}{dx} - \frac{2y}{x^3} = 5x^3$

2) $e^x y + e^x \frac{dy}{dx} = \sin x$

3) $\frac{y}{x} + \ln x \frac{dy}{dx} = e^x$

이제는 1계 선형 미분방정식의 일반적인 해법을 알아보자. 1계 선형 미분방정식의 표준형은 다음의 형태로 주어진다.

$$\frac{dy}{dx} + P(x)y = Q(x)$$

우리는 이 방정식을 풀기위해 어떤 특정한 함수 $\mu(x)$를 양변에 곱하여 좌변을

$$\mu(x)\left\{\frac{dy}{dx} + P(x)y\right\} \quad \Rightarrow \quad \frac{d}{dx}(\mu y)$$

형태인 완전 미분방정식으로 변환 하고자 한다. 위식의 양변에 $\mu(x)$를 곱하면

$$\mu\frac{dy}{dx} + \mu P y = \mu Q$$

가 된다. 한편

$$\frac{d}{dx}(\mu y) = \mu\frac{dy}{dx} + \mu' y$$

이므로 $\mu\frac{dy}{dx} + \mu P y$가 $\frac{d}{dx}(\mu y)$ 형태로 되기 위해서

$$\mu\frac{dy}{dx} + \mu P y = \mu\frac{dy}{dx} + \mu' y$$

정리하면

$$\mu' y = \mu P y \quad \Rightarrow \quad \mu' = \mu P$$

따라서 미분방정식의 양변에 곱하고자하는 함수 $\mu(x)$가

$$\frac{d\mu}{dx} = \mu P$$

를 만족한다면

$$\mu\frac{dy}{dx} + \mu P y = \mu Q$$

는 완전 미분방정식이 되어 해를 구할 수 있다.

이제 $\frac{d\mu}{dx} = \mu P$를 풀어 보자.

이 미분방정식은 변수분리형이므로

$$\frac{d\mu}{\mu} = Pdx \Rightarrow \int \frac{d\mu}{\mu} = \int Pdx$$

$$\ln \mu = \int Pdx$$

따라서 $\mu = e^{\int Pdx}$ 가 된다.

이 $\mu(x)$는 **적분인자(integrating factor)** 라고 하며 $\frac{dy}{dx} + P(x)y = Q(x)$의 양변에 곱하면 방정식의 좌변은 $\frac{d}{dx}(\mu y)$가 되어 1계 선형 미분방정식의 표준형은 다음의 형태로 쓸 수 있다.

$$\frac{d}{dx}(\mu y) = \mu Q$$

풀어보면

$$\mu y = \int \mu Q dx$$

$y = \frac{1}{\mu} \int \mu Q dx$ 가 된다.

1계 선형 미분방정식을 푸는 과정은 다음과 같이 요약할 수 있다.

- **1계 선형 미분방정식의 표준형**

$$\frac{dy}{dx} + P(x)y = Q(x)$$

- **적분인자**

$$\mu = e^{\int Pdx}$$

- **방정식의 해**

$$\mu y = \int \mu Q dx$$

예제 9.8

미분방정식 $y' + 2y = 6e^x$ 를 풀어라.

풀이 $P = 2,\ Q = 6e^x$

$$\mu = e^{\int P dx} = e^{\int 2dx} = e^{2x}$$

$$e^{2x} y = \int e^{2x} 6e^x dx = 6\int e^{3x} dx = 2e^{3x} + C$$

$$\therefore y = 2e^x + Ce^{-2x}$$

익힘문제 9.7

다음 미분방정식을 풀어라.

1) $y' - \dfrac{y}{x} = x^2 + 3$

2) $y' + \dfrac{y}{x} = 1$

3) $x\dfrac{dy}{dx} + y = 3x$

4) $xy' + 3y = \dfrac{e^x}{x^2}$

연습문제 9.3 Exercises

1. 다음 미분방정식을 풀어라.

1) $\dfrac{dy}{dx} - y = \sin x$

2) $\dfrac{dy}{dx} - y = e^{-x}$

3) $\dfrac{dy}{dx} + \dfrac{2}{x+1} y = 1$

2. 다음 미분방정식을 풀어라.

1) $\dfrac{dy}{dx} + y = e^{3x}$

2) $\dfrac{dy}{dx} = y + e^x$

3) $\frac{dy}{dx}=x+y$

4) $y'+2y=5x^2+3$

5) $xy'+2y=9x$

6) $y'-2y=4x$

7) $(x^2+9)\frac{dy}{dx}+xy=0$

8) $\frac{dy}{dx}=\frac{1}{x+y^2}$

9) $\sin x\frac{dy}{dx}+(\cos x)y=0$

3. 다음 미분방정식을 풀어라.

1) $(x+1)\frac{dy}{dx}+y=\ln x$; $y(1)=10$

2) $\frac{dy}{dx}=\frac{y}{y-x}$; $y(5)=2$

3) $\frac{dT}{dt}=k(T-50)$; k는 상수, $T(0)=200$

4) $L\frac{di}{dt}+Ri=E$; L, R, E는 상수, $i(0)=i_0$

5) $\frac{dQ}{dx}=5x^4Q$; $Q(0)=-7$

6) $\sin x\frac{dy}{dx}+(\cos x)y=0$; $y(-\frac{\pi}{2})=1$

7) $xy'+y=e^x$; $y(1)=2$

8) $y'=2y+4x$; $y(1)=2$

9.4 2계 상수계수 선형 미분방정식

2계 선형 미분방정식의 표준 형태는 다음과 같이 나타낼 수 있다.

■ **2계 선형 미분방정식**

$$p(x)y''+q(x)y'+r(x)y=f(x)$$

우변에서 $f(x)=0$ 이면 이 미분방정식은 **제차** 또는 **동차 방정식(homogeneous equation)**이라 하고 $f(x)\neq 0$ 인 경우에는 **비제차** 또는 **비동차 방정식(nonhomogeneous 또는 inhomogeneous equation)**이라 한다. 비제차 방정식의 해를 구할 때는 우선 제차 방정식의 해를 구한 후 비제차 방정식의 해를 구하여 더한다.

제차방정식, 즉 $f(x)=0$ 인 경우

$$p(x)y''+q(x)y'+r(x)y=0$$

의 일반해를 구하면 일반적으로 2개의 선형 독립인 해가 나온다. 이 해를 $y_1(x)$, $y_2(x)$라 하면 제차 방정식의 해는

$$y(x)=C_1y_1(x)+C_2y_2(x) \quad (C_1,\ C_2\text{는 상수})$$

가 된다. 여기서 $y_1(x)$, $y_2(x)$가 선형 독립이라는 것은 $y_1(x)\neq \alpha y_2(x)$ (α는 상수)가 된다는 것이다.

$f(x)\neq 0$ 인 경우에는 먼저 $f(x)=0$, 즉 제차 방정식

$$p(x)y''+q(x)y'+r(x)y=0$$

의 해를 구하여 이를 y_H라 두고 비제차 방정식의 해를 구하여 $y_p(x)$라 하면 본래의 방정식의 일반해는 다음과 같다.

■ **비제차 선형 미분방정식의 해**

$$y(x)=y_H(x)+y_p(x)$$

여기서 제차 방정식의 일반해 y_H를 비제차 방정식의 **보충해** 또는 **보조해(complementary solution)**라 하고 $y_p(x)$는 **특수적분(particular integral)**이라 한다. 이 특수적분을 특수해라 하기도 하지만 일반적인 미분방정식의 해에서 초기조건을 만족하는 해를 특수해라 하기 때문에 구분을 하여야 한다.

2계 선형 미분방정식에서 $p(x)=a, q(x)=b, r(x)=c$ (a, b, c 는 상수)로 두면

$$ay''+by'+cy=f(x)$$

가 되고 이를 **2계 상수계수 선형 미분방정식**이라 한다. 물리학이나 공학에서 실제 시스템은 거의 상수계수 선형 미분방정식으로 표현되므로 앞으로 모든 2계이상의 미분방정식을 다룰 때는 상수계수 선형 미분방정식으로 한정한다.

1. 제차 방정식의 해

먼저 $f(x)=0$일 때

$$ay''+by'+cy=0$$

의 일반해를 구해 보자.

이 방정식에 대한 해를 지수함수 형태인

$$y=e^{sx}$$

로 가정해 보면

$$y'=se^{sx},\ y''=s^2e^{sx}$$

가 되고 대입하면

$$ay''+by'+cy=0 \Rightarrow as^2e^{sx}+bse^{sx}+ce^{sx}=0$$

따라서 다음의 보조방정식을 얻는다.

■ **보조방정식**

$$ay''+by'+cy=0 \qquad \Rightarrow \qquad as^2+bs+c=0$$

즉 제차 방정식의 해를 지수함수 형태로 가정하면 단순 2차방정식으로 변환될 수 있다는 것을 알 수 있다. 이 2차 방정식을 주어진 제차 방정식의 **특성방정식**(characteristic equation) 또는 **보조방정식**(auxiliary equation)이라 한다.

이 특성방정식의 해는 a, b, c의 값에 따라 다음 세 경우가 생긴다.

i) $D=b^2-4ac>0$ 일 때

특성방정식은 두 개의 서로 다른 실근 $s=\dfrac{-b\pm\sqrt{b^2-4ac}}{2a}$ 를 가지게 되고 $s_1=\dfrac{-b+\sqrt{b^2-4ac}}{2a}$, $s_2=\dfrac{-b-\sqrt{b^2-4ac}}{2a}$ 라 두면 제차방정식은 다음 두 개의 해를 가진다.

$$y_1=e^{s_1x}, \quad y_2=e^{s_2x}$$

따라서 특성방정식이 두 개의 서로 다른 실근을 가질 때 제차방정식의 일반해는 다음과 같다.

■ **서로 다른 두 실근을 갖는 경우**

$$y(x) = C_1 e^{s_1 x} + C_2 e^{s_2 x} \quad (C_1,\ C_2\text{는 상수})$$

예제 9.9

다음 미분방정식의 해를 구하여라.

1) $y'' + 3y' + 2y = 0$　　2) $2y'' - 5y' - 3y = 0$

풀이 1) 특성방정식 및 그 해는

$$s^2 + 3s + 2 = 0 \Rightarrow (s+1)(s+2) = 0 \Rightarrow s_1 = -1,\ s_2 = -2$$

$$\therefore y = C_1 e^{-x} + C_2 e^{-2x}$$

2) 특성방정식 및 그 해는

$$2s^2 - 5s - 3 = 0 \Rightarrow (2s+1)(s-3) = 0 \Rightarrow s_1 = -\frac{1}{2},\ s_2 = 3$$

$$\therefore y = C_1 e^{-\frac{x}{2}} + C_2 e^{3x}$$

■

익힘문제 9.8

다음 미분방정식을 풀어라.

1) $y'' - 3y' + 2y = 0$　　2) $2y'' - 7y' + 3y = 0$

3) $y'' + 5y' + 6y = 0$　　4) $y'' + y' - 2y = 0$

ii) $D = b^2 - 4ac = 0$ 일 때

특성 방정식은 $s_1 = -\dfrac{b}{2a}$ 라는 중근을 가지게 되어 해는

$$y_1 = e^{s_1 x}$$

가 된다.

그런데 여기서 $y_2 = xe^{s_1 x}$ 라는 함수를 원래의 미분방정식에 대입해 보자.

$$y_2{}' = e^{s_1 x}(1 + s_1 x),\ y_2{}'' = e^{s_1 x}(s_1^2 x + 2s_1)$$

이므로 미분방정식의 좌변은

$$ae^{s_1 x}(s_1^2 x + 2s_1) + be^{s_1 x}(1 + s_1 x) + ce^{s_1 x} = e^{s_1 x}\left\{(as_1^2 + bs_1 + c)x + 2as_1 + b\right\}$$

가 된다. 그러나 $s_1 = -\dfrac{b}{2a}$ 이 특성 방정식의 해이므로 $as_1^2 + bs_1 + c = 0$ 이 되고 $2as_1 + b = 0$ 가 되어 우리가 가정한

$$y_2 = xe^{s_1 x}$$

가 또한 미분방정식

$$ay'' + by' + cy = 0$$

의 해가 됨을 알 수 있다.

$y_1 = e^{s_1 x}$ 와 $y_2 = xe^{s_1 x}$ 는 선형독립이므로 특성방정식이 한 개의 중근을 가질 때 제차 방정식의 일반해는 다음과 같다.

■ 중근을 갖는 경우

$$y(x) = C_1 e^{s_1 x} + C_2 x e^{s_1 x} \quad (C_1,\ C_2\text{는 상수})$$

예제 9.10

다음 미분방정식의 해를 구하여라.

1) $y'' + 2y' + y = 0$ 2) $y'' - 10y' + 25y = 0$

풀이 1) 특성방정식 및 그 해는

$s^2 + 2s + 1 = 0 \Rightarrow (s+1)^2 = 0 \Rightarrow s_1 = -1,\ -1$

$\therefore y = C_1 e^{-x} + C_2 x e^{-x}$

2) 특성방정식 및 그 해는

$s^2-10s+25=0 \Rightarrow (s-5)^2=0 \Rightarrow s_1=5,\ 5$

$\therefore y=C_1e^{5x}+C_2xe^{5x}$

■

익힘문제 9.9

다음 미분방정식을 풀어라.

1) $y''-4y'+4y=0$ 2) $4y''-4y'+y=0$

3) $y''+6y'+9y=0$ 4) $y''-6y'+9y=0$

iii) $D=b^2-4ac<0$ 일 때

특성방정식은 두 개의 서로 다른 허근 $s=\dfrac{-b}{2a}\pm j\dfrac{\sqrt{4ac-b^2}}{2a}$ 를 가지게 되고

$$s_1=\frac{-b}{2a}+j\frac{\sqrt{4ac-b^2}}{2}=\alpha+j\beta\ ,\ s_2=\frac{-b}{2a}-j\frac{\sqrt{4ac-b^2}}{2a}=\alpha-j\beta$$

라 두면 제차 방정식의 일반해는

$$y(x)=D_1e^{s_1x}+D_2e^{s_2x}=D_1e^{(\alpha+j\beta)x}+D_2e^{(\alpha-j\beta)x}$$

가 된다. 이식을 정리하면

$$y(x)=D_1e^{(\alpha+j\beta)x}+D_2e^{(\alpha-j\beta)x}=e^{\alpha x}(D_1e^{j\beta x}+D_2e^{-j\beta x})$$

가 되고 여기에 오일러의 공식을 적용하면

$$\begin{aligned}y(x)&=e^{\alpha x}(D_1\cos\beta x+jD_1\sin\beta x+D_2\cos\beta x-jD_2\sin\beta x)\\&=e^{\alpha x}\{(D_1+D_2)\cos\beta x+j(D_1-D_2)\sin\beta x\}\end{aligned}$$

가 된다. 따라서

$$C_1=D_1+D_2,\ C_2=j(D_1-D_2)$$

라 두면 특성방정식이 두개의 허근을 가질 때 제차방정식의 일반해는 다음과 같다.

■ **서로 다른 두 허근을 갖는 경우**

$$y(x) = e^{\alpha x}(C_1\cos\beta x + C_2\sin\beta x) \quad (C_1, C_2\text{는 상수})$$

예제 9.11

다음 미분방정식의 해를 구하여라.

1) $y'' + 2y' + 4y = 0$ 2) $y'' + y = 0$

풀이 1) 특성방정식 및 그 해는

$s^2 + 2s + 4 = 0 \Rightarrow s = -1 \pm j\sqrt{3}$

$\alpha = -1, \beta = \sqrt{3}$ 이므로

$y(x) = e^{-x}(C_1\cos\sqrt{3}x + C_2\sin\sqrt{3}x)$

2) 특성방정식 및 그 해는

$s^2 + 1 = 0 \Rightarrow s = \pm j$

$\alpha = 0, \beta = 1$ 이므로

$y(x) = C_1\cos x + C_2\sin x$

■

익힘문제 9.10

다음 미분방정식을 풀어라.

1) $y'' + 2y' + 5y = 0$ 2) $y'' + y' + y = 0$

3) $3y'' + y = 0$ 4) $y'' + 9y = 0$

2. 비제차 방정식의 해

비제차 방정식은

$$ay'' + by' + cy = f(x) \quad (f(x) \neq 0)$$

형태로 주어지는데 앞에서 설명한 바와 같이 이 방정식의 일반해는 제차 방정식의 일반해인 보충해와 특수적분의 합으로 구성된다. 수학적인 엄밀성에 따라 특수적분을 찾기 위한 방법은 여러 가지가 있으나 이 책의 범위를 벗어나기 때문에 다루지 않고 그 결과만을 이용한다.

$f(x)$가 상수, 다항함수, 삼각함수, 지수함수 그리고 이들 함수의 합이나 곱인 경우에 한정하여 미리 미지의 계수를 가진 특수적분 y_p의 형태를 가정하고 이것을 비제차 방정식에 대입하여 미지의 계수를 구하는 것이다. $f(x)$에 따른 특수적분의 형태를 <표 9-1>에 보인다. $f(x)$가 아래 함수들의 합이나 곱의 형태가 되면 y_p도 그 함수들의 합이나 곱의 형태로 가정한다.

〈표 9-1〉 특수적분의 형태

$f(x)$	y_p의 형태
c (상수)	K(상수)
$a_n x^n + a_{n-1}x^{n-1} + \cdots + a_0$ (n: 자연수)	$K_n x^n + K_{n-1}x^{n-1} + \cdots + K_0$ (n: 자연수)
$a\cos kx$ (k: 상수)	$K_1 \cos kx + K_2 \sin kx$ (K_1, K_2: 상수)
$a\sin kx$ (k: 상수)	$K_1 \cos kx + K_2 \sin kx$ (K_1, K_2: 상수)
ae^{kx} (k: 상수)	Ke^{kx} (K: 상수)

예제 9.12

예제 9.9의 1)에서 $f(x)$가 다음과 같을 때 미분방정식의 해를 구하여라.

1) $y'' + 3y' + 2y = 1$ 2) $y'' + 3y' + 2y = \cos 2x$

풀이 1) 예제 9.9의 1)로부터 보충해는 $y_H = C_1 e^{-x} + C_2 e^{-2x}$가 되고 $f(x) = 1$이므로 $y_p = K$라 둔다. $y_p{}' = 0$, $y_p{}'' = 0$ 을 주어진 미분방정식에 대입하면

$$2K = 1 \Rightarrow K = \frac{1}{2}$$

이 된다. 따라서 제차 방정식의 일반해는

$$y = y_H + y_p = C_1 e^{-x} + C_2 e^{-2x} + \frac{1}{2}$$

2) $f(x)=\cos 2x$ 이므로 $y_p = K_1\cos 2x + K_2\sin 2x$ 라 둔다.

$y_p{}' = -2K_1\sin 2x + 2K_2\cos 2x$, $y_p{}'' = -4K_1\cos 2x - 4K_2\sin 2x$ 을 주어진 미분방정식에 대입하면

$(-4K_1\cos 2x - 4K_2\sin 2x) + 3(-2K_1\sin 2x + 2K_2\cos 2x) + 2(K_1\cos 2x$
$+ K_2\sin 2x) = \cos 2x$

정리하면

$(-4K_1 + 6K_2 + 2K_1)\cos 2x + (-4K_2 - 6K_1 + 2K_2) = \cos 2x$

$$\begin{cases} -4K_1 + 6K_2 + 2K_1 = 1 \\ -4K_2 - 6K_1 + 2K_2 = 0 \end{cases} \Rightarrow \begin{cases} -2K_1 + 6K_2 = 1 \\ -6K_2 - 2K_2 = 0 \end{cases}$$

$$\therefore\ K_1 = -\frac{1}{20},\ K_2 = \frac{3}{20}$$

이 된다. 따라서 제차 방정식의 일반해는

$$y = y_H + y_p = C_1e^{-x} + C_2e^{-2x} - \frac{1}{20}\cos 2x + \frac{3}{20}\sin 2x$$

■

익힘문제 9.11

다음 미분방정식을 풀어라.

1) $y'' + y = x + e^{2x}$

2) $y'' + y' + y = e^{-x}$

3) $y'' + 4y' - 2y = 2x^2 - 3x + 6$

4) $y'' + 9y = \sin x$

마지막으로 비제차 항인 $f(x)$가 보충해를 구성하는 항에 나타나는 경우를 살펴보기로 한다. 비제차 방정식 $y'' - y' - 2y = e^{-x}$ 를 풀어보면 보충해는 $y = C_1e^{-x} + C_2e^{2x}$ 가 된다. $f(x) = e^{-x}$ 이므로 특수적분을 $y_p = Ke^{-x}$ 라 두고 미분방정식에 대입하면

$y_p{}' = -Ke^{-x}$, $y_p{}'' = Ke^{-x}$ 이므로

$$y'' - y' - 2y = e^{-x} \Rightarrow Ke^{-x} - (-Ke^{-x}) - 2(Ke^{-x}) = e^{-x}$$

$0 = e^{-x}$ 형태가 되어 $y_p = Ke^{-x}$ 는 비제차 방정식의 해가 될 수 없다. 그 이유는 e^{-x} 는 보충해의 일부분이 되어 제차 방정식의 좌변을 0 으로 만들어 주기 때문이다. 이런 경우에는 특성방정식이 중근을 가질 때의 방법을 이용한다. 즉, $y_p = Kxe^{-x}$ 로 두고 대

입한다.

$y_p' = Ke^{-x}(1-x)$, $y_p'' = Ke^{-x}(x-2)$ 이므로

$$y'' - y' - 2y = e^{-x} \Rightarrow Ke^{-x}(x-2) - Ke^{-x}(1-x) - 2(Kxe^{-x}) = e^{-x}$$

$$-2Ke^{-x} - Ke^{-x} = e^{-x} \;\;\Rightarrow\;\; -3K = 1 \;\Rightarrow\; K = -\frac{1}{3}$$

$\therefore y_p = -\frac{1}{3}e^{-x}$ 가 되어 $y'' - y' - 2y = e^{-x}$ 의 일반해는

$$y = C_1e^{-x} + C_2e^{2x} - \frac{1}{3}xe^{-x}$$

가 된다.

따라서 다음과 같이 정리할 수 있다.

■ **보충해의 유형에 따른 특수적분**

$ay'' + by' + cy = f(x)\ (f(x) \neq 0)$에서

$f(x)$ 가 $ay'' + by' + cy = 0$ 의 해의 일부분이 되면 본래의 y_p 의 형태대신에 xy_p 로 대치한다.

만약 xy_p 도 제차 방정식의 해의 일부분이 되면 xy_p 대신에 x^2y_p 로 대치한다.

예제 9.13

다음 미분방정식의 해를 구하여라.

$$y'' + 2y' + y = e^{-x}$$

풀이 특성방정식은 -1 이라는 중근을 가지므로 보충해는 $y_H(x) = C_1e^{-x} + C_2xe^{-x}$ 가 된다.

Ke^{-x} 와 Kxe^{-x} 모두 보충해를 구성하는 함수꼴이므로 특수적분의 형태로 가정하는 것은 적절하지 않다. 따라서 $y_p = Kx^2e^{-x}$ 로 가정한다.

$y_p' = 2Kxe^{-x} - Kx^2e^{-x}$

$y_p'' = 2Ke^{-x} - 2Kxe^{-x} - 2Kxe^{-x} + Kx^2e^{-x} = Kx^2e^{-x} - 4Kxe^{-x} + 2Ke^{-x}$

이므로

$$Kx^2e^{-x} - 4Kxe^{-x} + 2Ke^{-x} + 2(2Kxe^{-x} - Kx^2e^{-x}) + Kx^2e^{-x} = e^{-x}$$

정리하면

$$2Ke^{-x} = e^{-x} \Rightarrow 2K = 1 \Rightarrow K = \frac{1}{2}$$

따라서 $y_p = \frac{1}{2}x^2e^{-x}$ 가 되어

$$y(x) = y_H + y_p = C_1e^{-x} + C_2xe^{-x} + \frac{1}{2}x^2e^{-x}$$

가 된다.

익힘문제 9.12

다음 미분방정식을 풀어라.

1) $y'' + y = 4x + 10\sin x$

2) $y'' - 6y' + 9y = 6x^2 + 2 - 12e^{3x}$

연습문제 9.4 Exercises

1. 다음 미분방정식의 해를 구하여라.

1) $2y'' - 5y' - 3y = 0$
2) $y'' - 3y' - 10y = 0$
3) $y'' + y' + y = 0$

2. 다음 미분방정식의 해를 구하여라.

1) $4y'' + y = 0$
2) $y'' - 36y = 0$
3) $y'' + 9y = 0$
4) $y'' + 3y' - 5y = 0$
5) $8y'' + 2y' - y = 0$

3. 다음 초기조건을 만족하는 미분방정식의 해를 구하여라.

1) $y'' - 4y' + 13y = 0$ $(y(0) = -1,\ y'(0) = 2)$

2) $y'' - y = 0$ $(y(0) = 1,\ y'(0) = 1)$

3) $y'' + y = 0$ $(y(\frac{\pi}{3}) = 0,\ y'(\frac{\pi}{3}) = 2)$

4. 다음 미분방정식의 해를 구하여라.

1) $y'' - y' - 2y = 3e^{2x}$

2) $y'' + 2y' + y = 4\cos x$

3) $y'' + 5y' + 6y = x + 1$

4) $y'' + 3y' + 2y = 3$

5) $y'' + 3y' + 2y = \cos 2x$

5. 다음 초기조건을 만족하는 미분방정식의 해를 구하여라.

1) $y'' - 64y = 16$ $(y(0) = 1,\ y'(0) = 0)$

2) $y'' + y = x$ $(y(0) = 1,\ y'(0) = 0)$

3) $y'' + 5y' - 6y = 10e^{2x}$ $(y(0) = 1,\ y'(0) = 1)$

6. 다음 미분방정식의 해를 구하여라.

1) $y'' + 4y = x\cos x$

2) $y'' - 2y' - 3y = 4x - 5 + 6xe^{x}$

3) $y'' + 3y' + 2y = e^{x}\cos x$

4) $y'' - y' + y = 2\sin 3x$

5) $y'' - 5y' + 4y = 8e^{x}$

6) $y'' + 4y = x\cos x$

7) $y'' - 7y' + 10y = 24e^{x}$

8) $y'' - 4y' + 4y = 2e^{2x} + 4x - 12$

9) $y'' - 4y = 2$

10) $y'' - 3y' + 2y = 5e^{3x}$

11) $y'' - 4y' + 3y = x$

12) $y'' + y = 4x + 10\sin x$

13) $y'' - 7y' + 10y = 24e^{x}$

14) $y'' - 6y' + 9y = 6x^2 + 2 - 12e^{3x}$

15) $y'' - 2y' - 3y = 4x - 5 + 6xe^{2x}$

9.5 고계 상수계수 선형 미분방정식

9.4절을 응용하여 3계 이상의 상수계수 선형 미분방정식의 풀이를 예제들을 통하여 알아보자.

예제 9.14

$y^{(3)}+4y''+y'-6y=0$ 의 해를 구하여라.

풀이 특성방정식 및 그 해는

$$s^3+4s^2+s-6=0 \Rightarrow (s+2)(s-1)(s+3)=0 \Rightarrow s=-2,\ 1,\ 3$$

$$\therefore y=C_1e^{-2x}+C_2e^{x}+C_3e^{3x}$$

■

예제 9.15

$y^{(3)}-3y'+2y=0$ 의 해를 구하여라.

풀이 특성방정식 및 그 해는

$$s^3-3s+2=0 \Rightarrow (s-1)^2(s+2)=0 \Rightarrow s=1,\ 1,\ 3$$

$$\therefore y=C_1e^{-2x}+C_2e^{x}+C_3xe^{x}$$

■

예제 9.16

$y^{(3)}+2y''+4y'=0$ 의 해를 구하여라.

풀이 특성방정식 및 그 해는

$$s^3+2s^2+4s=0 \Rightarrow s(s^2+2s+4)=0 \Rightarrow s=0,\ 1\pm j\sqrt{3}$$

$$\therefore y=C_1+e^{-x}(C_2\cos x+C_3\sin x)$$

■

익힘문제 9.13

다음 미분방정식을 풀어라.

1) $y^{(3)} + y'' = 0$ 2) $y^{(3)} - 6y'' = 0$ 3) $y^{(3)} - y = 0$

예제 9.17

$y^{(3)} + y'' = e^x \cos x$ 의 해를 구하여라.

풀이 특성 방정식은 -1 과 0 (중근)을 가지므로 보충해는 $y_H(x) = C_1 + C_2 x + C_3 e^{-x}$ 가 된다.

$K_1 e^x \cos x$ 와 $K_2 e^x \sin x$ 는 모두 보충해를 구성하는 함수 꼴이므로 특수적분의 형태는 $y_p = K_1 e^x \cos x + K_2 e^x \sin x$ 로 가정한다. 이를 미분하여 상수 K_1, K_2 를 구하면

$$K_1 = -\frac{1}{10}, \ K_2 = \frac{2}{10}$$

을 얻을 수 있다. 따라서

$$y_p = -\frac{1}{10} e^x \cos x + \frac{2}{10} e^x \sin x$$

가 되어

$$y(x) = y_H + y_p = C_1 + C_2 x + C_3 e^{-x} - \frac{1}{10} e^x \cos x + \frac{2}{10} e^x \sin x$$

가 된다.

익힘문제 9.14

다음 미분방정식을 풀어라.

1) $y^{(3)} + y'' = e^{-x}$ 2) $y^{(3)} - 6y'' = \sin x$

3) $y^{(3)} - y = x$

연습문제 9.5 Exercises

1. 다음 미분방정식의 해를 구하여라.

1) $y^{(3)}+3y''+7y'+5y=0$

2) $y^{(3)}-4y''-5y'=0$

3) $y^{(3)}-5y''+3y'+9y=0$

4) $y^{(3)}+3y''-4y'-12y=0$

5) $\dfrac{d^3u}{dt^3}+\dfrac{d^2u}{dt^2}-2u=0$

6) $y^{(3)}+2y''-5y'-6y=0$

7) $y^{(3)}+12y''+36y'=0$

8) $y^{(4)}+y''=0$

9) $y^{(4)}+y''-2y=0$

10) $y^{(4)}-4y'+3y=0$

11) $y^{(4)}+y^{(3)}+y''=0$

12) $y^{(4)}-2y''+y=0$

13) $16y^{(4)}+24y''+9y=0$

14) $y^{(5)}+5y^{(4)}-2y^{(3)}-10y''+y'+5y=0$

15) $2y^{(5)}-7y^{(4)}+12y^{(3)}+8y''=0$

2. 다음 미분방정식의 해를 구하여라.

1) $y^{(3)}-6y''=3-\cos x$

2) $y^{(3)}-2y''-4y'+8y=6xe^{2x}$

3) $y^{(3)}-3y''+3y'-y=x-4e^{x}$

4) $y^{(3)}-y''-4y'+4y=5-e^{x}+e^{2x}$

5) $y^{(4)}+y^{(3)}=1-x^2e^{x}$

6) $y^{(4)}+2y''+y=(x-1)^2$

7) $y^{(4)}-y''=4x+2xe^{-x}$

8) $y^{(4)}+y^{(3)}+y''=x^2$

9) $2y^{(5)}-7y^{(4)}+12y^{(3)}+8y''=3$

10) $y^{(5)}+5y^{(4)}-2y^{(3)}-10y''+y'+5y=2e^{x}$

9.6 미분방정식의 응용

미분방정식은 과학이나 공학 분야에 다양하게 응용되고 있다. 몇 가지의 예를 보도록 하자.

1. 성장과 감쇠

물리학이나 생물분야를 비롯하여 성장과 감쇠를 포함하는 이론에 많이 나타난다. 예를 들어 어떤 세균의 증식속도는 임의 시각의 그것의 수에 비례한다는 것이 자주 관측된다. 물리학에서는 반감기 문제도 이에 해당한다. 이런 부류의 문제는 다음 미분방정식으로 모델링 가능하다.

▪ 반감기 모델링

$$\frac{dy}{dt} = ky,\ y(t_0) = y_0 \quad (k\text{는 비례상수})$$

이 방정식은 변수 분리형이며 일반해는

$$\frac{dy}{dt} = ky \ \Rightarrow\ \frac{dy}{y} = kdt \ \Rightarrow\ \int \frac{dy}{y} = \int kdt$$

$$\Rightarrow\ \ln y = kt + C \ \Rightarrow\ y = e^{kt}e^{C}$$

가 되고 초기조건 $y(t_0) = y_0$ 에서

$$y_0 = e^{kt_0}e^{C} \ \Rightarrow\ C = \ln y_0 - kt_0$$

가 되므로 정리하면

$$y = e^{(\ln y_0 - kt_0)}e^{kt}$$

가 된다.

예제 9.18

어떤 세균의 초기량이 n_0 이다. $(n(0) = n_0)$ $t = 1$ 시간에서는 그 양이 $1.5n_0$ 로 측정 되었다. 세균의 증식률이 현재의 세균의 수에 비례한다면 세균이 3배로 증식하는데 걸리는 시간을 구하여라.

풀이 이 문제는 다음과 같은 초기치 문제이다.

$$\frac{dn(t)}{dt} = kn(t),\ n(0) = n_0$$

이 방정식은 1계 선형미분방정식으로 적분인자는 e^{-kt} 가 되고 양변에 곱하면

$$\frac{d}{dt}\{e^{-kt}n(t)\} = 0$$

이 되고 적분을 하면

$$e^{-kt}n(t) = C \ \Rightarrow\ n(t) = Ce^{kt}$$

가 된다. $n(0) = Ce^0 = C = n_0$ 이므로 $n(t) = n_0e^{kt}$ 를 얻을 수 있다.

또 $n(1) = 1.5n_0$ 이므로

$$1.5n_0 = n_0e^k \ \Rightarrow\ e^k = 1.5$$

가 된다.

따라서 세균의 증가율은

$$n(t) = n_0(1.5)^t$$

으로 나타 낼 수 있다.

이제 세균의 수가 3배로 되는 시각을 구하기 위해

$$3n_0 = n_0(1.5)^t$$

를 풀면 $t = \dfrac{\log 3}{\log 1.5} \approx 2.71$ 시간이 된다.

■

익힘문제 9.15

동위원소인 플라토늄은 15년이 지나면 초기 양의 0.043%가 붕괴 된다. 붕괴속도가 잔량에 비례한다면 플라토늄의 반감기는 얼마인가?

2. 낙하운동

물체가 공중에서 낙하할 때 일정 시간이 지난 후에 그 물체의 속도는 뉴턴의 제2 법칙과 미분방정식으로 구할 수 있다.

질량 m, 속도를 v 인 물체에 작용하는 힘은

$$F = ma = m\frac{dv}{dt}$$

가 되고

질량 m 인 물체에 중력이 작용하면 그 물체에 작용하는 힘은

$$F = mg \quad (g \text{ 는 중력 가속도})$$

가 된다.

따라서 물체가 낙하를 시작하여 일정 시간이 지난 후의 속도는 다음과 같다.

■ **낙하운동의 모델링**

$$m\frac{dv}{dt} = mg + (-F_r) \quad (F_r\text{: 공기의 저항})$$

이 미분방정식은 F_r 의 형태에 따라 달라진다.

예제 9.19

질량이 10g 인 물체를 높이 1000m 에서 초기속도 3 m/s 로 낙하 시켰을 때 속도를 구하여라. 공기저항은 물체의 순간속도와 동일하다고 가정한다.

풀이 공기저항과 순간속도가 동일하므로 $F_r = v$,

$m = 10$, $F_r = v$ 를 위의 미분방정식에 대입하면

$$10\frac{dv}{dt} = 98 - v \Rightarrow \frac{dv}{dt} + 0.1v = 9.8$$

가 된다. 적분인자는

$$\mu(x) = e^{\int 0.1dt} = e^{0.1t}$$

가 되고, 일반해는

$$v(t) = e^{-0.1t}\left\{\int 9.8e^{0.1t}dt + C\right\} = e^{-0.1t}\{98e^{0.1t} + C\} \quad \Rightarrow \quad v(t) = 98 + Ce^{-0.1t}$$

가 된다. 초기조건 $v(0) = 3$ 을 해에 대입하면

$$3 = 98 + C \quad \Rightarrow \quad C = -95$$

$$\therefore v(t) = 98 - 95e^{-0.1t}$$

■

익힘문제 9.16

1g의 물체를 10m 높이에서 자유낙하 시켰다. 단 공기의 저항은 무시한다.

1) 물체의 속도를 구하여라.

2) 얼마 후에 이 물체는 지면에 도달하는가?

3. 전기회로

[그림 9.2]와 같은 R-L 직렬회로에 직류 전압 E가 가해질 때 흐르는 전류를 구하는 문제는 다음과 같은 미분방정식에 의해 구할 수 있다.

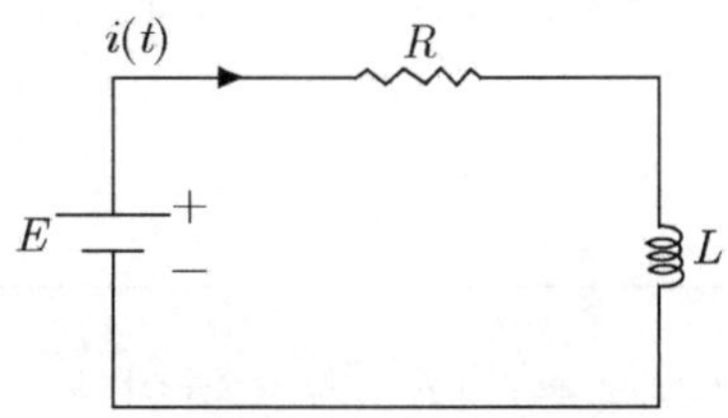

[그림 9.2] R-L 직렬회로

■ **R-L 직렬회로 모델링**

$$L\frac{di(t)}{dt} + Ri(t) = E, \quad t \geq 0$$

이 방정식의적분인자는 $\mu(t) = e^{\int \frac{R}{L}dt}$ 가 되어 일반해는

$$i(t) = \frac{E}{R} + ke^{-\frac{Rt}{L}}$$

가 되는데 초기조건 $i(0) = 0$ 을 적용하면

$$i(t) = \frac{E}{R}\left(1 - e^{-\frac{Rt}{L}}\right)$$

가 된다

예제 9.20

12V의 배터리가 $R=10\Omega$, $L=0.5H$인 R-L 직렬회로에 연결되어 있다. 초기전류가 0일 때 전류 $i(t)$를 구하여라.

풀이 $R=10\Omega$, $L=0.5H$, $E=12$이므로

미분방정식은

$$0.5\frac{di(t)}{dt}+10i(t)=12,\ t\geq 0$$

가 되고 적분인자는 $\mu(t)=e^{\int 20dt}=e^{20t}$이며 최종해는

$$i(t)=\frac{6}{5}(1-e^{-20t})$$

가 된다.

익힘문제 9.17

[그림 9.2] 회로에서 $R=30\Omega, L=0.1H$, $E=30$이다.
$i(0)=0$일 때 $i(t)$를 구하고 $\lim_{t\to\infty}i(t)$를 구하여라.

[그림 9.1]에서 보인 RLC 직렬회로에 전압 $v(t)$가 가해졌을 때 흐르는 전류는 다음 2계 상미분 방정식으로 나타낼 수 있다.

■ **RLC 직렬회로 모델링**

$$L\frac{d^2i(t)}{dt^2}+R\frac{di(t)}{dt}+\frac{1}{C}i(t)=\frac{dv(t)}{dt}$$

$v(t)=E$라 가정하면 $\frac{dv(t)}{dt}=0$이 되어 미분방정식은 다음의 형태로 바꾸어 쓸 수 있고

$$L\frac{d^2i(t)}{dt^2}+R\frac{di(t)}{dt}+\frac{1}{C}i(t)=0$$

특성 방정식은

$$Ls^2+Rs+\frac{1}{C}=0$$

이 된다.

여기서 일반해는

$$D=R^2-4\frac{L}{C}$$

의 값에 따라 세 가지 형태의 해가 나온다. k_1, k_2을 임의의상수라 할 때

i) $D=R^2-4\frac{L}{C}>0$ 이면

$$s_1=\frac{-R+\sqrt{R^2-4\frac{L}{C}}}{2L},\quad s_2=\frac{-R-\sqrt{R^2-4\frac{L}{C}}}{2L}$$

라 할 때

$$i(t)=k_1e^{s_1t}+k_2e^{s_2t}$$

가 되고

ii) $D=R^2-4\frac{L}{C}=0$ 일 때

$s_1=\frac{-R}{2L}$ 라 두면

$$i(t)=k_1e^{s_1t}+k_2te^{s_1t}$$

가 되며

iii) $D=R^2-4\frac{L}{C}<0$ 인 경우에는

$\alpha=-\frac{R}{2L}$, $\beta=\frac{\sqrt{4\frac{L}{C}-R^2}}{2L}$ 라 두면

$$i(t)=e^{\alpha t}(k_1\cos\beta t+k_2\sin\beta t)$$

가 된다.

이렇게 R, L, C의 값에 따라 다양한 형태의 전류가 흐르게 된다. 자세한 것은 회로이론에서 다룬다.

연습문제 9.6 Exercises

1. Newton의 냉각법칙에 따르면 냉각체의 온도 변화 $T(t)$는 자신의 온도와 주위 매질의 온도 T_s와의 차이에 비례한다. 이 법칙은 다음의 미분방정식으로 나타낼 수 있다.

$$\frac{dT}{dt} = k(T - T_s) \quad k\text{는 비례상수}$$

빵을 오븐에서 꺼내었을 때 온도가 150°C였다. 3분후의 온도는 100°C였다. 이 빵의 온도가 실온인 25°C 까지 도달하는데 걸리는 시간을 구하여라.

2. 물을 100°C까지 가열한 후 주위온도가 30°C인 곳에 두었더니 2분 후의 물의 온도가 80°C가 되었다. 다음을 구하여라.

1) 5분후의 물의 온도 2) 물의 온도가 50°C가 되는 시간

3. 용수철저울의 한쪽 끝이 위쪽 강체에 고정되어 있고 아래쪽에 질량 m인 물체가 매달려 있다. 용수철의 상수를 k라 할 때 용수철의 변위 x는 다음 미분방정식으로 나타낼 수 있다.

$$\frac{d^2x}{dt} + \frac{k}{m}x = 0 \quad (k\text{는 비례상수})$$

용수철의 상수가 4인 저울에서질량이 $\frac{1}{4}$인 물체를 매달고 아래쪽으로 10만큼 당겼다가 놓으면 용수철은 어떻게 움직이는가?

4. [그림 9.1]의 회로에서 $v(t) = \cos \omega t$ 일 때 $i(t)$를 구하여라.

Chapter 10 라플라스 변환

라플라스 변환은 선형미분방정식의 해를 구하는 방법으로 이용되며 신호처리 및 분석에 여러 가지 편리한 수단을 제공한다. 일반적으로 공학문제에 나타나는 미분방정식의 해는 시간응답으로 시간영역에서 해석되나 변환된 라플라스 함수는 s -영역 또는 복소수 영역, 주파수 영역에서 해석된다. 따라서 시간영역에서 주어진 미분방정식은 라플라스 변환에 의해 대수방정식으로 변환되고, 이의 해를 간단한 대수연산으로 구한다. 이 해를 라플라스 역변환을 이용하여 원래의 시간영역에서의 해로 바꾼다. 제10장에서는 라플라스 변환과 라플라스 역변환(inverse Laplace transform)의 정의와 여러 성질을 소개한다.

10.1 라플라스 변환과 역변환

1. 라플라스 변환과 역변환의 정의

$t \ge 0$ 에서 정의된 임의의 함수 $f(t)$ 에 대하여 적분

$$\int_0^\infty f(t)e^{-st}dt$$

가 존재 한다면 이를 다음과 같이 나타내고 함수 $f(t)$ 의 **라플라스 변환(Laplace transform)** 이라 한다.

■ **라플라스 변환**

$$F(s) = \mathcal{L}\{f(t)\} = \int_0^\infty f(t)e^{-st}dt$$

여기서 $\mathcal{L}\{f(t)\}$는 s 의 함수임을 알 수 있다.

그리고 $f(t)$ 를 $F(s)$ 의 **라플라스 역변환(inverse Laplace transform)**이라 한다.

■ **라플라스 역변환**

$$f(t)=\mathcal{L}^{-1}\{F(s)\}$$

함수들이 $f(t), g(t), h(t), \cdots$ 등으로 주어질 때, 각각의 라플라스 변환을 다음과 같이 표시한다.

$$\mathcal{L}\{f(t)\}=F(s),\ \mathcal{L}\{g(t)\}=G(s),\ \mathcal{L}\{h(t)\}=H(s),\ \cdots$$

예제 10.1

$f(t)=1\ (t\geq 0)$ 의 라플라스 변환 $F(s)$ 를 구하여라.

풀이 정의에 의하여

$$F(s)=\mathcal{L}\{1\}=\int_0^\infty e^{-st}dt=\left[-\frac{1}{s}e^{-st}\right]_0^\infty=\frac{1}{s}\quad(s>0)$$

을 얻는다. (단, 주어진 이상적분이 수렴하기 위해서는 $s>0$ 이여야 한다.)

■

보기

예제 10.1에 의하여 $\mathcal{L}^{-1}\left\{\frac{1}{s}\right\}=1$ 임을 알 수 있다.

예제 10.2

$f(t)=t,\ (t\geq 0)$ 의 라플라스 변환 $F(s)$ 를 구하여라.

풀이 정의와 부분적분을 이용하면 (예제 8.23 참조)

$$F(s) = \mathcal{L}\{t\} = \int_0^\infty t e^{-st} dt$$

$$= \left[-\frac{t}{s}e^{-st}\right]_0^\infty + \frac{1}{s}\int_0^\infty e^{-st}dt = \left[-\frac{t}{s}e^{-st}\right]_0^\infty + \frac{1}{s}\left[-\frac{1}{s}e^{-st}\right]_0^\infty = \frac{1}{s^2}$$

$(s > 0)$

을 얻는다. (단, 주어진 이상적분이 수렴하기 위해서는 $s > 0$ 이여야 한다.)

■

보기

예제 10.2에 의하여 $\mathcal{L}^{-1}\left\{\frac{1}{s^2}\right\} = t$ 임을 알 수 있다.

예제 10.3

$f(t) = e^t \ (t \geq 0)$ 의 라플라스 변환 $F(s)$ 를 구하여라.

풀이 정의에 의하여

$$F(s) = \mathcal{L}\{e^t\} = \int_0^\infty e^t e^{-st} dt = \int_0^\infty e^{(1-s)t} dt = \left[\frac{1}{1-s}e^{(1-s)t}\right]_0^\infty = \frac{1}{s-1}$$

$(s > 1)$

을 얻는다. (단, 주어진 이상적분이 수렴하기 위해서는 $s > 1$ 이여야 한다.)

■

익힘문제 10.1

1) $f(t) = \frac{t}{2} \ (t \geq 0)$ 의 라플라스 변환 $F(s)$ 를 구하여라.

2) $f(t) = e^{-t} \ (t \geq 0)$ 의 라플라스 변환 $F(s)$ 를 구하여라.

예제 10.4

$f(t) = \sin t$ 의 라플라스 변환 $F(s)$ 를 구하여라.

풀이 정의에 의하여

$$F(s)=\mathcal{L}\{\sin t\}=\int_0^\infty e^{-st}\sin t\,dt$$

이고 부분적분을 두 번 이용하면 (예제 8.26 참조)

$$\int_0^\infty e^{-st}\sin t\,dt=\left[-\frac{1}{s}e^{-st}\sin t\right]_0^\infty+\frac{1}{s}\left(\left[-\frac{1}{s}e^{-st}\cos t\right]_0^\infty-\frac{1}{s}\int_0^\infty e^{-st}\sin t dt\right)$$

가 되므로 이를 정리하면

$$\left(1+\frac{1}{s^2}\right)\int_0^\infty e^{-st}\sin t\,dt=\left[-\frac{1}{s}e^{-st}\sin t\right]_0^\infty+\frac{1}{s}\left[-\frac{1}{s}e^{-st}\cos t\right]_0^\infty=\frac{1}{s^2}$$

$(s>0)$

을 얻는다. (단, 주어진 이상적분이 수렴하기 위해서는 $s>0$ 이여야 한다.) 따라서

$$F(s)=\mathcal{L}\{\sin t\}=\frac{1}{s^2+1}$$

이 된다. ■

보기

예제 10.4에 의하여 $\mathcal{L}^{-1}\left\{\dfrac{1}{s^2+1}\right\}=\sin t$ 임을 알 수 있다.

익힘문제 10.4

1) $f(t)=\cos t$ 의 라플라스 변환 $F(s)$ 를 구하여라.

2) $f(t)=\sin\dfrac{1}{2}t$ 의 라플라스 변환 $F(s)$ 를 구하여라.

2. 라플라스 변환의 성질

라플라스 변환은 다음과 같은 성질을 가지고 있다. 이를 라플라스 변환의 선형성이라 부른다.

■ **라플라스 변환의 선형성 1**

$\mathcal{L}\{f(t)\}$ 와 $\mathcal{L}\{g(t)\}$ 가 존재할 때

1. $\mathcal{L}\{f(t)+g(t)\}= \mathcal{L}\{f(t)\}+ \mathcal{L}\{g(t)\}$
2. $\mathcal{L}\{kf(t)\}= k\,\mathcal{L}\{f(t)\}$ (단, k는 상수)

위의 1과 2를 함께 쓰면 다음과 같이 표현할 수 있다.

■ **라플라스 변환의 선형성 2**

$\mathcal{L}\{af(t)+bg(t)\}= a\,\mathcal{L}\{f(t)\}+ b\,\mathcal{L}\{g(t)\}$ (단, a, b는 상수)

라플라스 변환의 선형성에 의하여 라플라스 역변환 또한 선형성을 가진다.

■ **라플라스 역 변환의 선형성**

$\mathcal{L}^{-1}\{af(t)+bg(t)\}= a\,\mathcal{L}^{-1}\{f(t)\}+ b\,\mathcal{L}^{-1}\{g(t)\}$ (단, a, b는 상수)

예제 10.5

$f(t)=2+t$ 의 라플라스 변환 $F(s)$를 구하여라.

풀이 라플라스 변환의 선형성과 예제 10.1, 예제 10.2에 의하여

$$F(s)=\mathcal{L}\{2+t\}= 2\mathcal{L}\{1\}+ \mathcal{L}\{t\}= \frac{2}{s}+\frac{1}{s^2} \quad (s>0)$$

을 얻는다.

예제 10.6

$\mathcal{L}^{-1}\left\{\frac{2s+1}{s^2}\right\}$을 구하여라.

풀이 예제 10.5에 의하여

$$\mathcal{L}^{-1}\left\{\frac{2s+1}{s^2}\right\} = \mathcal{L}^{-1}\left\{\frac{2}{s}+\frac{1}{s^2}\right\} = \mathcal{L}^{-1}\left\{\frac{2}{s}\right\} + \mathcal{L}^{-1}\left\{\frac{1}{s^2}\right\}$$

$$= 2\,\mathcal{L}^{-1}\left\{\frac{1}{s}\right\} + \mathcal{L}^{-1}\left\{\frac{1}{s^2}\right\} = 2+t$$

■

익힘문제 10.3

1) $f(t) = 2\sin t - \cos t$ 의 라플라스 변환 $F(s)$ 를 구하여라.

2) $f(t) = \sin\frac{1}{2}t + \frac{1}{2}$ 의 라플라스 변환 $F(s)$ 를 구하여라.

3. 기본 함수의 라플라스 변환

기본 함수들의 라플라스 변환을 <표 10.1>에 소개한다.

〈표 10.1〉 기본 함수들의 라플라스 변환

$f(t)$	$\mathcal{L}\{f(t)\} = F(s)$
1	$\frac{1}{s}$
t	$\frac{1}{s^2}$
$t^n \ (n = 0, 1, 2, \cdots)$	$\frac{n!}{s^{n+1}}$
e^{at}	$\frac{1}{s-a}$
$\sin at$	$\frac{a}{s^2+a^2}$
$\cos at$	$\frac{s}{s^2+a^2}$
$\sinh at$	$\frac{a}{s^2-a^2}$
$\cosh at$	$\frac{s}{s^2-a^2}$

연습문제 10.1 Exercises

1. 정의를 이용하여 다음 주어진 함수의 라플라스 변환을 구하여라.

1) $f(t)=t^2$ 2) $f(t)=\cosh at$ 3) $f(t)=\sinh at$

2. 다음 주어진 함수의 라플라스 변환을 구하여라.

1) $f(t)=11$ 2) $f(t)=-t^2-2t+3$ 3) $f(t)=-2\sin 2t+4$

4) $f(t)=-e^{\frac{1}{2}}$ 5) $f(t)=-e^{\frac{1}{2}t}$ 6) $f(t)=-3\sinh\frac{1}{2}t$

3. 다음 주어진 함수의 라플라스 역변환을 구하여라.

1) $F(s)=\dfrac{11}{s}$ 2) $F(s)=\dfrac{11}{s^2}$

3) $F(s)=\dfrac{11s-2}{s^2}$ 4) $F(s)=\dfrac{11s^2-2s-1}{s^2}$

5) $F(s)=\dfrac{2s}{s-3}$ 6) $F(s)=\dfrac{2}{s^2+3}$

7) $F(s)=\dfrac{2s}{s^2+3}$ 8) $F(s)=\dfrac{2s-1}{s^2-3}$

9) $F(s)=\dfrac{2s}{s^2-3}$

10.2 라플라스 변환의 정리들

1. 라플라스 변환의 제 1 이동정리

공학문제에서 두 개의 함수가 곱의 형태로 표현되는 경우가 있는데, 특히 지수함수 $e^{\pm at}$ 와 곱해진 함수의 라플라스 변환에 대하여 알아보자. 우선 예부터 살펴보자.

예제 10.7

$\mathcal{L}\{te^t\}$를 구하여라.

풀이 정의에 의하여

$$\mathcal{L}\{te^t\}=\int_0^\infty te^{(2-s)t}dt=\left[\frac{t}{2-s}e^{(2-s)t}\right]_0^\infty-\frac{1}{2-s}\int_0^\infty e^{(2-s)t}dt$$
$$=\left[\frac{t}{2-s}e^{(2-s)t}\right]_0^\infty-\frac{1}{2-s}\left[\frac{1}{2-s}e^{(2-s)t}\right]_0^\infty=\frac{1}{(s-2)^2}$$

를 얻는다. 이는 함수 $F(s)=\ \mathcal{L}\{t\}$ 로 놓으면 $\mathcal{L}\{t\}=\frac{1}{s^2}$ 이므로

$\mathcal{L}\{te^t\}=F(s-2)$ 로 표현할 수 있다. 즉, $F(s)$를 s 축으로 2 만큼 평행 이동한 결과를 얻는다.

■

예제 10.8

$\mathcal{L}\{te^{-2t}\}$를 구하여라.

풀이 정의에 의하여

$$\mathcal{L}\{te^{-2t}\}=\int_0^\infty te^{-(2+s)t}dt=\left[-\frac{t}{2+s}e^{-(2+s)t}\right]_0^\infty+\frac{1}{2+s}\int_0^\infty e^{-(2+s)t}dt$$
$$=\left[-\frac{t}{2+s}e^{(2+s)t}\right]_0^\infty+\frac{1}{2+s}\left[-\frac{1}{2+s}e^{(2+s)t}\right]_0^\infty=\frac{1}{(s+2)^2}$$

를 얻는다. 이는 함수 $F(s)=\ \mathcal{L}\{t\}$ 라 놓으면 $\mathcal{L}\{t\}=\frac{1}{s^2}$ 이므로

$\mathcal{L}\{te^{-2t}\}=F(s+2)$ 로 표현할 수 있다. 즉 $F(s)$를 s 축으로 -2 만큼 평행 이동한 결과를 얻는다.

■

주어진 함수에 지수함수 $e^{\pm at}$가 곱해질 경우 다음과 같은 정리가 성립한다.

■ **제 1 이동정리(1st shifting theorem)**

$\mathcal{L}\{f(t)\} = F(s)$ 일 때

1. $\mathcal{L}\{e^{at}f(t)\} = F(s-a)$
2. $\mathcal{L}\{e^{-at}f(t)\} = F(s+a)$

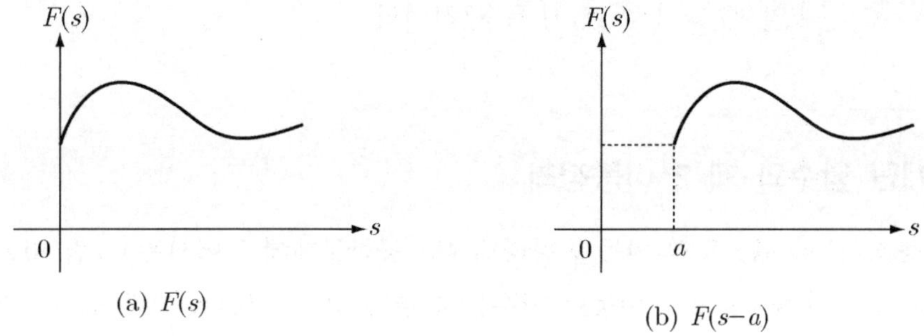

[그림 10.1] $F(s)$ **의 이동**

예제 10.9

$\mathcal{L}\{t^2e^{-2t}\}$ 를 구하여라.

풀이 $f(t) = t^2$ 으로 놓으면 $F(s) = \dfrac{2}{s^3}$ 가 되므로 s 대신 $s+2$ 를 대입하면

$$\mathcal{L}\{t^2e^{-2t}\} = \frac{2}{(s+2)^3}$$

를 얻는다.

■

예제 10.10

$\mathcal{L}\{e^{3t}\cos 2t\}$ 를 구하여라.

풀이 $f(t) = \cos 2t$ 로 놓으면 $F(s) = \dfrac{s}{s^2+4}$ 가 되므로 s 대신 $s-3$ 를 대입하면

$$\mathcal{L}\{t^2e^{-2t}\} = \frac{s}{(s-3)^2+4} = \frac{s}{s^2-6s+13}$$

를 얻는다.

■

익힘문제 10.4

1) $f(t)=\cos t$ 일 때, $\mathcal{L}\{e^{-3t}f(t)\}$ 를 구하여라.

2) $f(t)=\sin\dfrac{1}{2}t$ 일 때, $\mathcal{L}\left\{e^{\frac{1}{3}t}f(t)\right\}$ 를 구하여라.

2. 단위계단 함수와 제 2 이동정리

제 1 이동정리는 s 축으로의 이동을 나타내지만 공학문제에 있어서는 [그림 10.2]와 같이 시간축, 즉 $f(t)$ 를 t 축으로 이동한 함수를 다루는 경우가 많다. 이런 경우를 위하여 1장에서 다루었던 단위계단 함수 $u(t)$ 부터 살펴보자.

예제 10.11

$\mathcal{L}\{u(t)\}$ 를 구하여라. (단, $u(t)$ 는 단위계단 함수)

풀이 1장에서 소개된 단위계단 함수의 정의는 다음과 같다.

$$u(t)=\begin{cases}1, & t\geq 0\\ 0, & t<0\end{cases}.$$

따라서 라플라스 변환의 정의를 이용하면

$$\mathcal{L}\{u(t)\}=\int_0^\infty e^{-st}\,dt=\left[-\frac{1}{s}e^{-st}\right]_0^\infty=\frac{1}{s}$$

을 얻는다. ($u(t)$ 의 정의에 의해 주어진 함수 $f(t)$ 에 $u(t)$ 를 곱해도 $t\geq 0$ 에 대한 $f(t)$ 의 함숫값은 변화가 없다.)

■

예제 10.12

$\mathcal{L}\{u(t-1)\}$ 를 구하여라. (단, $u(t)$ 는 단위계단 함수)

풀이

$u(t-1)=\begin{cases}1, & t \geq 1 \\ 0, & t<1\end{cases}$ 이므로 라플라스 변환의 정의를 이용하면

$$\mathcal{L}\{u(t)\}=\int_{1}^{\infty} e^{-st}\,dt=\left[-\frac{1}{s}e^{-st}\right]_{1}^{\infty}=\frac{1}{s}e^{-s}$$

을 얻는다.

익힘문제 10.5

$\mathcal{L}\left\{u\left(t-\frac{1}{2}\right)\right\}$ 를 구하여라.

다음은 단위계단 함수에 대한 라플라스 변환이다.

■ 단위계단 함수의 라플라스 변환

$$\mathcal{L}\{u(t-a)\}=\frac{e^{-as}}{s} \quad (s>0)$$

예제 10.13

다음 그래프를 함수로 표현한 다음 라플라스 변환을 구하여라.

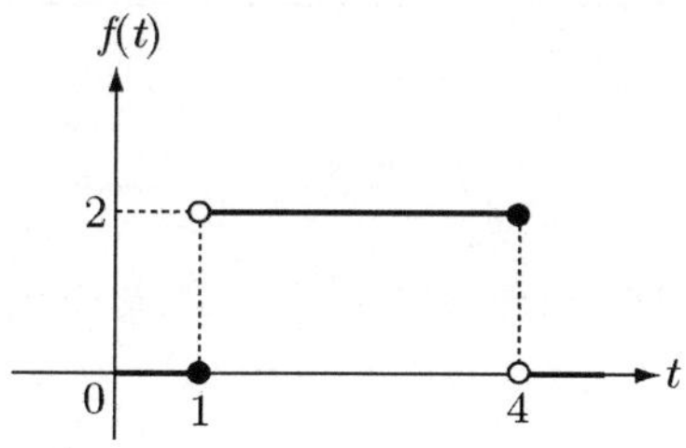

풀이 주어진 그래프를 단위계단 함수 $u(t)$ 를 이용하면

$$f(t)=2\{u(t-1)-u(t-4)\}$$

로 표현할 수 있다. 따라서 위의 공식을 이용하면

$$\mathcal{L}\{f(t)\}=2\{\ \mathcal{L}\{u(t-1)\}-\mathcal{L}\{u(t-4)\}=2\left\{\frac{e^{-s}}{s}-\frac{e^{-4s}}{s}\right\}=\frac{2(e^{-s}-e^{-4s})}{s}$$

을 얻는다.

익힘문제 10.6

다음 그래프를 함수로 표현한 다음 라플라스 변환을 구하여라.

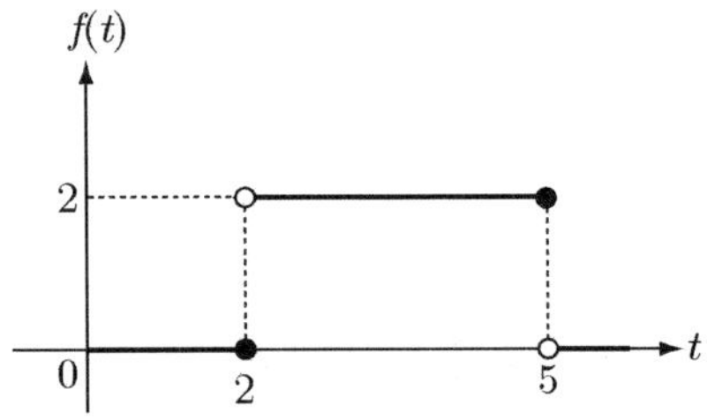

이제 $f(t)$를 t축으로 이동한 함수의 라플라스 변환에 관한 정리를 소개한다. 이 정리의 증명은 독자에게 연습문제로 남긴다.

■ **제 2 이동정리(2nd shifting theorem)**

$\mathcal{L}\{f(t)\}=F(s)$ 일 때

$$\mathcal{L}\{f(t-a)u(t-a)\}=e^{-as}F(s)$$

(단, $u(t)$는 단위계단 함수)

예제 10.14

다음 그래프를 함수로 표현한 다음 라플라스 변환을 구하여라.

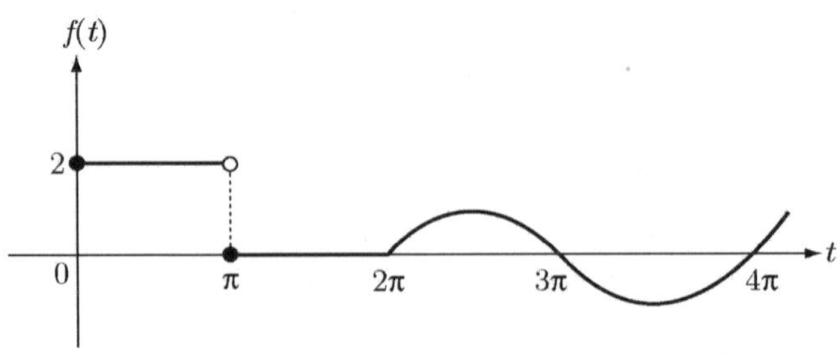

풀이 $\sin t$ 는 주기가 2π 인 함수이므로 주어진 그래프를 단위계단 함수 $u(t)$ 로 나타내면

$$\begin{aligned} f(t) &= 2u(t) - 2u(t-\pi) + u(t-2\pi)\sin(t-2\pi) \\ &= 2u(t) - 2u(t-\pi) + u(t-2\pi)\sin t \end{aligned}$$

이다. 따라서 위의 정리를 이용하면

$$\begin{aligned} \mathcal{L}\{f(t)\} &= 2\mathcal{L}\{u(t)\} - 2\mathcal{L}\{u(t-\pi)\} + \mathcal{L}\{u(t-2\pi)\sin t\} \\ &= \frac{2}{s} - \frac{2e^{-\pi s}}{s} + \frac{e^{-2\pi s}}{s^2+1} \end{aligned}$$

을 얻는다.

■

3. 델타 함수의 라플라스 변환

8.5절에서 소개되었던 델타 함수(또는 단위 충격함수)의 라플라스 변환에 대하여 알아보자. 정의와 로피탈 정리(7.8절)를 이용하면

$$\mathcal{L}\{\delta(t)\} = \lim_{a\to 0}\int_0^\infty \frac{1}{a}\{u(t) - u(t-a)\}e^{-st}\,dt = \lim_{a\to 0}\frac{1-e^{-as}}{as} = \lim_{a\to 0}\frac{se^{-as}}{s} = 1$$

이 된다.

■ **델타 함수의 라플라스 변환**

$$\mathcal{L}\{\delta(t)\} = 1$$

한편 $\delta(t-t_0)$ 는 $\delta(t)$ 를 t 축으로 t_0 만큼 이동시킨 것이므로 제 2 이동정리에 의하여 $\mathcal{L}\{\delta(t-t_0)\} = e^{-t_0 s}$ 임을 알 수 있다.

■ **델타 함수의 이동변환**

$$\mathcal{L}\{\delta(t-t_0)\} = e^{-t_0 s}$$

예제 10.15

주어진 함수를 라플라스 변환하여라.

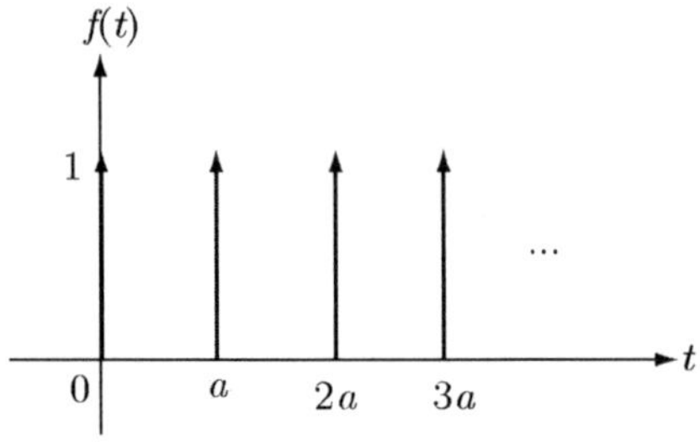

풀이 $f(t)=\delta(t)+\delta(t-a)+\delta(t-2a)+\cdots$ 로 표현되며

$$F(s)=1+e^{-as}+e^{-2as}+e^{-3as}+\cdots=\frac{1}{1-e^{-as}}$$

이 된다.

연습문제 10.2

Exercises

1. 다음을 증명하여라.

$\mathcal{L}\{f(t)\}=F(s)$ 이면 $\mathcal{L}\{f(t-a)u(t-a)\}=e^{-as}F(s)$ (단, $u(t)$는 단위계단 함수)

2. 다음 그래프를 함수로 나타낸 다음 라플라스 변환하여라.

1)

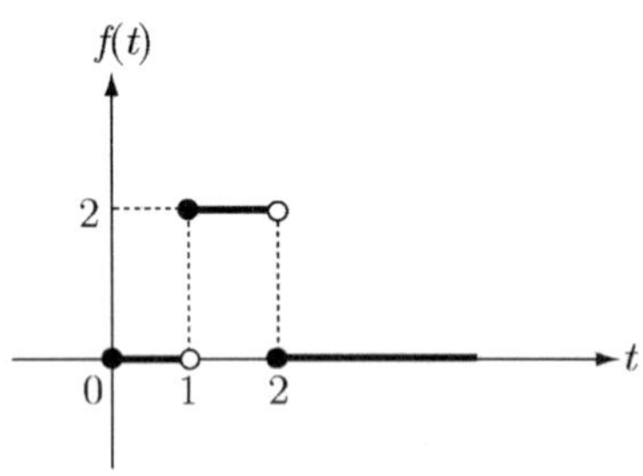

2)

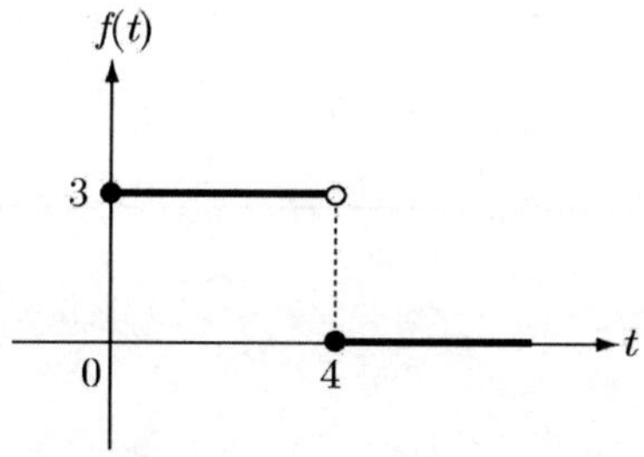

3)

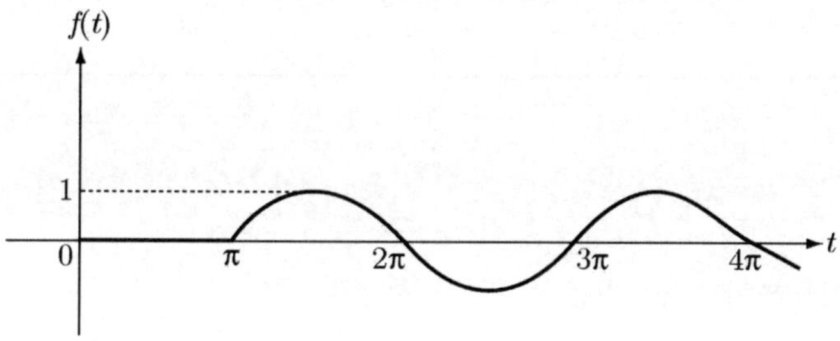

10.3 도함수의 라플라스 변환

라플라스 변환은 선형미분방정식의 해를 구하는데 사용된다. 여기에서는 간단한 선형미분방정식을 풀기위한 라플라스 변환의 기초적인 정리들에 대해서만 다루도록 하겠다. 이제 도함수의 라플라스 변환에 대하여 생각해보자.

보기

1) $f(t)=t^2$ 이라 하면, $\dfrac{df}{dt}=2t$ 이고 $\mathcal{L}\{2t\}=\dfrac{2}{s^2}$ 이다. $F(s)=\dfrac{2}{s^3}$ 이므로 $\mathcal{L}\left\{\dfrac{df}{dt}\right\}=sF(s)-f(0)$ 임을 알 수 있다.

2) $f(t)=\sin 2t$ 이라 하면, $\dfrac{df}{dt}=2\cos 2t$ 이고 $\mathcal{L}\{\cos 2t\}=\dfrac{s}{s^2+4}$ 이다. $\mathcal{L}\{f(t)\}=\dfrac{2}{s^2+4}$ 이므로 $\mathcal{L}\left\{\dfrac{df}{dt}\right\}=sF(s)-f(0)$ 임을 알 수 있다.

다음은 도함수에 대한 라플라스 변환이다. 부분적분과 수학적 귀납법을 이용하면 쉽게 유도할 수 있다.

■ **도함수의 라플라스 변환**

$\mathcal{L}\{f(t)\} = F(s)$ 일 때

$$\mathcal{L}\left\{\frac{d^n f}{dt^n}\right\} = s^n F(s) - s^{n-1} f(0) - s^{n-2} f'(0) - \cdots - f^{(n-1)}(0)$$

예제 10.16

라플라스 변환을 이용하여 다음 미분방정식을 풀어라.

$$y' + 3y = 3,\ y(0) = 0$$

풀이 양변에 라플라스 변환을 취하면

$$\mathcal{L}\{y' + 3y\} = \mathcal{L}\{3\} \Rightarrow (sY(s) - y(0)) + 3Y(s) = \frac{3}{s}$$

$$\Rightarrow Y(s) = \frac{3}{s(s+3)}$$

을 얻는다. 이제 라플라스 역변환을 이용하면

$$y(t) = \mathcal{L}^{-1}\{Y(s)\} = \mathcal{L}^{-1}\left\{\frac{3}{s(s+3)}\right\} = \mathcal{L}^{-1}\left\{\frac{1}{s} - \frac{1}{s+3}\right\} = 1 - e^{-3t}$$

임을 알 수 있다. ■

예제 10.17

라플라스 변환을 이용하여 다음 미분방정식을 풀어라.

$$y' + 3y = \sin t,\ y(0) = 0$$

풀이 양변에 라플라스 변환을 취하면

$$\mathcal{L}\{y' + 3y\} = \mathcal{L}\{\sin t\} \Rightarrow (sY(s) - y(0)) + 3Y(s) = \frac{1}{s^2+1}$$

$$\Rightarrow Y(s) = \frac{1}{(s+3)(s^2+1)}$$

을 얻는다. 이제 라플라스 역변환을 이용하면

$$y(t) = \mathcal{L}^{-1}\{Y(s)\} = \mathcal{L}^{-1}\left\{\frac{1}{(s+3)(s^2+1)}\right\} = \mathcal{L}^{-1}\left\{-\frac{1}{10}\left(\frac{-1}{s+3} + \frac{s-3}{s^2+1}\right)\right\}$$

$$= \frac{1}{10}\mathcal{L}^{-1}\left\{\frac{1}{s+3}\right\} - \frac{1}{10}\mathcal{L}^{-1}\left\{\frac{s}{s^2+1}\right\} + \frac{3}{10}\mathcal{L}^{-1}\left\{\frac{1}{s^2+1}\right\}$$

$$= \frac{1}{10}e^{-3t} - \frac{1}{10}\cos t + \frac{3}{10}\sin t$$

임을 알 수 있다.

■

익힘문제 10.7

라플라스 변환을 이용하여 다음 미분방정식을 풀어라.

$$y' + 3y = \cos t, \; y(0) = 1$$

이외에도 라플라스 변환의 미분과 적분 공식, 콘볼루션(convolution) 정리 등과 관련된 성질은 본 책에서는 다루지 않기로 한다.

연습문제 10.3 Exercises

1. 다음을 증명하여라.

1) $\mathcal{L}\{f(t)\} = F(s)$일 때, $\mathcal{L}\left\{\frac{df}{dt}\right\} = sF(s) - f(0)$

2) $\mathcal{L}\{f(t)\} = F(s)$일 때, $\mathcal{L}\left\{\frac{d^2f}{dt^2}\right\} = s^2F(s) - sf(0) - f'(0)$

2. 다음 선형미분방정식을 풀어라.

1) $4y' - 3y = e^{2t}, \; y(0) = 1$

2) $y' - 3y = e^t \sin \frac{1}{2}t$, $y(0) = 0$

3) $2y' + 4y = \cos t$, $y(0) = 0$

4) $2y' + y = te^{-2t}$, $y(0) = 0$

5) $-2y' + y = t^2 e^{-2t}$, $y(0) = 1$

6) $y'' + 4y' + 3y = 0$, $y(0) = 1$, $y'(0) = 0$

7) $y'' + 4y' + 3y = e^t$, $y(0) = 0$, $y'(0) = 0$

8) $y'' - 4y' + 4y = \cos t$, $y(0) = 0$, $y'(0) = 0$

9) $y'' + 2y' + 2y = e^{-2t} \cos t$, $y(0) = 0$, $y'(0) = 0$

10) $y'' - 2y' + y = t^2 e^{-2t}$, $y(0) = 1$, $y'(0) = 0$

Chapter

11 푸리에 급수와 푸리에 변환

자연계나 공학에서 일어나는 많은 현상들은 주기적이다. 예컨대 낮과 밤의 길이의 변화, 해마다 관측되는 태양의 흑점 수, 인체의 생체 리듬, 부분적인 음성신호, 방송국에서 송출되는 전파 등은 모두 주기신호이다. 이런 주기신호의 분석을 용이하게 하기 위해 프랑스의 수학자 Fourier(1768–1830)는 어떠한 주기신호라도 삼각함수의 합으로 표현하는 방법을 제안 하였으며 이를 푸리에 급수라 한다. 제11장에서는 푸리에 급수의 정의와 여러 성질을 설명하고 푸리에 급수를 확장하여 주기신호뿐만 아니라 비주기신호 까지도 분석할 수 있는 푸리에 변환의 여러 성질에 대해서도 설명한다. 특히, 푸리에 급수와 푸리에 변환은 신호처리나 통신 분야에서 필수적이다.

11.1 주기함수

함수$f(t)=\cos 2\pi t+\cos 4\pi t+\cos 6\pi t$ 의 그래프를 그려보면 [그림 11.1]과 같다.

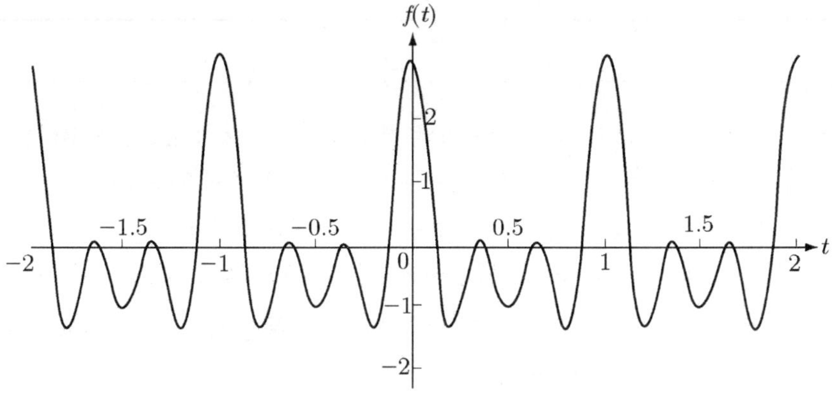

[그림 11.1] $f(t)=\cos 2\pi t+\cos 4\pi t+\cos 6\pi t$ **의 그래프**

함수 $f(t)$는 주파수가 1,2,3인 삼각함수의 합으로 구성되어 있으나 전체적으로는 주파수가 1인 주기 함수가 됨을 알 수 있다. 이번에는 $f(t) = \cos 2\pi t + \cos 3\pi t + \cos 4\pi t$ 의 경우를 보자. $f(t)$는 주파수가 1, 1.5, 2인 삼각함수의 합인데, 그래프는 [그림 11.2]가 되며 주파수는 0.5가 됨을 볼 수 있다.

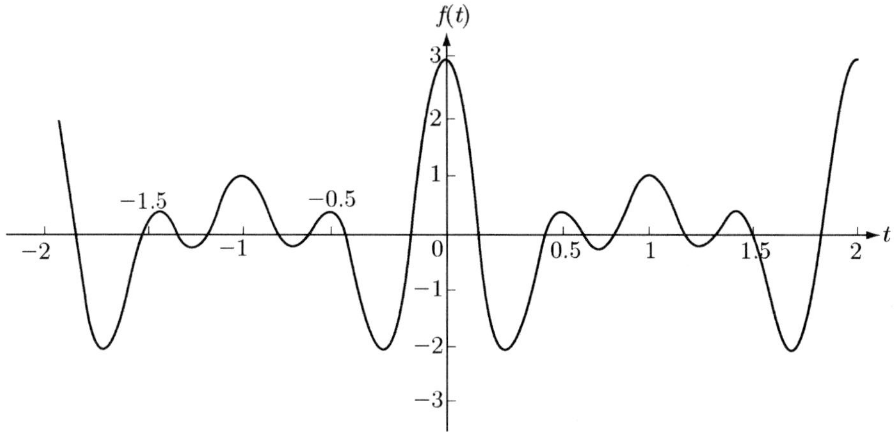

[그림 11.2] $f(t) = \cos 2\pi t + \cos 3\pi t + \cos 4\pi t$ **의 그래프**

이상의 예에서 같이 다음이 성립한다.

■ **함수의 합에 대한 주파수**

$x(t) = a_0 + a_1 \cos 2\pi f_1 t + a_2 \cos 2\pi f_2 t + \cdots + a_n \cos 2\pi f_n t$($a$는 상수)에서 각 주파수 $f_1, f_2, \cdots, f_n$ 사이에 정수비가 존재하면 $x(t)$는 주기함수가 되고 그것의 주파수는 $f_1, f_2, \cdots, f_n$의 최대공약수(정수가 아니어도 됨)이다.

보기

1) $f(t) = \cos 2\pi t + \cos 4\pi t + \cos 6\pi t$ 의 각 주파수성분은 1, 2, 3이고 주파수비는 1 : 2 : 3이며 최대공약수는 1이므로 $f(t)$는 주기 함수이고 주파수는 1이다.
2) $f(t) = \cos 2\pi t + \cos 3\pi t + \cos 4\pi t$ 의 각 주파수 성분은 1, 1.5, 2이고 주파수비는 2 : 3 : 4이며 최대공약수는 0.5이므로$f(t)$는 주기함수이고 주파수는 0.5이다.
3) $f(t) = \cos 2\pi t + \cos \sqrt{3}\,\pi t + \cos 4\pi t$ 의 각 주파수 성분은 1, $\dfrac{\sqrt{3}}{2}$, 2이고 정수비가 되지 않으므로 비주기 함수이다.

이제 $x(t)$를 구성하는 각 주파수 성분 간에 공약수가 존재하여 주기 함수가 된다고 하자.

■ **기본주파수**

주기 함수 $x(t) = a_0 + a_1\cos 2\pi f_1 t + a_2\cos 2\pi f_2 t + \cdots + a_n\cos 2\pi f_n t$ 의 주파수를 f_0라 하면 이를 **기본주파수(fundamental frequency)**라 하고 $\frac{1}{f_0}$을 **기본주기(fundamental period)**한다.

보기

1) $f(t) = \cos 2\pi t + \cos 4\pi t + \cos 6\pi t$ 의 기본주파수는 1이다.
2) $f(t) = \cos 2\pi t + \cos 3\pi t + \cos 4\pi t$ 의 기본주파수는 0.5이다.

■ **주기 함수의 기본파**

주기 함수 $x(t) = a_0 + a_1\cos 2\pi f_0 t + a_2\cos 4\pi f_0 t + \cdots + a_n\cos 2n\pi f_0 t$ 의 기본주파수를 f_0라 할 때 $\cos 2\pi f_0 t$를 **기본파(fundamental)**, 또는 **제 1 고조파(first harmonic)**라 하며 $\cos 4\pi f_0 t, \cdots, \cos 2\pi n f_0 t$ 를 **제 2 고조파**, $\cdots$, **제 n 고조파**라 한다.

보기

1) $f(t) = \cos 2\pi t + \cos 4\pi t + \cos 6\pi t$ 에서 $\cos 2\pi t$는 기본파이고 $\cos 4\pi t$는 제2 고조파, $\cos 6\pi t$는 제3 고조파이다.
2) $f(t) = \cos 2\pi t + \cos 3\pi t + \cos 4\pi t$ 에서 $\cos 2\pi t$는 제2 고조파, $\cos 3\pi t$는 제3 고조파, $\cos 4\pi t$는 제4 고조파이다. 기본파 성분은 없다.

예제 11.1

$f(t) = \cos t + \cos 2t + \cos 3t$ 의 기본 주파수를 구하여라.

풀이 $f(t)$를 구성하는 주파수 성분들은 $\frac{1}{2\pi}, \frac{1}{\pi}, \frac{3}{2\pi}$ 이고 최대공약수는 $\frac{1}{2\pi}$ 이므로 기본 주파수는 $\frac{1}{2\pi}$ 이다. $\cos t$는 기본파이고 $\cos 2t$는 제2 고조파, $\cos 3t$는 제3 고조파이다.

익힘문제 11.1

다음 주기 함수의 기본주파수를 구하여라. 각 성분들은 제 몇 고조파인가?

1) $f(t) = \cos 2\pi t + \cos 4\pi t + \cos 8\pi t$

2) $f(t) = \cos \pi t + \cos 4\pi t + \cos 5\pi t$

3) $f(t) = \cos 2t + \cos 4t + \cos 7t$

4) $f(t) = \cos \pi t + \cos 3\pi t + \cos 5\pi t$

지금까지 논의한 바를 다음과 같이 정리할 수 있다.

> 모든 주기 함수는 기본파와 고조파의 합으로 나타낼 수 있다. 이때 기본파는 반드시 포함될 필요는 없다.

연습문제 11.1 Exercises

1. 다음 함수는 주기 함수인가? 그렇다면 기본 주파수는 얼마인가?

1) $f(t) = \cos 4\pi t + \cos 5\pi t + \cos 5\pi t$

2) $f(t) = \cos 2\sqrt{2}\pi t + \cos 4\sqrt{2}\pi t + \cos 8\sqrt{2}\pi t$

3) $f(t) = \cos t + \cos 1.73t + \cos 1.414t$

4) $f(t) = \cos 2\pi t + \cos 4\sqrt{2}\pi t + \cos 8\sqrt{2}\pi t$

2. $x(t) = \cos 100\pi t + \cos 150\pi t + \cos 200\pi t$ 가 있다.

1) $x(t)$는 주기 함수인가? 그렇다면 기본 주파수는 얼마인가?

2) $y(t) = x(t) + \cos 180\pi t$ 는 주기 함수인가? 그렇다면 기본 주파수는 얼마인가?

11.2 삼각 푸리에 급수

주기가 T_0 인 주기 함수 $x(t)$는 다음과 같이 삼각함수의 급수로 표현 할 수 있으며 이를 **푸리에 급수**(Fourier series)라 한다.

■ **푸리에 급수**

$$x(t) = a_0 + \sum_{n=1}^{\infty}\left(a_n \cos\frac{2\pi nt}{T_0} + b_n \sin\frac{2\pi nt}{T_0}\right)$$

여기서 a_n 과 b_n 은 **푸리에 계수**(Fourier coefficients)라고 하며 다음의 식으로 구한다. 유도 과정은 예제 11.2에 보인다.

■ **푸리에 계수**

$$a_0 = \frac{1}{T_0}\int_{-\frac{T_0}{2}}^{\frac{T_0}{2}} x(t)\,dt$$

$$a_n = \frac{2}{T_0}\int_{-\frac{T_0}{2}}^{\frac{T_0}{2}} x(t)\cos\frac{2\pi nt}{T_0}dt \quad (n\text{ 은 양의 정수})$$

$$b_n = \frac{2}{T_0}\int_{-\frac{T_0}{2}}^{\frac{T_0}{2}} x(t)\sin\frac{2\pi nt}{T_0}dt \quad (n\text{ 은 양의 정수})$$

$\cos\frac{2\pi nt}{T_0}$ 는 우함수, $\sin\frac{2\pi nt}{T_0}$ 는 기함수이므로 $x(t)$ 가 우함수 혹은 기함수여부에 따라 푸리에 계수의 계산은 더 간단해질 수 있다.

■ **우함수와 기함수의 푸리에 계수**

$x(t)$ 가 우함수이면 b_n 은 0 이 되고, $x(t)$ 가 기함수이면 a_n 은 0 이 된다.

예제 11.2

주기 함수 $x(t) = a_0 + \sum_{n=1}^{\infty}\left(a_n \cos\frac{2\pi nt}{T_0} + b_n \sin\frac{2\pi nt}{T_0}\right)$ 의 푸리에 계수 a_0, a_n, b_n을 구하여라.

풀이 $x(t)$를 한주기 동안 적분하면

$$\int_{-\frac{T_0}{2}}^{\frac{T_0}{2}} x(t)dt = \int_{-\frac{T_0}{2}}^{\frac{T_0}{2}} a_0\, dt + \int_{-\frac{T_0}{2}}^{\frac{T_0}{2}} \sum_{n=1}^{\infty}\left(a_n \cos\frac{2\pi nt}{T_0} + b_n \sin\frac{2\pi nt}{T_0}\right)dt$$

우변의 두 번째 항은 0 이 된다.

$$\int_{-\frac{T_0}{2}}^{\frac{T_0}{2}} x(t)dt = \int_{-\frac{T_0}{2}}^{\frac{T_0}{2}} a_0\, dt = T_0 a_0$$

따라서

$$a_0 = \frac{1}{T_0}\int_{-\frac{T_0}{2}}^{\frac{T_0}{2}} x(t)\, dt$$

이제 $x(t)$의 양변에 $\cos\frac{2\pi mt}{T_0}$($m \neq 0$인 정수)를 곱하고 한주기 동안 적분한다.

$$\int_{-\frac{T_0}{2}}^{\frac{T_0}{2}} x(t)\cos\frac{2\pi mt}{T_0}\, dt$$

$$= \int_{-\frac{T_0}{2}}^{\frac{T_0}{2}} a_0 \cos\frac{2\pi mt}{T_0}dt + \int_{-\frac{T_0}{2}}^{\frac{T_0}{2}} \sum_{n=1}^{\infty}\left(a_n \cos\frac{2\pi nt}{T_0} + b_n \sin\frac{2\pi nt}{T_0}\right)\cos\frac{2\pi mt}{T_0}dt$$

$$= \int_{-\frac{T_0}{2}}^{\frac{T_0}{2}} a_0 \cos\frac{2\pi mt}{T_0}dt + \sum_{n=1}^{\infty}\int_{-\frac{T_0}{2}}^{\frac{T_0}{2}} \left(a_n \cos\frac{2\pi nt}{T_0} + b_n \sin\frac{2\pi nt}{T_0}\right)\cos\frac{2\pi mt}{T_0}dt$$

삼각함수의 직교 성질에 따라 $m \neq n$일 때는 모든 항은 0 이 되고 $m = n$인 경우에는

$$\int_{-\frac{T_0}{2}}^{\frac{T_0}{2}} x(t)\cos\frac{2\pi mt}{T_0}dt = a_m \int_{-\frac{T_0}{2}}^{\frac{T_0}{2}} \cos^2\frac{2\pi mt}{T_0}dt$$

$$= a_m \int_{-\frac{T_0}{2}}^{\frac{T_0}{2}} \frac{1+\cos\frac{4\pi mt}{T_0}}{2}dt = \frac{a_m T_0}{2}$$

따라서

$$a_m = \frac{2}{T_0}\int_{-\frac{T_0}{2}}^{\frac{T_0}{2}} x(t)\cos\frac{2\pi mt}{T_0}dt \quad (m\text{은 양의 정수})$$

b_n 을 구하기 위해 $x(t)$ 의 양변에 $\sin\dfrac{2\pi mt}{T_0}$ ($m \neq 0$ 인 정수)를 곱하고 한주기 동안 적분한다.

$$\int_{-\frac{T_0}{2}}^{\frac{T_0}{2}} x(t)\sin\frac{2\pi mt}{T_0}dt$$

$$= \int_{-\frac{T_0}{2}}^{\frac{T_0}{2}} a_0\sin\frac{2\pi mt}{T_0}dt + \int_{-\frac{T_0}{2}}^{\frac{T_0}{2}} \sum_{n=1}^{\infty}\left(a_n\cos\frac{2\pi nt}{T_0} + b_n\sin\frac{2\pi nt}{T_0}\right)\sin\frac{2\pi mt}{T_0}dt$$

$$= \int_{-\frac{T_0}{2}}^{\frac{T_0}{2}} a_0\sin\frac{2\pi mt}{T_0}dt + \sum_{n=1}^{\infty}\int_{-\frac{T_0}{2}}^{\frac{T_0}{2}} \left(a_n\cos\frac{2\pi nt}{T_0} + b_n\sin\frac{2\pi nt}{T_0}\right)\sin\frac{2\pi mt}{T_0}dt$$

위에서와 마찬가지로 $m \neq n$ 일 때는 모든 항은 0 이 되고 $m = n$ 인 경우에는

$$\int_{-\frac{T_0}{2}}^{\frac{T_0}{2}} x(t)\sin\frac{2\pi mt}{T_0}dt = b_m\int_{-\frac{T_0}{2}}^{\frac{T_0}{2}} \sin^2\frac{2\pi mt}{T_0}dt$$

$$= b_m\int_{-\frac{T_0}{2}}^{\frac{T_0}{2}} \frac{1-\cos\frac{4\pi mt}{T_0}}{2}dt = \frac{b_m T_0}{2}$$

따라서

$$b_m = \frac{2}{T_0}\int_{-\frac{T_0}{2}}^{\frac{T_0}{2}} x(t)\sin\frac{2\pi mt}{T_0}dt \quad (m \text{ 은 양의 정수})$$

■

예제 11.3

[그림 11.3]의 함수에 대하여 푸리에 급수를 구하여라.

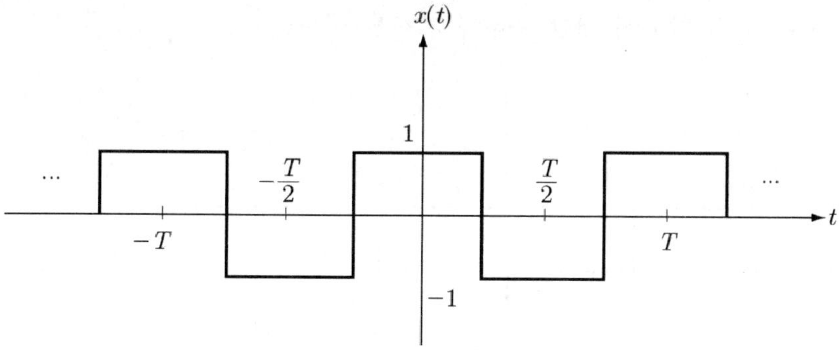

[그림 11.3] 예제 11.3

풀이 $x(t)$는 우함수이므로 b_n은 0이 되고 a_n만 구하면 된다.

$$a_0 = \frac{1}{T}\int_{-\frac{T}{2}}^{\frac{T}{2}} x(t)dt = \frac{2}{T}\int_0^{\frac{T}{2}} x(t)dt = \frac{2}{T}\int_0^{\frac{T}{4}} 1\,dt - \frac{2}{T}\int_{\frac{T}{4}}^{\frac{T}{2}} 1\,dt = 0$$

$$a_n = \frac{2}{T}\int_{-\frac{T}{2}}^{\frac{T}{2}} x(t)\cos\frac{2\pi nt}{T}dt$$

$$= \frac{4}{T}\int_0^{\frac{T}{4}} x(t)\cos\frac{2\pi nt}{T}dt - \frac{4}{T}\int_{\frac{T}{4}}^{\frac{T}{2}} x(t)\cos\frac{2\pi nt}{T}dt$$

$$= \frac{4}{T}\frac{T}{2\pi n}\left[\sin\frac{2\pi nt}{T}\right]_0^{\frac{T}{4}} - \frac{4}{T}\frac{T}{2\pi n}\left[\sin\frac{2\pi nt}{T}\right]_{\frac{T}{4}}^{\frac{T}{2}}$$

$$= \frac{2}{\pi n}\left(\sin\frac{\pi n}{2} - \sin 0\right) - \frac{2}{\pi n}\left(\sin\pi n - \sin\frac{\pi n}{2}\right)\}$$

$$= \frac{4}{\pi n}\sin\frac{\pi n}{2} \quad (n = 1, 2, 3, \ldots)$$

$$\begin{cases} \sin\frac{\pi n}{2} = 0 \ (n = 2, 4, 6, \ldots) \\ \sin\frac{\pi n}{2} = 1 \ (n = 1, 5, 9, \ldots) \\ \sin\frac{\pi n}{2} = -1 \ (n = 3, 7, 11, \ldots) \end{cases}$$

이므로

$$x(t) = \frac{4}{\pi}\left(\sin\frac{2\pi t}{T} - \frac{1}{3}\sin\frac{6\pi t}{T} + \frac{1}{5}\sin\frac{10\pi t}{T} - \frac{1}{7}\sin\frac{14\pi t}{T} + \cdots\right)$$

■

익힘문제 11.1

[그림 11.4]의 주기 함수에 대한 푸리에 계수를 구하여라.

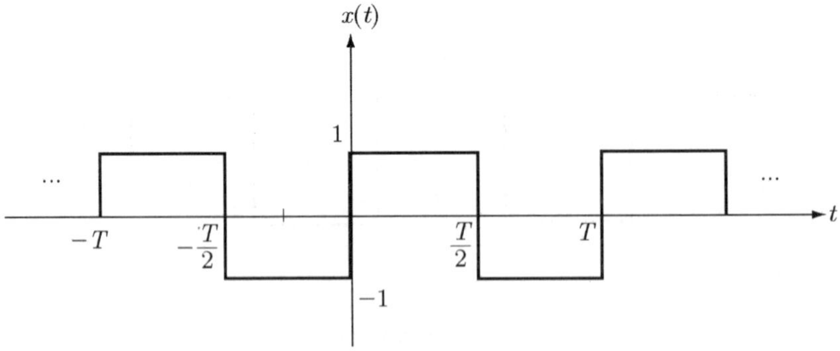

[그림 11.4] 익힘문제

예제 11.4

$x(t) = 1 + t, \ -\pi < t \leq \pi$ 이고 주기가 2π 인 함수의 푸리에 급수를 구하여라.

풀이 $x(t)$ 의 그래프는 [그림 11.5]와 같다.

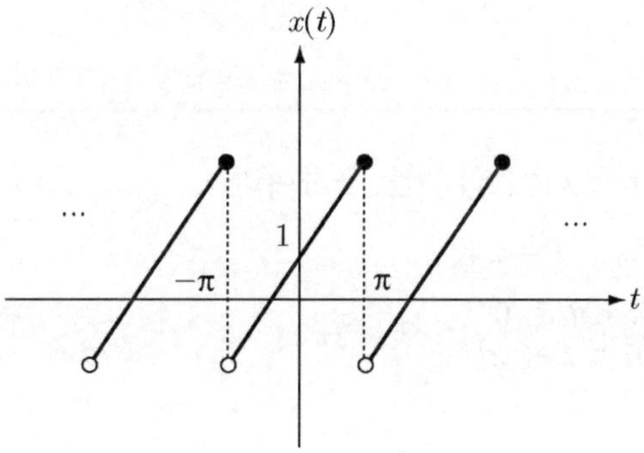

[그림 11.5] 예제 11.4

$T_0 = 2\pi$ 이므로

$$a_0 = \frac{1}{T_0}\int_{-\frac{T_0}{2}}^{\frac{T_0}{2}} x(t)dt = \frac{1}{2\pi}\int_{-\pi}^{\pi}(1+t)dt = \frac{1}{2\pi}\left[t + \frac{t^2}{2}\right]_{-\pi}^{\pi}$$

$$= \frac{1}{2\pi}\left\{(\pi + \frac{\pi^2}{2}) - (-\pi + \frac{\pi^2}{2})\right\} = \frac{1}{2\pi} \cdot 2\pi = 1$$

$$a_n = \frac{2}{T_0}\int_{-\frac{T_0}{2}}^{\frac{T_0}{2}} x(t)\cos\frac{2\pi nt}{T_0}dt = \frac{1}{\pi}\int_{-\pi}^{\pi}(1+t)\cos nt\, dt$$

$$= \frac{1}{\pi}\left\{\left[(1+t)\frac{\sin nt}{n}\right]_{-\pi}^{\pi} - \int_{-\pi}^{\pi}\frac{\sin nt}{n}\right\}$$

$\sin n\pi = \sin(-n\pi) = 0$ 이므로

$$= \frac{1}{\pi}\left[\frac{\cos nt}{n^2}\right]_{-\pi}^{\pi} = \frac{1}{n\pi^2}(\cos n\pi - \cos(-n\pi)) = 0$$

$$b_n = \frac{2}{T}\int_{-\frac{T}{2}}^{\frac{T}{2}} x(t)\sin\frac{2\pi nt}{T}dt = \frac{1}{\pi}\int_{-\pi}^{\pi}(1+t)\sin nt\, dt$$

$$= \frac{1}{\pi}\left\{\left[-(1+t)\frac{\cos nt}{n}\right]_{-\pi}^{\pi} - \int_{-\pi}^{\pi}\frac{\cos nt}{n}\right\}$$

$$= \frac{1}{\pi}\left\{-(1+\pi)\frac{\cos n\pi}{n} + (1-\pi)\frac{\cos(-n\pi)}{n} - \int_{-\pi}^{\pi}\frac{\cos nt}{n}\right\}$$

$$= \frac{1}{n\pi}(-2\pi\cos n\pi) = \frac{-2}{n}\cos n\pi = \frac{-2}{n}(-1)^n$$

따라서

$$x(t) = 1 - \sum_{n=1}^{\infty} \frac{2}{n}(-1)^n \sin nt$$

■

익힘문제 11.2

다음 주기 함수에 대한 푸리에 급수를 구하여라.

1) $x(t) = t^2, 0 < t \le 2\pi, \quad T = 2\pi$

2) $x(t) = \begin{cases} -4, & -\pi < t \le 0 \\ 4, & 0 < t \le \pi \end{cases}, \quad T = 2\pi$

예제 11.5

다음과 같이 정의된 함수의 푸리에 급수를 구하여라.

$$x(t) = \begin{cases} 0, & -\pi < t \le 0 \\ \sin t, & 0 < t \le \pi \end{cases}, \quad T = 2\pi$$

풀이

$$a_0 = \frac{1}{T}\int_{-\frac{T}{2}}^{\frac{T}{2}} x(t)dt = \frac{1}{2\pi}\int_{-\pi}^{0} 0 \cdot dt + \frac{1}{2\pi}\int_{0}^{\pi} \sin t dt = \frac{1}{2\pi}[-\cos t]_0^{\pi} = \frac{1}{\pi}$$

$$a_n = \frac{2}{T}\int_{-\frac{T}{2}}^{\frac{T}{2}} x(t)\cos\frac{2\pi nt}{T}dt = \frac{1}{\pi}\int_{0}^{\pi} \sin t \cos ntdt \quad (n \ne 1)$$

$$= \frac{1}{\pi}\left[-\frac{1}{2}\left(\frac{\cos(t-n\pi)}{1-n} + \frac{\cos(t+n\pi)}{1+n}\right)\right]_0^{\pi}$$

$$= -\frac{1}{2\pi}\left[\frac{\cos(\pi-n\pi)}{1-n} + \frac{\cos(\pi+n\pi)}{1+n} - \left(\frac{1}{1-n} + \frac{1}{1+n}\right)\right]$$

$$= -\frac{1}{2\pi}\left[\frac{-\cos n\pi}{1-n} + \frac{-\cos n)}{1+n} - \frac{2}{1-n^2}\right] = \frac{1+\cos n\pi}{n(1-n^2)}$$

$$a_1 = \frac{1}{\pi}\int_{0}^{\pi} \sin t \cos tdt = 0$$

■

익힘문제 11.3

다음 주기 함수에 대한 푸리에 급수를 구하여라.

1) $x(t) = \begin{cases} 0, & -\pi < t \le 0 \\ \cos t, & 0 < t \le \pi \end{cases}, \quad T = 2\pi$

2) $x(t) = |\sin t|$

사인과 코사인으로 이루어진 푸리에 급수는 코사인만의 급수로 표현 가능하다.

■ 푸리에 급수의 다른 표현

$$x(t) = a_0 + \sum_{n=1}^{\infty}\left(a_n \cos\frac{2\pi nt}{T_0} + b_n \sin\frac{2\pi nt}{T_0}\right)$$

$$= c_0 + \sum_{n=1}^{\infty} c_n \cos\left(\frac{2\pi nt}{T_0} + \phi_n\right)$$

단, $c_0 = a_0$, $c_n = \sqrt{a_n^2 + b_n^2}$, $\phi_n = \tan^{-1}\frac{(-b_n)}{a_n}$

코사인만의 급수 표현은 더 간단하게 보이지만 계수를 구하기 위해서는 사인과 코사인으로 이루어진 푸리에 급수부터 구해야 한다.

연습문제 11.2 Exercises

1. 다음 함수의 삼각 푸리에 급수를 구하여라.

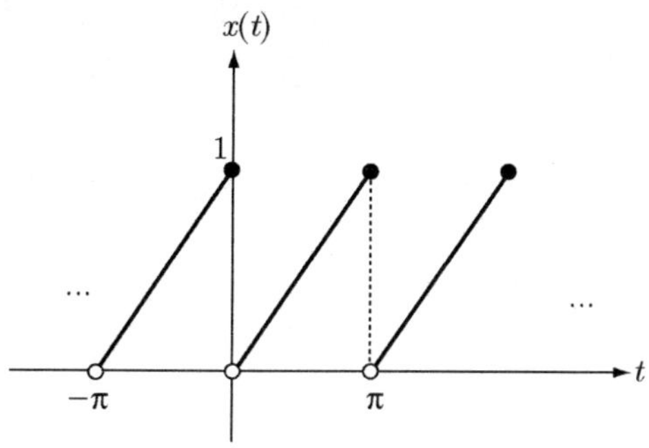

2. 다음 함수의 삼각 푸리에 급수를 구하여라.

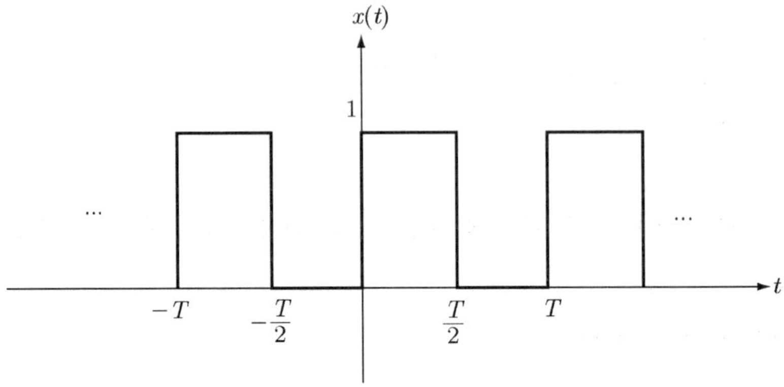

3. $x(t) = |\cos t|$의 삼각 푸리에 급수를 구하여라.

4. $x(t) = |\sin t|$의 삼각 푸리에 급수를 구하여라.

11.3 복소수 푸리에 급수

복소수를 이용하면 푸리에 급수를 더욱 간결하게 표현 할 수 있으며 일반적인 푸리에 변환으로 유도가 가능하다.

제4장의 오일러 공식으로 부터

$$e^{\pm j\theta} = \cos\theta \pm j\sin\theta$$

$$\cos\frac{2\pi nt}{T_0} = \frac{e^{j\frac{2\pi nt}{T_0}} + e^{-j\frac{2\pi nt}{T_0}}}{2}, \quad \sin\frac{2\pi nt}{T_0} = \frac{e^{j\frac{2\pi nt}{T_0}} - e^{-j\frac{2\pi nt}{T_0}}}{j2}$$

가 되고 이를 삼각함수 푸리에 급수

$$x(t) = a_0 + \sum_{n=1}^{\infty}\left(a_n\cos\frac{2\pi nt}{T_0} + b_n\sin\frac{2\pi nt}{T_0}\right)$$

에 대입하고 정리하면 다음과 같다.

$$x(t) = a_0 + \sum_{n=1}^{\infty}\left(a_n \frac{e^{j\frac{2\pi nt}{T_0}} + e^{-j\frac{2\pi nt}{T_0}}}{2} + b_n \frac{e^{j\frac{2\pi nt}{T_0}} - e^{-j\frac{2\pi nt}{T_0}}}{j2}\right)$$

$$= a_0 + \sum_{n=1}^{\infty}\left(\frac{a_n - jb_n}{2} e^{j\frac{2\pi nt}{T_0}} + \frac{a_n + jb_n}{2} e^{-j\frac{2\pi nt}{T_0}}\right)$$

여기서 $c_0 = a_0$, $c_n = \dfrac{a_n - jb_n}{2}$, $c_{-n} = \dfrac{a_n + jb_n}{2}$로 두면 다음의 **복소수 푸리에 급수** (complex Fourier series)을 얻을 수 있다.

■ **복소수 푸리에 급수**

$$x(t) = \sum_{n=-\infty}^{\infty} c_n e^{j\frac{2\pi nt}{T_0}} = \sum_{n=-\infty}^{\infty} c_n e^{j\omega_0 nt} \quad (n = 1, 2, \cdots)$$

다음의 적분을 이용하여

$$\int_{-\frac{T_0}{2}}^{\frac{T_0}{2}} e^{j\frac{2\pi nt}{T_0}} e^{j\frac{2\pi mt}{T_0}} dt = \begin{cases} 0, & m \neq n \\ T_0, & m = n \end{cases}$$

복소수 푸리에 계수를 구하면 아래와 같다.

■ **복소수 푸리에 계수**

$$c_n = \frac{1}{T_0}\int_{-\frac{T_0}{2}}^{\frac{T_0}{2}} x(t) e^{j\frac{2\pi nt}{T_0}} dt = \frac{1}{T_0}\int_{-\frac{T_0}{2}}^{\frac{T_0}{2}} x(t) e^{j\omega_0 nt} dt$$

푸리에 계수 c_n은 주기 함수를 구성하는 기본파와 각 고조파의 성분의 크기를 나타낸다. c_n은 구하는 식에서 볼 수 있듯이 일반적으로 복소수이기 때문에 $c_n = |c_n| e^{j\phi_n}$으로 나타낼 수 있고 가로축을 주파수축으로 하여 그래프상에 크기(magnitude)와 위상(phase)을 표시할 수 있다. 이 그래프를 **스펙트럼(spectrum)**이라 하며 [그림 11.6]에 이를 보인다.

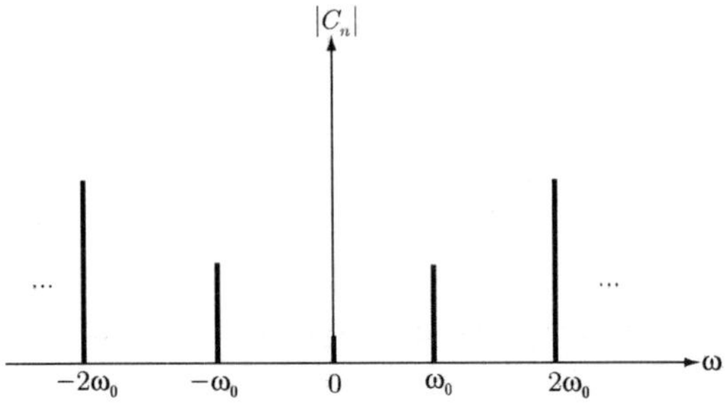

[그림 11.6 a] $|c_n|$ 의 스펙트럼

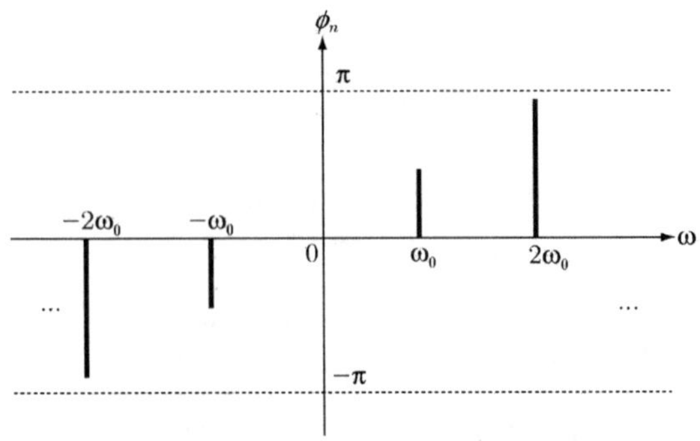

[그림 11.6 b] ϕ_n 의 스펙트럼

푸리에 급수의 스펙트럼의 특징은 다음과 같이 요약할 수 있다.

■ **스펙트럼의 특징**

1. 스펙트럼은 연속적이 아닌 **이산적(discrete)**이다.
2. 스펙트럼간의 간격은 기본 주파수 ω_0가 되므로 주기함수의 기본 주파수가 커질수록 스펙트럼간의 간격은 커진다.
3. 주기함수가 실수이면 $|c_n|$ 의 스펙트럼은 우함수이고, ϕ_n의 스펙트럼은 기함수이다.
4. 스펙트럼은 음의 **주파수(negative frequency)**항을 가진다.

여기서 음의 주파수의 의미를 살펴보자.

오일러 공식에 의하면

$$\cos(\omega_0 t) = \frac{e^{j\omega_0 t} + e^{-j\omega_0 t}}{2}$$

가 되어 $-\omega_0$ 와 ω_0 모두 나타난다.

그런데 삼각함수의 공식에서 다음이 성립한다.

$$\cos(-\omega_0 t) = \cos(\omega_0 t)$$
$$\sin(-\omega_0 t) = \sin(\omega_0 t + \pi)$$

이 관계에서 보면 $-\omega_0$와 ω_0는 동일한 주파수임을 알 수 있다. 즉,

$$-\omega_0 = \omega_0 = |\omega_0|$$

이 성립하므로 복소수 푸리에 급수의 스펙트럼에서 음의 주파수는 양의 주파수와 똑같이 취급하면 된다. $n\omega_0$에서의 푸리에 계수 크기는 $|c_n|+|c_{-n}|$이 되고 위상은 그대로 ϕ_n이 된다.

$x(t)=A\cos(\omega_0 t+\phi)$의 스펙트럼은 $\omega=\omega_0$에서 크기는 A이고 위상은 ϕ이다.

오일러 공식을 이용하면

$$x(t)=\frac{Ae^{j\omega_0 t}e^{j\phi}+Ae^{-j\omega_0 t}e^{-j\phi}}{2}$$

로 되고 복소수 푸리에 계수는 $c_1=\dfrac{Ae^{j\phi}}{2}$, $c_{-1}=\dfrac{Ae^{-j\phi}}{2}$가 된다.

$\omega=\omega_0$에서 크기의 스펙트럼은 $|c_1|+|c_{-1}|=A$가 되고 위상의 스펙트럼은 ϕ가 된다.

예제 11.6

주기가 T인 다음 함수의 복소수 푸리에 급수를 구하여라.

$$x(t)=\begin{cases}1, & -\dfrac{\tau}{2}\le t\le\dfrac{\tau}{2}\ \left(\dfrac{\tau}{2}<\dfrac{T}{2}\right)\\ 0, & elsewhere\end{cases}$$

풀이 $x(t)$의 그래프는 [그림 11.5]에 보인다.

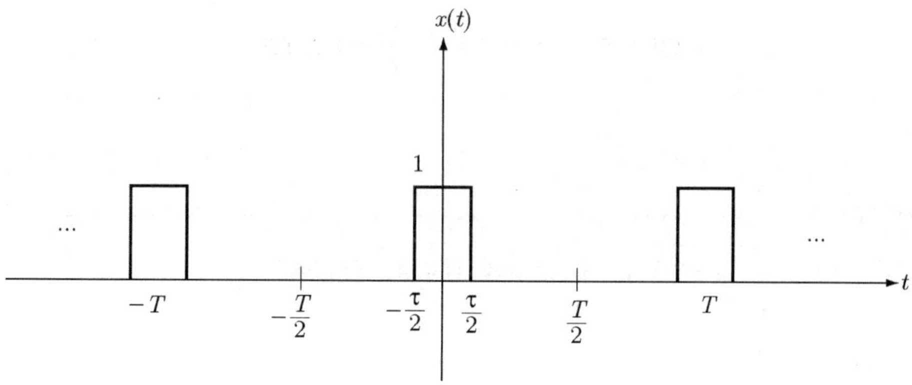

[그림 11.7] 예제 11.6

$$c_n = \frac{1}{T}\int_{-\frac{T}{2}}^{\frac{T}{2}} x(t)e^{j\frac{2\pi nt}{T}}dt = \frac{1}{T}\int_{-\frac{\tau}{2}}^{\frac{\tau}{2}} e^{j\frac{2\pi nt}{T}}dt = \frac{1}{T}\frac{T}{j2\pi n}\left[e^{j\frac{2\pi nt}{T}}\right]_{-\frac{\tau}{2}}^{\frac{\tau}{2}}$$

$$= \frac{1}{j2\pi n}\left[e^{j\frac{\pi n\tau}{T}} - e^{-j\frac{\pi n\tau}{T}}\right] = \frac{\sin\frac{\pi n\tau}{T}}{\pi n} = \frac{\tau}{T}\frac{\sin\frac{\pi n\tau}{T}}{\frac{\pi n\tau}{T}} = \frac{\tau\omega}{2\pi}\frac{\sin\frac{n\tau\omega}{2}}{\frac{n\tau\omega}{2}}$$

가 된다. 여기서

$$Sa(x) = \frac{\sin x}{x},\ \ \mathrm{sinc}(x) = \frac{\sin \pi x}{\pi x}$$

로 정의하면 $c_n = \frac{\tau\omega}{2\pi}Sa\left(\frac{n\tau\omega}{2\pi}\right)$가 된다. $\mathrm{sinc}(x)$의 그래프를 [그림 11.8]에 보인다.

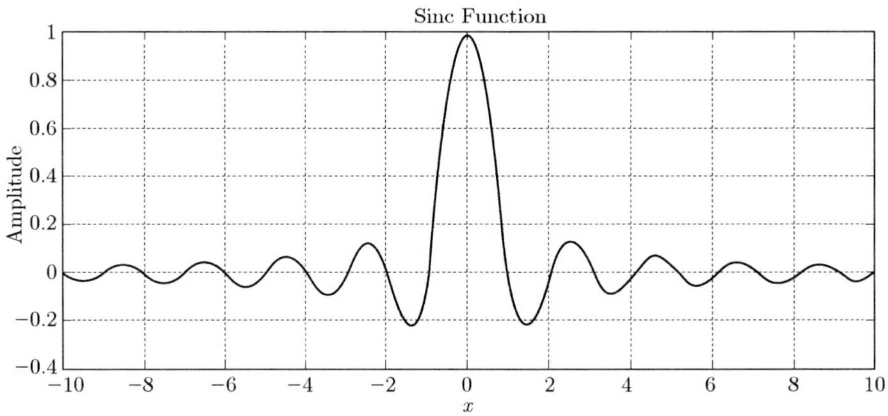

[그림 11.8] $\mathrm{sinc}(x) = \frac{\sin\pi x}{\pi x}$ **의 그래프**

■

익힘문제 11.4

주기가 T인 다음 함수의 복소수 푸리에 급수를 구하여라.

$$x(t) = \begin{cases} \frac{2t}{T}, & 0 \le t \le \frac{T}{2} \\ \frac{2(T-t)}{T}, & \frac{T}{2} \le t \le T \end{cases}$$

익힘문제 11.5

예제 11.6에서 다음 각 경우에 복소수 푸리에 급수를 구하여라. 그리고 푸리에 계수를 그래프에 표시하여라.

1) $\tau = \frac{T}{8}$ 2) $\tau = \frac{T}{4}$ 3) $\tau = \frac{T}{2}$

익힘문제 11.6

예제 11.6에서 $\tau = \frac{T_0}{4}$ 이고 다음 각 경우에 복소수 푸리에 급수를 구하여라. 그리고 푸리에 계수를 그래프에 표시하여라.

1) $T = 2T_0$ 2) $T = 4T_0$ 3) $T = 8T_0$

예제 11.7

제8장에서 나왔던 델타 함수가 주기 T_0로 반복 되는 함수를 생각해보자. 이 함수는 **임펄스 트레인**(impulse train)이라 하고

$$x(t) = \sum_{n=-\infty}^{\infty} \delta(t - nT_0)$$

로 나타낼 수 있으며 그래프는 [그림 11.9]에 보인다.

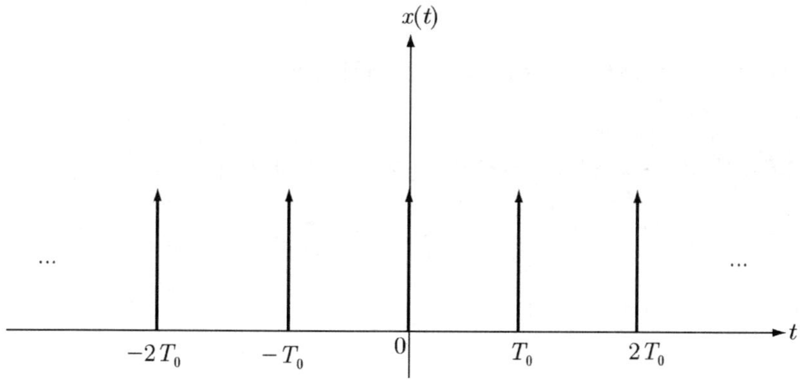

[그림 11.9] $x(t) = \sum_{n=-\infty}^{\infty} \delta(t - nT_0)$**의 그래프**

$x(t)$의 복소수 푸리에 급수를 구하여라.

풀이

$$c_n = \frac{1}{T_0}\int_{-\frac{T_0}{2}}^{\frac{T_0}{2}} x(t)e^{j\frac{2\pi nt}{T_0}}dt = \frac{1}{T_0}\int_{-\frac{T_0}{2}}^{\frac{T_0}{2}} \sum_{n=-\infty}^{\infty}\delta(t-nT_0)e^{j\frac{2\pi nt}{T_0}}dt$$

$$= \frac{1}{T_0}\int_{-\frac{T_0}{2}}^{\frac{T_0}{2}} \delta(t)e^{j\frac{2\pi nt}{T_0}}dt = \frac{1}{T_0}$$

따라서 복소수 푸리에 급수는

$$x(t) = \sum_{n=-\infty}^{\infty} c_n e^{j\frac{2\pi nt}{T_0}} = \frac{1}{T_0}\sum_{n=-\infty}^{\infty} e^{j\frac{2\pi nt}{T_0}} = \frac{1}{T_0}\sum_{n=-\infty}^{\infty} e^{j\omega_0 nt}$$

가 된다.

연습문제 11.3 Exercises

1. 예제 11.7에서 $x(t)$ 의 스펙트럼을 표시하여라.

2. $x(t) = \sin 2\pi t$ 의 스펙트럼을 표시하여라.

3. $x(t) = \cos \pi t + \sin 2\pi t$ 의 스펙트럼을 표시하여라.

4. 예제 11.6에서 $T \to \infty$ 일 때 $x(t)$ 의 스펙트럼은 어떻게 되는가?

Chapter 12 푸리에 변환

푸리에 변환은 푸리에 급수를 일반화한 것이다. 푸리에 급수는 주기 함수에만 적용할 수 있으나 푸리에 변환은 주기 함수와 비주기 함수 양쪽에 적용가능하다. 따라서 대부분의 응용분야에는 푸리에 급수대신 푸리에 변환을 이용한다. 제12장에서는 푸리에 변환의 정의와 여러 성질들에 대하여 설명한다.

12.1 푸리에 변환의 정의

임의의 시간 함수 $x(t)$ 에 대하여 적분

$$\int_{-\infty}^{\infty} x(t)e^{-j\omega t}dt$$

가 존재 한다면 이를 다음과 같이 나타내고 함수 $x(t)$ 의 **푸리에 변환**(Fourier transform)이라 한다.

■ 푸리에 변환

$$X(\omega) = \mathcal{F}\{x(t)\} = \int_{-\infty}^{\infty} x(t)e^{-j\omega t}dt$$

여기서 $\mathcal{F}\{x(t)\}$는 ω의 함수임을 알 수 있다.

그리고 다음 적분을 **푸리에 역변환**(inverse Fourier transform)이라 한다.

■ **푸리에 역변환**

$$x(t)=\mathcal{F}^{-1}\{X(\omega)\}=\frac{1}{2\pi}\int_{-\infty}^{\infty}X(\omega)e^{j\omega t}d\omega$$

푸리에 변환과 역변환의 관계를 다음과 같이 나타내기도 한다.

■ **푸리에 변환과 역변환의 표기**

$$x(t) \quad \Leftrightarrow \quad X(\omega)$$

이 책에서는 다루지 보이지 않지만 위에서 정의한 푸리에 변환과 푸리에 역변환 공식은 주기함수의 푸리에 급수로부터 주기를 무한대로 보냄에 따라 유도될 수 있다. 따라서 푸리에 변환은 함수가 가진 주파수 성분을 나타낸다고 볼 수 있으며 비주기 함수라면 그것의 스펙트럼은 연속적이 되고 주기 함수이면 이산적이 된다.

푸리에 변환은 신호처리, 통신 분야 등에서 매우 중요한 분석 도구이다.

12.2 기본적인 함수의 푸리에 변환

1. 지수함수, $e^{-at}u(t)$, $a>0$

$a>0$은 푸리에 변환의 존재조건이 된다.

$$\begin{aligned}\mathcal{F}\{e^{-at}u(t)\}&=\int_{0}^{\infty}e^{-at}e^{-j\omega t}dt=\int_{0}^{\infty}e^{-(a+j\omega)t}dt\\&=\frac{-1}{a+j\omega}\left[e^{-(a+j\omega)t}\right]_{0}^{\infty}=\frac{1}{a+j\omega}\end{aligned}$$

$$e^{-at}u(t) \quad \Leftrightarrow \quad \frac{1}{a+j\omega}$$

로 표현할 수 있다.

예제 12.1

$e^{at}u(-t), a>0$의 푸리에 변환을 구하여라.

풀이

$$\mathcal{F}\{e^{at}u(-t)\} = \int_{-\infty}^{0} e^{at}e^{-j\omega t}dt = \int_{-\infty}^{0} e^{(a-j\omega)t}dt = \frac{1}{a-j\omega}\left[e^{(a-j\omega)t}\right]_{-\infty}^{0}$$

$$= \frac{1}{a-j\omega}$$

익힘문제 12.1

$e^{-a|t|}$의 푸리에 변환을 구하여라.

2. 펄스 함수, $rect\left(\frac{t}{\tau}\right)$

$rect\left(\frac{t}{\tau}\right)$는 다음과 같이 정의된다.

■ **펄스 함수의 정의**

$$rect\left(\frac{t}{\tau}\right) = \Pi\left(\frac{t}{\tau}\right) = \begin{cases} 0, & |x| > \frac{\tau}{2} \\ 1, & |x| \le \frac{\tau}{2} \end{cases}$$

푸리에 변환은 다음과 같다.

$$\mathcal{F}\left\{rect\left(\frac{t}{\tau}\right)\right\} = \int_{-\infty}^{\infty} \Pi\left(\frac{t}{\tau}\right)e^{-j\omega t}dt = \int_{-\frac{\tau}{2}}^{\frac{\tau}{2}} e^{-j\omega t}dt = -\frac{1}{j\omega}\left[e^{-j\omega t}\right]_{-\frac{\tau}{2}}^{\frac{\tau}{2}} = \frac{2\sin\left(\frac{\omega\tau}{2}\right)}{\omega}$$

$$= \tau\frac{\sin\left(\frac{\omega\tau}{2}\right)}{\left(\frac{\omega\tau}{2}\right)} = \tau Sa\left(\frac{\omega\tau}{2}\right)$$

따라서

$$rect\left(\frac{t}{\tau}\right) \quad \Leftrightarrow \quad \tau\, Sa\left(\frac{\omega\tau}{2}\right)$$

가 되고 [그림 12.1]에 이를 보인다.

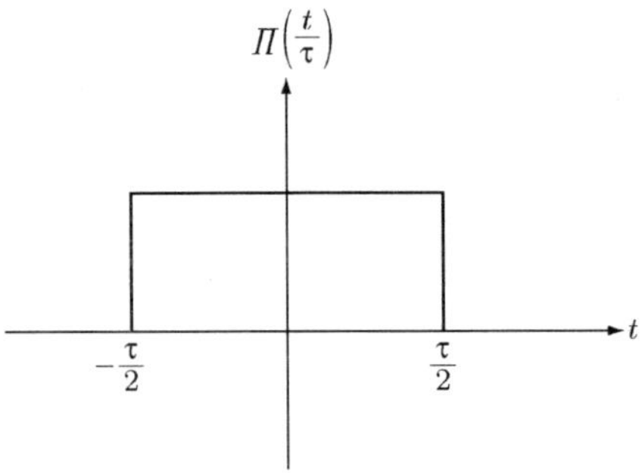

⇔

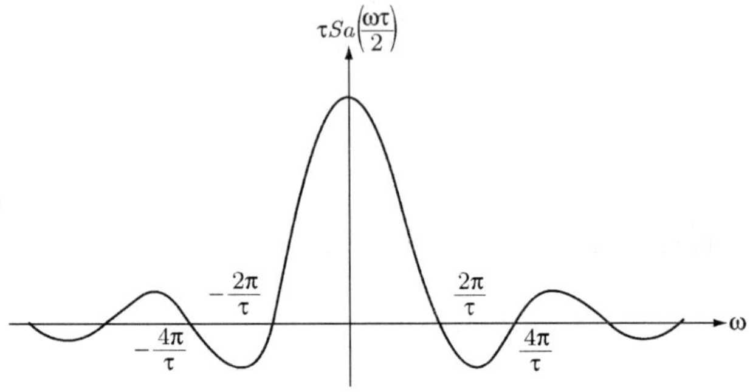

[그림 12.1 a] $rect\left(\frac{t}{\tau}\right)$ [그림 12.1 b] $\tau\,\mathrm{sinc}\left(\frac{\omega\tau}{2}\right)$

3. 델타 함수, $\delta(t)$

$\mathcal{F}\{\delta(t)\} = \int_{-\infty}^{\infty} \delta(t) e^{-j\omega t} dt = 1$이므로

$$\delta(t) \;\Leftrightarrow\; 1$$

이 된다.

그리고

$$\mathcal{F}^{-1}\{\delta(\omega)\} = \frac{1}{2\pi}\int_{-\infty}^{\infty} \delta(\omega) e^{j\omega t} d\omega = \frac{1}{2\pi}$$

이 되어

$$1 \;\Leftrightarrow\; 2\pi\delta(\omega)$$

가 된다.

예제 12.2

$\delta(t-t_0)$의 푸리에 변환을 구하여라.

풀이 $\mathcal{F}\{\delta(t-t_0)\}=\int_{-\infty}^{\infty}\delta(t-t_0)e^{-j\omega t}dt=e^{-j\omega t_0}$

4. 삼각함수, $e^{j\omega_0 t}$, $\cos\omega_0 t$, $\sin\omega_0 t$

$$\mathcal{F}^{-1}\{\delta(\omega-\omega_0)\}=\frac{1}{2\pi}\int_{-\infty}^{\infty}\delta(\omega-\omega_0)e^{j\omega t}d\omega=\frac{1}{2\pi}e^{j\omega_0 t}$$

가 되어

$$e^{j\omega_0 t} \quad \Leftrightarrow \quad 2\pi\delta(\omega-\omega_0)$$

$$e^{-j\omega_0 t} \quad \Leftrightarrow \quad 2\pi\delta(\omega+\omega_0)$$

가 된다.

예제 12.2

$\mathcal{F}\{\cos\omega_0 t\}$를 구하여라.

풀이 위의 결과와 오일러의 공식을 이용하면

$$\mathcal{F}\{\cos\omega_0 t\}=\mathcal{F}\left\{\frac{e^{j\omega_0 t}+e^{-j\omega_0 t}}{2}\right\}=\frac{1}{2}[\mathcal{F}\{e^{j\omega_0 t}\}+\mathcal{F}\{e^{-j\omega_0 t}\}]$$
$$=\pi\{\delta(\omega-\omega_0)+\delta(\omega+\omega_0)\}$$

따라서

$$\cos\omega_0 t \quad \Leftrightarrow \quad \pi\{\delta(\omega-\omega_0)+\delta(\omega+\omega_0)\}$$

을 얻는다.

익힘문제 12.2

$\mathcal{F}\{\sin\omega_0 t\}=-j\pi\{\delta(\omega-\omega_0)-\delta(\omega+\omega_0)\}$ 임을 보여라.

익힘문제 12.3

$\mathcal{F}\{A\cos(\omega_0 t+\phi)\} = \pi A\{e^{j\phi}\delta(\omega-\omega_0)+e^{-j\phi}\delta(\omega+\omega_0)\}$ 임을 보여라.

5. 시그넘(signum) 함수, $sgn(t)$

$sgn(t)$는 다음과 같이 정의 되고 [그림 12.2]에 이를 보인다.

■ **시그넘 함수**

$$sgn(t) = \begin{cases} 1 & (t<0) \\ 0 & (t=0) \\ -1 & (t>0) \end{cases}$$

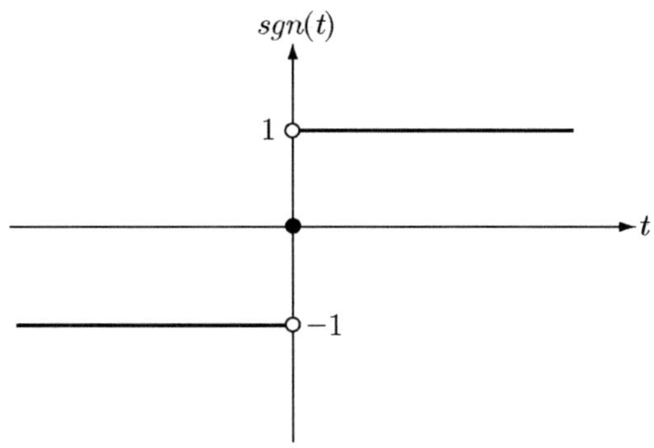

[그림 12.2] $sgn(t)$의 그래프

그런데 $sgn(t)$의 푸리에 변환은 바로 구하기가 쉽지 않으므로 극한을 이용하여 아래와 같이 변형한다.

$$sgn(t) = \lim_{a\to 0}\{e^{-at}u(t) - e^{at}u(-t)\}$$

따라서

$$\mathcal{F}\{sgn(t)\} = \lim_{a\to 0}\mathcal{F}\{e^{-at}u(t) - e^{at}u(-t)\} = \lim_{a\to 0}\left\{\frac{1}{a+j\omega} - \frac{1}{a-j\omega}\right\} = \frac{2}{j\omega}$$

이고

$$sgn(t) \Leftrightarrow \frac{2}{j\omega}$$

을 얻는다.

6. 단위계단 함수, $u(t)$

$u(t)$는 앞의 시그넘 함수로 나타낼 수 있다.

$u(t) = \frac{1}{2}[1 + sgn(t)]$ 라 두고 구한다.

$$\mathcal{F}\{u(t)\} = \lim_{a \to 0} \mathcal{F}\left\{\frac{1}{2}(1 + sgn(t))\right\} = \pi\delta(\omega) + \frac{1}{j\omega}$$

이므로

$$u(t) \quad \Leftrightarrow \quad \pi\delta(\omega) + \frac{1}{j\omega}$$

을 얻는다.

7. 샘플링 함수, $Sa(t)$

$\mathcal{F}\{x(t)\} = \Pi\left(\frac{\omega}{2\omega_0}\right)$가 되는 함수 $x(t)$를 생각해 보자.

$$x(t) = \frac{1}{2\pi}\int_{-\infty}^{\infty} \Pi\left(\frac{\omega}{2\omega_0}\right) e^{j\omega t} d\omega$$

$$= \frac{1}{2\pi}\int_{-\omega_0}^{\omega_0} e^{j\omega t} d\omega = \frac{1}{2\pi}\left[\frac{1}{jt}e^{j\omega t}\right]_{-\omega_0}^{\omega_0} = \frac{e^{j\omega_0 t} - e^{-j\omega_0 t}}{j2\pi t}$$

$$= \frac{\sin(\omega_0 t)}{\pi t} = \frac{w_0}{\pi} Sa(\omega_0 t)$$

즉

$$\frac{\omega_0}{\pi} Sa(\omega_0 t) \quad \Leftrightarrow \quad \Pi\left(\frac{\omega}{2\omega_0}\right)$$

가 되고 [그림 12.3]에 이를 보인다.

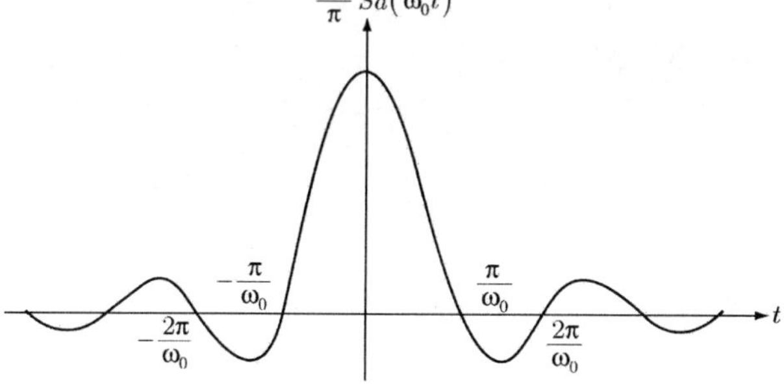

[그림 12.3 a] $\frac{\omega_0}{\pi} Sa(\omega_0 t)$

$\Leftrightarrow$

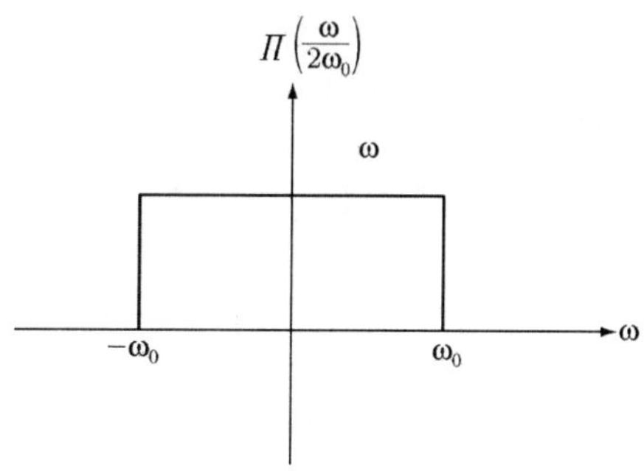

[그림 12.3 b] $\Pi\left(\frac{\omega}{2\omega_0}\right)$

8. 주기함수, $\sum_{n=-\infty}^{\infty} c_n e^{jn\omega_0 t}$

$e^{j\omega_0 t} \Leftrightarrow 2\pi\delta(\omega-\omega_0)$ 이므로 푸리에 계수를 c_n 이라 하면

$$\mathscr{F}\left\{\sum_{n=-\infty}^{\infty} c_n e^{jn\omega_0 t}\right\} = \sum_{n=-\infty}^{\infty} 2\pi c_n \delta(\omega-n\omega_0)$$

이므로

$$\sum_{n=-\infty}^{\infty} c_n e^{jn\omega_0 t} \Leftrightarrow \sum_{n=-\infty}^{\infty} 2\pi c_n \delta(\omega-n\omega_0)$$

을 얻는다.

예제 12.3

$\mathscr{F}\left\{\sum_{n=-\infty}^{\infty} \delta(t-nT_0)\right\}$를 구하여라.

풀이 예제 11.7에서

$$\sum_{n=-\infty}^{\infty} \delta(t-nT_0) = \frac{1}{T_0}\sum_{n=-\infty}^{\infty} e^{jn\omega_0 t}$$

가 됨을 보였다.

즉 $c_n = \dfrac{1}{T_0}$ 이므로

$$\mathscr{F}\left\{\sum_{n=-\infty}^{\infty} \delta(t-nT_0)\right\} = \frac{2\pi}{T_0}\sum_{n=-\infty}^{\infty} \delta(\omega-n\omega_0)$$

$$= \omega_0 \sum_{n=-\infty}^{\infty} \delta(\omega-n\omega_0)$$

■

이상에서 살펴본 기본 함수들의 푸리에 변환을 <표 12.1>에 소개한다.

〈표 12.1〉 기본 함수들의 푸리에 변환

$x(t)$	$\mathcal{F}\{x(t)\}$
$e^{-at}u(t), a>0$	$\frac{1}{a+j\omega}$
$e^{at}u(-t), a>0$	$\frac{1}{a-j\omega}$
$rect\left(\frac{t}{\tau}\right)=\Pi\left(\frac{t}{\tau}\right)$	$\tau\, Sa\left(\frac{\omega\tau}{2}\right)$
$\delta(t)$	1
$\delta(t-t_0)$	$e^{-j\omega_0 t}$
1	$2\pi\delta(\omega)$
$e^{j\omega_0 t}$	$2\pi\delta(\omega-\omega_0)$
$\cos\omega_0 t$	$\pi\{\delta(\omega-\omega_0)+\delta(\omega+\omega_0)\}$
$\sin\omega_0 t$	$-j\pi\{\delta(\omega-\omega_0)-\delta(\omega+\omega_0)\}$
$A\cos(\omega_0 t+\phi)$	$\pi A\left\{e^{j\phi}\delta(\omega-\omega_0)+e^{-j\phi}\delta(\omega+\omega_0)\right\}$
$sgn(t)$	$\frac{2}{j\omega}$
$u(t)$	$\pi\delta(\omega)+\frac{1}{j\omega}$
$\frac{\sin(\omega_0 t)}{\pi t}=\frac{\omega_0}{\pi}\,Sa(\omega_0 t)$	$\Pi(\frac{\omega}{2\omega_0})$
$\sum_{n=-\infty}^{\infty} c_n e^{jn\omega_0 t}$	$\sum_{n=-\infty}^{\infty} 2\pi c_n\delta(\omega-n\omega_0)$
$\sum_{n=-\infty}^{\infty}\delta(t-nT_0)$	$\frac{2\pi}{T_0}\sum_{n=-\infty}^{\infty}\delta(\omega-n\omega_0)$

연습문제 12.2 Exercises

1. $x(t) = \begin{cases} 1, & 0 \le x \le 1 \\ 0, & elsewhere \end{cases}$ 일 때 $x(t)$의 푸리에 변환을 구하여라.

2. $x(t)$가 다음과 같이 주어질 때 $x(t)$의 푸리에 변환을 구하여라.

1) $\cos(3t)$
2) $220\sqrt{2}\sin\left(120\pi t + \frac{\pi}{3}\right)$
3) 10
4) $220\sqrt{2}\cos\left(120\pi t + \frac{\pi}{4}\right)$
5) $\delta(t+1) + 2\delta(t) + \delta(t-1)$
6) $\dfrac{\sin(100\pi(t-2))}{\pi(t-2)}$
7) $e^{-t}u(t) - e^{-t}u(t-4)$
8) $2\cos^2(t+45^\circ)$
9) $3e^{-|t|}$
10) $2\delta(t)+1$

3. 다음과 같은 푸리에 변환이 주어졌을 때 <표 12.1>을 이용하여 $x(t)$를 구하여라.

1) $X(\omega) = 1 + \cos\omega$
2) $X(\omega) = \dfrac{1}{1+j2\omega} + \dfrac{1}{2+j2\omega}$
3) $X(\omega) = j\delta(\omega - 120\pi) - j\delta(\omega + 120\pi)$

12.3 푸리에 변환의 성질

1. 선형성

푸리에 변환과 역변환의 중요한 특성중의 하나는 앞에서 나왔던 라플라스 변환과 마찬가지로 선형성을 만족한다는 점이다. 즉 시간함수 $x_1(t)$, $x_2(t)$ 의 푸리에 변환을 각각 $X_1(\omega)$, $X_2(\omega)$라 하고 a, b를 상수라 하면 다음의 관계를 만족한다.

■ 푸리에 변환의 선형성

$$ax_1(t) + bx_2(t) \quad \Leftrightarrow \quad aX_1(\omega) + bX_2(\omega)$$

이 성질은 적분의 정의와 선형성에서 유도될 수 있다.

2. 척도 변경(scaling property)

$x(t) \Leftrightarrow X(\omega)$라 하고 실수 a가 주어졌을 때 $x(at)$의 푸리에 변환을 구해 보자. 우선 $a>0$이라 하면

$$\mathcal{F}\{x(at)\} = \int_{-\infty}^{\infty} x(at)e^{-j\omega t}dt = \frac{1}{a}\int_{-\infty}^{\infty} x(u)e^{-j\frac{\omega}{a}u}du = \frac{1}{a}X\left(\frac{\omega}{a}\right)$$

마찬가지로 $a<0$일 때

$$\mathcal{F}\{x(at)\} = \int_{-\infty}^{\infty} x(at)e^{-j\omega t}dt = \frac{1}{a}\int_{\infty}^{-\infty} x(u)e^{-j\frac{\omega}{a}u}du$$

$$= -\frac{1}{a}\int_{-\infty}^{\infty} x(u)e^{-j\frac{\omega}{a}u}du = -\frac{1}{a}X\left(\frac{\omega}{a}\right)$$

이때 $-\frac{1}{a} > 0$이므로

$$x(at) \quad \Leftrightarrow \quad \frac{1}{|a|}X\left(\frac{\omega}{a}\right)$$

가 된다.

[그림 12.4]에 척도 변화의 관계를 보인다. 함수를 시간축으로 확장시키면 푸리에 변환은 주파수 축에서 줄어들게 되고 반대로 시간축에서 압축시키면 주파수 축에서 늘어나게 된다.

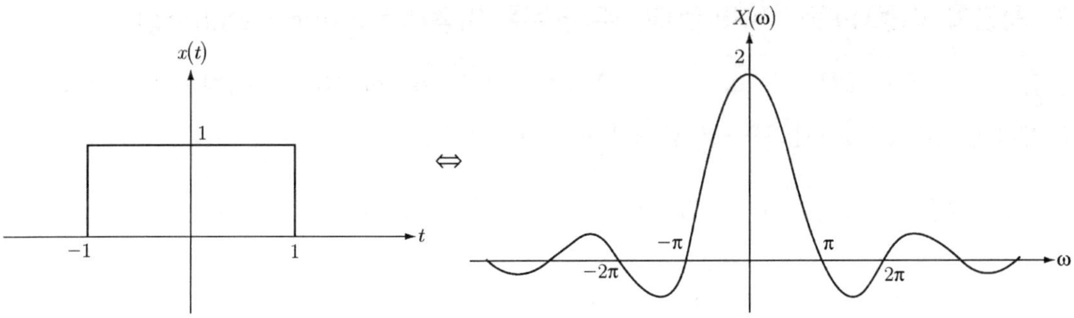

(a) (b)

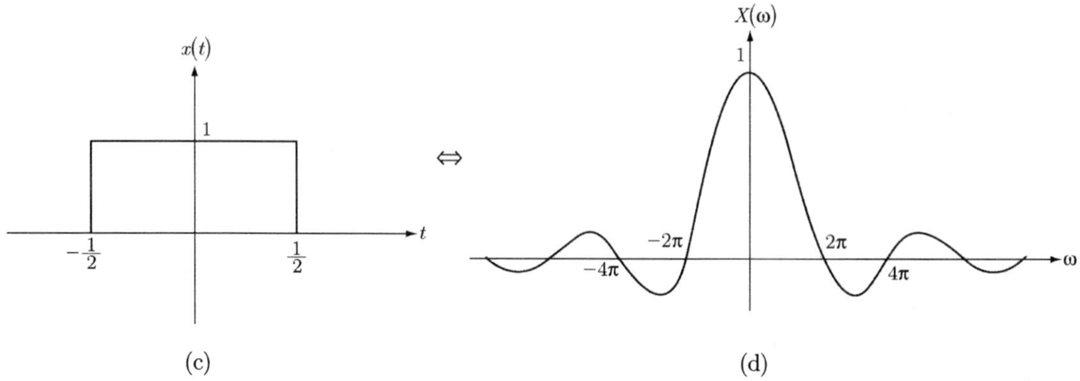

[그림 12.4] (a)와 (c)의 푸리에 변환은 각각 (b), (d)이고 척도 변경을 보인다

예제 12.4

$x(t) \Leftrightarrow X(\omega)$ 일 때 $x(-t)$의 푸리에 변환을 구하여라.

풀이 척도변화의 성질에서 $a=-1$인 경우이므로 $\mathcal{F}\{x(-t)\}=X(-\omega)$가 된다.

■

익힘문제 12.4

$x(t)=e^{-t}u(t)$일 때 $\mathcal{F}\{x(t)\}$와 $\mathcal{F}\{x(2t)\}$를 구하여 각각의 크기를 비교하여라.

3. 시간축 이동(time shifting)과 주파수축 이동(frequency shifting)

함수 $x(t)$에 대해서 $x(t-t_0)$는 시간축에서 t_0만큼 이동한 것이다. 이제 $x(t-t_0)$의 푸리에 변환은 $\mathcal{F}\{x(t)\}$와 어떤 관계가 있는지 알아보자.

$$\mathcal{F}\{x(t-t_0)\}=\int_{-\infty}^{\infty} x(t-t_0)e^{-j\omega t}dt=\int_{-\infty}^{\infty} x(\tau)e^{-j\omega\tau}e^{-j\omega t_0}d\tau$$

$$=e^{-j\omega t_0}\int_{-\infty}^{\infty} x(\tau)e^{-j\omega\tau}d\tau=e^{-j\omega t_0}X(\omega)$$

이 되므로 다음을 얻을 수 있다.

■ **시간축 이동**

$$x(t-t_0) \quad \Leftrightarrow \quad e^{-j\omega t_0}X(\omega)$$

주파수 함수 $X(\omega-\omega_0)$는 $X(\omega)$를 주파수 축상에서 이동한 것이다. $X(\omega-\omega_0)$의 푸리에 역변환을 구해보자.

$$\mathcal{F}^{-1}\{X(\omega-\omega_0)\} = \frac{1}{2\pi}\int_{-\infty}^{\infty} X(\omega-\omega_0)e^{j\omega t}d\omega = \frac{1}{2\pi}\int_{-\infty}^{\infty} X(\lambda)e^{j\lambda t}e^{j\omega_0 t}d\lambda$$
$$= e^{j\omega_0 t}\left\{\frac{1}{2\pi}\int_{-\infty}^{\infty} X(\lambda)e^{j\lambda t}d\lambda\right\} = e^{j\omega_0 t}x(t)$$

따라서 다음과 같은 성질이 성립함을 알 수 있다.

■ **주파수축 이동**

$$e^{j\omega_0 t}x(t) \quad \Leftrightarrow \quad X(\omega-\omega_0)$$

이 성질을 이용하면 $x(t)$에 $e^{j\omega_0 t}$ 을 곱하면 스펙트럼을 ω_0만큼 이동시킬 수 있다. 그러나 $e^{j\omega_0 t}$ 는 복소수로서 실제로 발생시킬 수 있는 신호가 아니므로 주파수 축상에서 이동시키기 위해서는 정현파를 발생시켜 곱한다. 이렇게 신호의 스펙트럼을 주파수축에서 이동시키는 것을 **변조(modulation)**라고 하며 통신이론이나 신호처리에서 널리 이용된다.

예제 12.5

$\mathcal{F}\{x(t)\cos\omega_0 t\}$를 구하여라.

풀이 $x(t)\cos\omega_0 t = \frac{1}{2}(x(t)e^{j\omega_0 t} + x(t)e^{-j\omega_0 t})$이므로

$$x(t)\cos\omega_0 t \quad \Leftrightarrow \quad \frac{1}{2}\{X(\omega-\omega_0)+X(\omega+\omega_0)\}$$

■

익힘문제 12.5

$x(t)\cos(\omega_0 t+\theta) \;\Leftrightarrow\; \frac{1}{2}\left\{X(\omega-\omega_0)e^{j\theta}+X(\omega+\omega_0)e^{-j\theta}\right\}$ 임을 보여라.

익힘문제 12.6

$g(t)=\begin{cases}1, & 1\le x\le 3\\ 0, & elsewhere\end{cases}$ 일 때 $g(t)$의 푸리에 변환을 구하여라.

익힘문제 12.7

$X(\omega)$가 다음과 같이 주어졌을 때 $x(t)$를 구하여라.

$$X(\omega)=6e^{-j4\omega}\frac{\sin 2\omega}{\omega}$$

4. 미분과 적분

이제 $x(t) \Leftrightarrow X(\omega)$일 때 $\frac{dx(t)}{dt}$와 $\int x(t)dt$의 푸리에 변환에 대해서 알아보자.

우선 $x(t)$를 t에 대하여 미분하면

$$\begin{aligned}\frac{dx(t)}{dt} &= \frac{1}{2\pi}\frac{d}{dt}\int_{-\infty}^{\infty}X(\omega)e^{j\omega t}d\omega\\ &= \frac{1}{2\pi}\int_{-\infty}^{\infty}X(\omega)\frac{d}{dt}(e^{j\omega t})d\omega\\ &= \frac{1}{2\pi}\int_{-\infty}^{\infty}(j\omega)X(\omega)e^{j\omega t}d\omega\end{aligned}$$

따라서 다음과 같은 미분에 대한 푸리에 변환을 얻을 수 있다.

■ **미분의 푸리에 변환**

$$\frac{dx(t)}{dt} \;\Leftrightarrow\; j\omega X(\omega)$$

이를 반복하면 다음과 같이 고계 미분에 대한 푸리에 변환을 얻을 수 있다.

■ 고계 미분의 푸리에 변환

$$\frac{d^n x(t)}{dt^n} \quad \Leftrightarrow \quad (j\omega)^n X(\omega)$$

한편 $\int x(t)dt = \int_{-\infty}^{t} x(\tau)d\tau$로 나타낼 수 있고

$$\begin{aligned}\mathcal{F}\left\{\int_{-\infty}^{t} x(\tau)d\tau\right\} &= \int_{-\infty}^{\infty}\int_{-\infty}^{t} x(\tau)d\tau\, e^{-j\omega t}dt \\ &= \left(\int_{-\infty}^{t} x(\tau)d\tau\right)\left[-\frac{1}{j\omega}e^{-j\omega t}\right]_{-\infty}^{\infty} + \frac{1}{j\omega}\int_{-\infty}^{\infty} x(t)e^{-j\omega t}dt\end{aligned}$$

(부분적분법을 이용하면 $u = \int_{-\infty}^{t} x(\tau)d\tau,\ dv = e^{-j\omega t},\ du = x(t)dt,\ v = \frac{e^{-j\omega t}}{-j\omega}$가 되고)

여기서 우변의 첫째항이 0이 될 조건은 $\lim_{t\to\infty}\int_{-\infty}^{t} x(\tau)d\tau = X(0) = 0$이므로 다음을 얻는다.

■ 적분의 푸리에 변환

$$\int x(t)dt \quad \Leftrightarrow \quad \frac{1}{j\omega}X(\omega)$$

예제 12.6

다음 미분방정식을 푸리에 변환하여라. 여기서 $i(t) \Leftrightarrow I(\omega)$, $v(t) \Leftrightarrow V(\omega)$이다.

$$Ri(t) + L\frac{di(t)}{dt} + \frac{1}{C}\int i(t)dt = v(t)$$

풀이 양변을 푸리에 변환하면

$$RI(\omega) + j\omega LI(\omega) + \frac{1}{j\omega C}I(\omega) = V(\omega)$$

익힘문제 12.8

예제 12.6에서 $\dfrac{V(\omega)}{I(\omega)}$를 구하여라.

5. 쌍대성(duality)

푸리에 역변환의 정의에 따르면

$$x(t)=\frac{1}{2\pi}\int_{-\infty}^{\infty}X(\omega)e^{j\omega t}d\omega$$

가 된다.

여기서 ω는 임의의 변수이므로 z를 대신 쓰면

$$x(t)=\frac{1}{2\pi}\int_{-\infty}^{\infty}X(z)e^{jzt}dz$$

가 되고 t 대신에 $-\omega$를 대입하면

$$x(-\omega)=\frac{1}{2\pi}\int_{-\infty}^{\infty}X(z)e^{-jz\omega}dz$$

가 되는데, 다시 z대신 t를 대입하면

$$x(-\omega)=\frac{1}{2\pi}\int_{-\infty}^{\infty}X(t)e^{-j\omega t}dt$$

가 된다.

즉 $2\pi x(-\omega)$는 $X(t)$의 푸리에 변환이라고 말할 수 있다. 이를 $t-\omega$ 쌍대성이라 한다.

■ **$t-\omega$ 쌍대성**

$$X(t) \quad \Leftrightarrow \quad 2\pi x(-\omega)$$

보기

펄스함수의 푸리에 변환에서 $rect\left(\dfrac{t}{\tau}\right) \Leftrightarrow \tau\, Sa\left(\dfrac{\omega\tau}{2}\right)$임을 보였다.

여기에 쌍대성을 적용하면 $\tau\, Sa\left(\dfrac{t\tau}{2}\right) \Leftrightarrow 2\pi\Pi\left(\dfrac{-\omega}{\tau}\right)$가 되어 $\tau=2\omega_0$로 두면

$\dfrac{\omega_0}{\pi}\,Sa(\omega_0 t) \Leftrightarrow \Pi\left(\dfrac{\omega}{2\omega_0}\right)$가 됨을 알 수 있다.

예제 12.7

쌍대성을 이용하여 $\dfrac{1}{jt+a} \quad \Leftrightarrow \quad 2\pi e^{a\omega}u(-\omega)$임을 보여라.

풀이 표 12.1에서 $e^{-at}u(t) \quad \Leftrightarrow \quad \dfrac{1}{a+j\omega}$이므로 ω대신 t를, t대신 $-\omega$를 넣으면

$$\frac{1}{jt+a} \quad \Leftrightarrow \quad 2\pi e^{a\omega}u(-\omega)$$

가 된다.

익힘문제 12.9

쌍대성을 이용하여 $\dfrac{2a}{t^2+a^2} \quad \Leftrightarrow \quad 2\pi e^{-a|\omega|}$ 임을 보여라.

익힘문제 12.10

쌍대성을 이용하여 $\delta(t+t_0)+\delta(t-t_0) \quad \Leftrightarrow \quad 2\cos t_0\omega$ 임을 보여라.

지금까지 소개한 푸리에 변환의 성질을 요약하면 <표 12.2>와 같다.

〈표 12.2〉 푸리에 변환의 성질

특성	시간 함수 $x(t)$	주파수 함수 $X(\omega)$
선형성	$ax_1(t)+bx_2(t)$	$aX_1(\omega)+bX_2(\omega)$
척도 변경	$x(at)$	$\frac{1}{\lvert a\rvert}X\left(\frac{\omega}{a}\right)$
시간축이동	$x(t-t_0)$	$e^{-j\omega t_0}X(\omega)$
주파수축이동	$e^{j\omega_0 t}x(t)$	$X(\omega-\omega_0)$
미분	$\frac{dx(t)}{dt}$	$j\omega X(\omega)$
적분	$\int x(t)dt$	$\frac{1}{j\omega}X(\omega)$
쌍대성	$X(t)$	$2\pi x(-\omega)$

이외에도 파스벌의 정리(Parseval's theorem), 콘볼루션(convolution), 상관관계(correlation) 등과 관련된 푸리에 변환의 성질은 본 책에서는 다루지 않기로 한다. 이들은 신호 및 시스템이나 통신 이론 등에서 아주 자세히 다루기 때문이다.

연습문제 12.3 Exercises

1. 다음 함수의 푸리에 변환을 구하여라.

1) $x(t) = u(t-3)$

2) $x(t) = e^{-t+2}u(t-2)$

3) $x(t) = \cos(t+1)$

4) $x(t) = e^{-j3t}u(t)$

2. $x(t) = \sin(t)$, $y(t) = 3x(t)\cos 2t$ 이다. $x(t)$와 $y(t)$의 푸리에 변환을 구하고 그래프에 표시하여라.

3. 다음 함수의 푸리에 역변환을 구하여라.

1) $X(\omega) = \dfrac{1}{j(\omega+3)+2}$

2) $X(\omega) = \dfrac{2}{j2(\omega-1)+1}$

4. $x(t) \Leftrightarrow X(\omega)$이다.

1) $\int_{-\infty}^{\infty} x(t)dt$를 구하여라.

2) $\dfrac{1}{2\pi}\int_{-\infty}^{\infty} X(\omega)d\omega$를 구하여라.

찾아보기

ㅣㅇㅣ

ㅣㅈㅣ

ㅣㅊㅣ

김 형 교

- Georgia Institute of Technology 전자공학 박사
- (현) 한신대학교 IT 대학 정보통신학부 교수

나 경 욱

- 고려대학교 수학과 박사
- (현) 한신대학교 교양학부 부교수

기초공업수학

2013년 2월 25일 초판 인쇄
2013년 3월 5일 초판 발행

저 자 / 김형교 · 나경욱
발행자 / 오판근
발행처 / 교우사

주 소 / 서울 동대문구 제기2동 148-19 교우빌딩 2층
전 화 / 925-2861~2, 편집부 / 925-2825
팩 스 / 925-2860
E-mail / kyowoo@kyowoo.co.kr
http://www.kyowoo.co.kr

등록 / 1994. 3. 24 제6-0256호

ISBN 978-89-8172-955-4 (93410)

값 22,000원